MISSILE BIBLE
미사일 바이블

MISSILE BIBLE

미사일 바이블

우리가 알고 싶어하는 미사일에 관한 모든 것

| 이승진 지음 |

이 책은 제가 재직 중인 LIG넥스원의 사보《근두운》에 대략 2년간 연재한 내용을 묶어 다시 다듬은 책입니다. 사내에서 뭔가 이벤트를 할 때, 뒷자리에 앉아 있던 동료가 회사 PR팀에 저를 추천한 것이 계기가 되어 생각지도 않게《근두운》에 글을 쓰기 시작했습니다. 두 달에 한 번 연재하는 글이지만 본업이 있는 상태에서 글을 쓴다는 일이 쉽지 않다 보니 매번 마감 때면 쫓기듯 글을 썼습니다. 그래서 툭하면 "죄송합니다. 이번에도 원고가 늦어졌습니다"라는 글과 함께 원고를 송부하기를 2년가량 했더니 어느새 책 한 권 분량이 되었습니다.

'밀덕', 혹은 '밀매'라는 말이 있습니다. '밀리터리 오타쿠'와 '밀리터리 매니아'의 준말입니다. 저도 어렸을 때부터 이런 쪽에 관심이 많은 '밀덕', '밀매'였고 지금도 그렇습니다. 그러나 제가 중·고등학생이던 1990년대 초·중반에는 인터넷이 흔치 않던 시절이어서 밀리터리 관련 정보를 얻기가 어려웠습니다. 밀리터리 관련 책 역시 흔치 않던 시절이었습니다. 그러나 지금은 인터넷의 발전 덕에 관련 정보를 찾으려고 마음만 먹으면 제법 쉽게 전문적인 정보까지 얻을 수 있습니다. 하지만 인터넷의 글들은 그 작성자가 관심 있는 내용만 단편적으로 쓴 경우가 많아서 전체적인 흐름을 모아놓고 보기 어렵습니다. 이럴 때 도움이 되는 것이 책인데, 안타깝게도 국내에 아직 미사일을 주제로 한 책은 없었던 것 같습니다. 이 책을 읽으시는 여러분께 제 졸필이 '미사일'이라는 주제에 대한 전체적인 흐름을 아는 데 도움이 되었으면 하는 바람입니다.

하지만 이 책의 내용은, 정확히 이야기하자면 실제 미사일에 대한 기초 중의 기초적인 정보만 모아놓은 맛보기에 불과합니다. 하지만 미사일 관련 전문 분야로 조금 더 깊게 파고들었다가는 도저히 일반 독자들이 즐길 만한 수준으로 글을 쓸 자신이 없었습니다. 각종 수식과 그래프, 그리고 전문용어가 난무하는 전공서적이 되어버리기 쉽기 때문입니다. 내용도 엄청나게 늘어날 것인데, 이를테면 이 책에서는 미사일의 날개를 2개의 장으로 설명했지만 전문서적 수준으로 글을 쓰게 되면 그 날개에 대한 주제 하나만으로도 두꺼운 책 한 권이 나와버립니다. 게다가 저는 이 글을 쓰면서 반쯤 무의식적으로 어떠한 설계 방식이나 개념에 대해 설명할 때 '보통은'이나 '일반적으로'라는 말을 많이 썼습니다. 실제로는 그러한 보통, 일반적이지 않은 예외적인 사례도 많이 나오기 때문입니다. 하지만 이런 예외까지 꼼꼼하게 적기 시작하면 내용도 한없이 산으로 가기 쉽고 글을 읽는 분도 지루해지기 쉬울뿐더러 내용도 지나치게 늘어납니다. 그래서 가장 일반적인, 가장 기초적인 부분만 주로 설명했습니다.

저는 이 책을 중·고등학교 때의 저 같은 사람, 그러니까 미사일에 막 관심을 가진 중·고등학생 정도의 지식 수준을 가진 사람이 본다고 가정하고 썼습니다. 어쩌면 이 책을 읽는 분이 책을 대충 훑어보는 수준으로 모든 내용을 이해할 수 없을지 모르겠습니다. 하지만 관심을 가지고 약간 집중해서 본다면 크게 어려운 부분은 없어 주변 친구들에게 "야, 미사일의 이 부분은 왜 이렇게 생겼냐면 말야…"라고 아는 체 한 번 할 수는 있을 것입니다. 그래서 책 본문에 전문용어는 원래 내용을 해치지 않는 수준에서 최대한 쉬운 말로 풀어 썼고, 수식이나 복잡한 그래프도 쓰지 않았습니다. 그럼에도 조금만 방심하면 글이 온통 일반인에게 재미없고 필자 같은 '공돌이'만 관심 가질 내용으로 가득 차버려 기껏 써놓은 글의 상당수를 지워버리고 다시 쓴 경우가 종종 있었습니다.

하지만 이렇게 쉽게 썼다고 제가 이 책을 쓰는 것이 결코 쉬운 일은 아니었습니다. 제가 유도무기에 대한 일을 입사 후 9년 정도 했지만 아직도 모르는 것 투성이인 애송이에 불과합니다. 다른 분야도 마찬가지지만, 미사일은 각 분야별로 전문가가 다 따로 있습니다. 이 책에서 장별로 나눠놓은 탐색기, 기체, 유도장치나 로켓 같은 분야는 전부 해당 분야의 전문가가 따로 맡아 개발합니다. 영화나 만화 같은 데서는 천재 과학자 한 명이(혹은 어리바리한 조수 한 명 정도와 함께) 며칠 뚝딱거리면 엄청난 위력의 미사일이 나오지만 현실에선 미사일 하나가 완성되는 데 수십, 수백 명의 전문가가 5~10년 가까이 고생해야 합니다. 저도 제 전문 분야가 아닌 분야의 글을 쓸 때면, 잘못된 내용이 들어가지 않도록 영어와 수식이 쏟아지는 전문서적이나 논문을 머리 싸매가며 공부해야 했습니다. 그럼에도 혹시 '진짜 전문가'가 제 글을 보면 비웃지 않을까 조마조마했고 지금도 그렇습니다. 특히 책은 한 번 발간되면 내용을 수정하기가 어려워 더 신경이 쓰입니다.

이렇게 어려움을 겪어가며 쓴 책입니다만, 저 혼자만의 수고로 이 책이 완성되지는 않았습니다. 제가 이 책을 만들 수 있었던 것은 많은 분들의 도움이 있었기 때문입니다. 제가 지금처럼 원하는 일을 할 수 있었던 것은 저를 이끌어주시고 뒷바라지해주신 부모님 덕분입니다. 그저 날아다니는 것에 관심만 있었을 뿐 아는 것도 없던 제가 한 명의 엔지니어가 되어 이런 책을 쓸 만한 사람이 된 것은 제 지도교수이셨던 이재우 교수님 덕분입니다. 또 제가 몸담고 있는 LIG 넥스원의 선배님, 동료, 후배 여러분이 모두 관심 있게 제 글을 보아주시고 조언을 아끼지 않아주셨기에 제 글의 완성도를 더 높일 수 있었습니다. 특히 원고 마감 어기기를 밥 먹듯이 했던 제 글을 참고 기다려주신 HR팀 여러분 덕에 제 글들이 《근두운》에 실릴 수 있었습니다. 그리고 제 졸필을 좋게 보아주시고 책으로 엮을 기회를 주신 도서출판 플래닛미디어의 김세영 대표님과, 처음 약속드린 마감 일자를 거의 한 해를 넘겼음에도 꼼꼼하게 원고를 손봐주신 이보라 편집장님께도 이 글을 빌려 감사의 말씀을 드립니다.

마지막으로 본인의 업무가 바쁜 와중에도 제 글을 일반인의 입장에서 읽어주고 오탈자와 비문을 찾아주다 어느새 전문지식이 쌓여버린 저의 아내, 그런 아내의 작업을 방해하며 아침저녁으로 매달리고 있는 저의 딸, 한참 글을 쓰고 있으면 키보드 위에 폴짝 뛰어 올라와 모니터를 가리며 훼방 놓던, 하지만 책 출간을 앞둔 지금은 함께 있지 못하고 무지개다리를 먼저 건너버린 우리 고양이 개털이와 나니, 그리고 개털이와 나니 몫만큼 여전히 제 작업을 훼방 중인 우리 고양이들 달심이, 모찌, 간옹이, 후돈이에게도 고마운 마음을 전하고자 합니다.

저자 이승진

CONTENTS

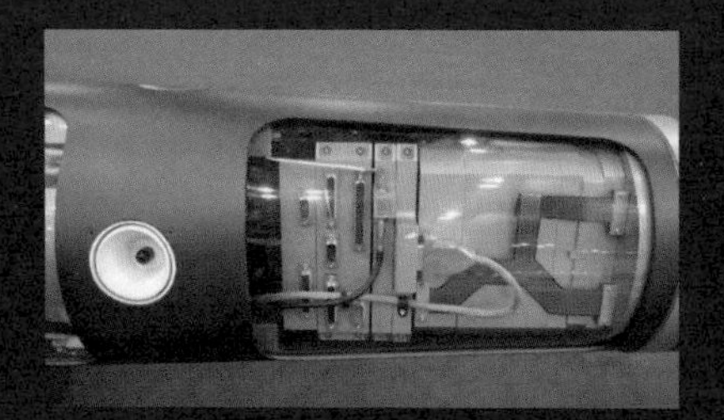

RT03-373

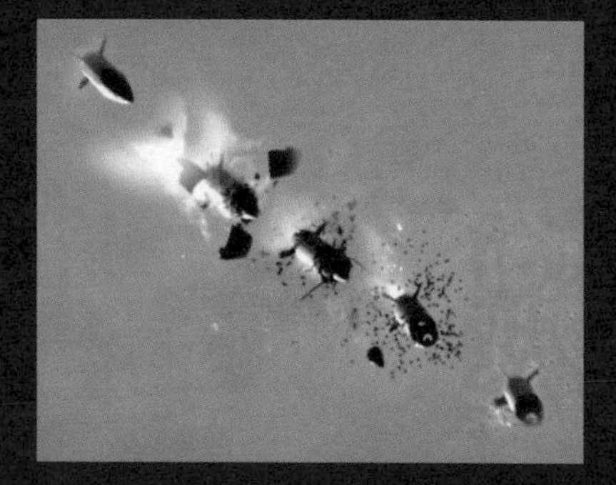

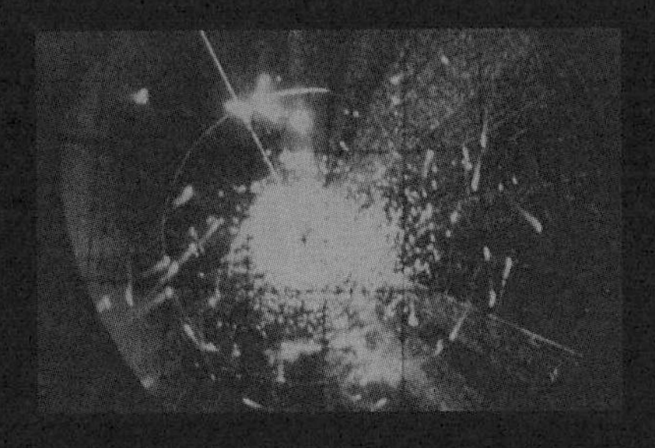

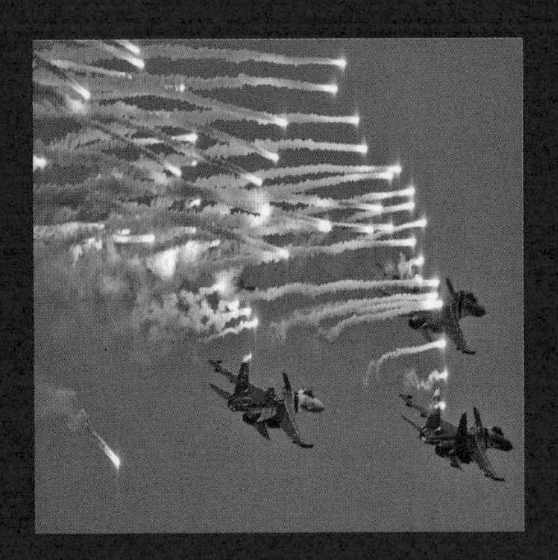

346_CHAPTER 19

세계의 주요 공대공미사일

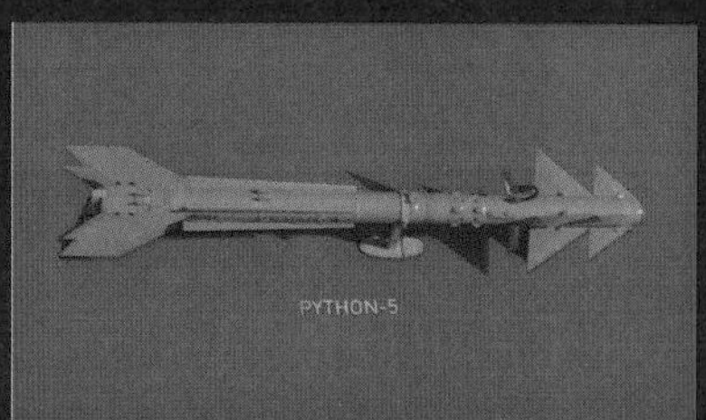

370_CHAPTER 20

세계의 주요 지대공 · 함대공미사일

418_CHAPTER 21

세계의 주요 대지 · 대함미사일

CHAPTER 01

미사일의 역사:

스스로 날아가 표적을 맞히다

HISTORY OF MISSILE

오래전부터 인류는 전쟁, 혹은 사냥을 할 때 원거리에서 상대를 공격하는 방법을 터득했다. 굳이 적에게 다가가 공격하는 것보다 원거리 무기를 사용하는 편이 상대적으로 더 안전하면서도 더 많은 공격 기회를 갖기 때문이다. 그러나 먼 거리에서 표적, 그것도 이리저리 움직이는 표적을 정확히 맞힌다는 것은 상당한 훈련과 기술이 필요했다. 이 때문에 고대부터 많은 사람들이 '내가 대충 날려도 그것이 알아서 적에게 정확히 꽂히는 무기가 있었으면' 하고 생각했지만 이러한 무기는 신화나 전설 속에만 존재했다. 그러나 20세기가 되자 적을 향해 알아서 날아가 정확히 꽂히는 무기가 등장했다. 그것이 바로 미사일이다.

스스로 날아가 표적을 쫓는 미사일

미사일은 라틴어 'Mittere(무언가를 보내다)'에서 유래한 말이다. 움직임을 나타내던 단어였던 이 말은 이후 투창이나 화살처럼 적을 향해 쏘아 날리는 무기를 지칭하게 됐다. 현대에는 관중들이 야유의 의미로 축구장에 던지는 물건도 미사일이라 부르기도 한다. 그만큼 날아가는 것들에 폭넓게 미사일이라는 말을 쓰게 되었다는 이야기다.

그러나 현대의 군사용어에서는 미사일을 '스스로 날아가 표적을 쫓는 무기'라는 뜻으로 쓴다. 스스로 날아간다는 의미는 미사일이 추진력을 가지고 있다는 말이다. 항공기에서 투하되는 폭탄이나 야포나 전차포에서 쏘아 날리는 포탄 중에서도 표적을 쫓아가는 무기는 있다. 그러나 이것들은 각각 유도폭탄과 유도포탄으로 불리지 미사일이라 불리지는 않는다. 자체적인 추진력이 없기 때문이다. 어뢰는 스스로 움직여 표적을 쫓지만 물속에서 움직이는 것이지 날아다니는 것은 아니므로 마찬가지로 미사일이라 부르지 않는다. 보병용 대전차 로켓인 RPG-7이나 다량의 로켓을 적진에 순식간에 퍼붓는 무기인 M270 MLRS 다연장로켓도 미사일이 아니다. 이 무기들은 로켓의 추진력을 이용하여 스스로 날아가지만 표적을 쫓는 유도 능력이 없다. 이러한 무기는 그냥 로켓 무기, 혹은 의미를 더 정확히 하여 무유도 로켓 무기라 부른다(단, 러시아를 비롯한 동구권은 미사일도 그냥 로켓이라 부르기도 한다).

누가 미사일을 꿈꾸었는가

1909년 영국에서 제작된 〈비행선 파괴기The Airship Destroyer〉라는 영화는 상영 시간이 채 7분도 되지 않는 무성 영화다. 이 영화에는 최초의 무인 비행체가 등장해 비행선을 파괴하는데, 이것이 영상매체 속에서 등장한 최초의 미사일이다.

영화의 내용은 다음과 같다. 정체불명의 비행선 편대가 영국을 침공해 공중에서 폭탄을 떨어뜨리자, 영국 항공기들이 출격해 이에 맞선다. 항공기들은 비행선에 속수무책으로 당하고 영국은 공포와 혼란에 빠진다. 이때, 누구에게도 인정받지 못하고 사랑조차 이루지 못하던 발명가가 자신이 개발한 원격조종 비행체를 출격시킨다. 이 비행체는 적 비행선을 들이받아 하나둘씩 격추시켰고, 영국을 위기에서 구해 사랑과 명예를 얻었다. 영화에 등장한 이 원격 비행체는 고무 동력기를 크게 늘려놓은 것

영화 〈비행선 파괴기〉에 등장한 공중어뢰 〈https://www.youtube.com/watch?v=kduzyasEWTQ 화면 캡처〉

같은 생김새였으며, 제트엔진도 로켓도 아닌 프로펠러로 날아가는 물건이었다. 게다가 이름도 미사일이 아닌 공중어뢰Aerial Torpedo였다. 그러나 스스로 날아가 적을 쫓아간다는 개념에서 현대의 미사일에 대한 정의에 꼭 들어맞는 물건이었다.

이 영화는 장차 벌어질 전쟁의 양상에 대해서도 잘 예측했다. 공중전을 벌이는 전투기의 등장이나 비행선을 이용한 폭격과 이에 맞서 싸우기 위해 출격하는 전투기 등은 모두 영화가 개봉된 지 몇 년 뒤 발발한 제1차 세계대전 중에 실제로 일어난 일들로, 영화가 개봉되던 시절에는 아직 공상과학 속의 이야기였다. 다만 영화가 제대로 예측하지 못한 점이 있다면, 전투기는 비행선을 상대로 잘 싸웠다는 점과 제1차 세계대전 중 미사일이 비행선 격추에 쓰인 적은 없다는 점이다.

비행폭탄과 기계벌레

영화가 아닌 현실에서 가장 먼저 미사일을 개발한 것은 미국이었다. 미국의 이 미사일은 공중의 적이 아니라 지상의 적을 겨냥하기 위해 개발한 무기였다. 사실 앞서 언급한 〈비행선 파괴기〉 영화보다 빠른 1890년대 무렵부터 여러 나라 발명가들은 자동으로 비행하거나, 비행하다가 무선 원격조종으로 표적을 향해 날아가는 비행체를 연구하고 있었다. 특히 미 해군은 이 아이디어를 발전시켜 1910년부터 사람이 타는 비행정이었던 커티스Curtiss N-9에 '스페리 자이로스코프 사Sperry Gyroscope Company'가 만든 자동조종장치를 탑재하는 실험을 계속했다. 스페리 자이로스코프 사가 만든 자이로스코프는 고속으로 회전하는 일종의 팽이로, 매우 빠른 속도로 회전하는 팽이가 항상 원래의 자세를 유지하려는 것에서

커티스와 스페리가 개발한 비행폭탄 〈Public Domain〉

아이디어를 얻어 개발한 장비다.

미 해군은 이 계획에 '비행폭탄Flying Bomb'이라는 정식 명칭을 붙였다. 비행폭탄은 지상에 설치된 철도 레일 같은 발사장치를 이용해 이륙했다. 이륙한 비행폭탄은 자이로스코프를 이용해 고도와 방향을 유지하며 일직선으로 날아갔고, 미리 설정된 거리만큼 비행하면 자동으로 지상을 향해 강하했다. 거리 측정에는 엔진이 회전한 숫자를 톱니바퀴로 계산하는 방식을 썼다. 미사일을 발사하는 사람은 바람이나 날씨 등을 따져 몇 km 밖의 표적을 맞히려면 몇 번이나 엔진이 회전해야 할지 계산해 그에 맞게 기계장치를 설정해야 했다.

1917년 미국은 독일에 선전포고를 하고 제1차 세계대전에 뛰어든 상태였기 때문에, 현대적 순항미사일의 선조뻘 되는 이 비행폭탄은 미국의 엄청난 무기가 될 수 있었다. 그러나 실제 실험 결과는 실망 그 자체였다. 비행폭탄은 총 네 번의 실험 중 단 한 번만 본래 계획한 900m가량을 날아갔을 뿐이었다. 결국 미 해군은 제1차 세계대전이 끝난 1922년에 비행폭탄 계획을 모두 취소해버린다.

비슷한 시기, 미 육군도 이와 유사한 무기를 개발했다. 다만 미 육군의 것은 사람이 탈 만한 크기였던 해군의 것과 달리, 좀 더 작고 그만큼 생산비가 저렴한 물건이었다. 발명가인 찰스 케터링Charles Kettering이 설계한 이 물건은 초창기에는 공중어뢰 등의 이름으로 불리다 후에 '자유의 독수리Liberty Eagle'라는 멋진 이름이 붙었다. 그러나 실제로는 '벌레Bug'라는 이름으로 더 많이 불렸다.

이 기계벌레의 작동 방식은 미 해군의 비행폭탄과 유사했다. 벌레 역시 바퀴가 달린 수레 같은 발사장치에 얹혀 활주해 속도를 얻은 다음, 수레에서 떨어져 나와 공중으로 떠올라 자이로스코프를 이용해 비행하다 정해진 거리만큼 날면 엔진이 멈추는 방식이었다. 엔진이 멈추면 날개를 고정한 볼트가 빠지며 탑재된 폭탄과 함께 벌레의 몸체가 지상에 떨어졌다. 벌레의 날개폭은 4.5m, 무게는 80kg 정도에 엔진은 고작 40마력이었다(앞서 언급한 N-9은 날개길이 약 9.3m, 무게 약 1,200kg에 엔진 출력은 150마력). 이렇게 작은 크기 덕분에 '벌레'는 20세기 초의 물가를 감안해도 꽤 싼 편인 40달러에 제작이 가능했다. 가격은 쌌지만 190km/h 정도의 속도로 비행할 수 있어 당대의 비행기들보다 더 빠른 것도 강점이었다.

그러나 케터링이 만든 '벌레'의 운명도 미 해군의 비행폭탄과 같았다. 여러 번의 시험비행 와중에도 제대로 비행한 것은 손에 꼽을 정도였다. 미 육군도 이 계획에 대해 실망을 표하며 1920년대에 사업을 완전히 취소했다.

케터링이 개발한 '벌레(Bug)'

히틀러에 의해 개발된 비밀병기들

실전에 투입될 정도로 제 성능을 갖춘 미사일은 제2차 세계대전 중 나치 독일이 최초로 개발했다. 바로 V1 비행폭탄과 V2 탄도미사일이다. 이 미사일들은 모두 제2차 세계대전 발발 직전인 1930년대부터 개념 연구가 진행되었으나, 개발이 가속화된 것은 독일이 전쟁에서 열세에 접어들던 1943년경이었다. 독일은 1940년부터 꾸준히 영국에 폭탄을 투하했지만 영국 전투기들에 공격당해 피해가 점점 커졌고, 심지어 베를린Berlin을 비롯한 독일의 주요 도시가 거꾸로 영국군의 폭격기 편대에 파괴당하기에 이르렀다. 당시 히틀러Adolf Hitler는 영국군 폭격기를 효과적으로 요격하는 것보다 영국에 더 큰 피해를 안겨 폭격할 의지를 꺾어야 한다고 주장했고, 그 결과 V시리즈라는 무기를 탄생시켰다. V는 독일어의 'Vergeltungswaffe'에서 나온 말로 '보복무기' 정도의 의미를 지닌다.

이 V시리즈 중 초대형 장거리 대포인 V3는 계획으로만 머물렀고, V1과 V2는 실제로 등장해 미사일 역사에 큰 족적을 남겼다. 이 미사일은 히틀러의 재촉에 의해 1943년과 1944년에 실전에 투입됐다.

V1은 과거 미국이 개발했던 비행폭탄과 흡사한 개념이었다. 지상에 깔린 레일형 발사장치로 이륙했으며 자이로스코프를 이용해 고도와 방향을 유지해 계속 날아갔다. 미사일 앞에 달린 프로펠러(정확히는 터빈)가 맞바람에 의해 정해진 횟수만큼 회전하는 것으로 비행거리를 계산하여 표적 머리 위로 떨어지는 것도 유사했다. 그러나 V1은 이전의 비행폭탄과는 달리 펄스제트엔진이라는 일종의 간이형 제트엔진을 달아 640km/h의 속도를 낼 수 있었다. V1은 덩치도 상당히 컸기 때문에 연료를 많이 실을 수 있어 최대 250km 정도를 날아갈 수 있었다.

V1 Flying Bomb

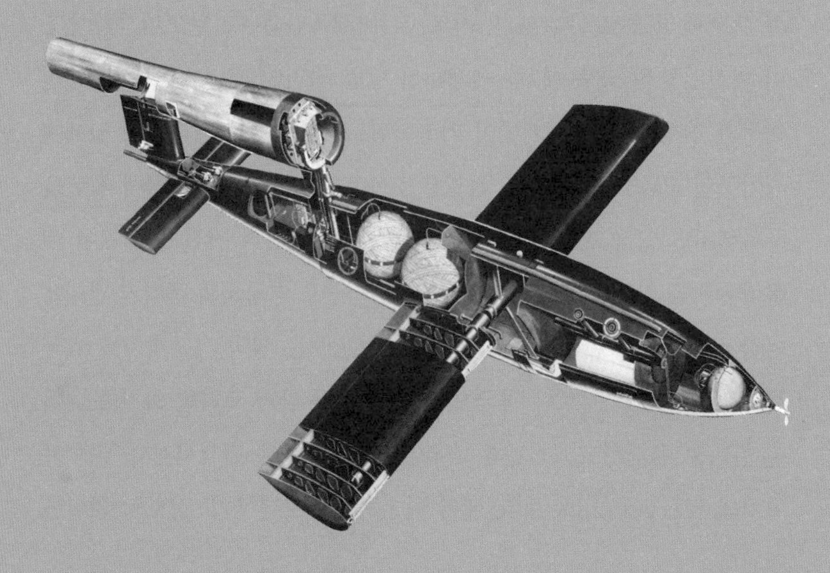

V1 비행폭탄의 단면 〈Public Domain〉

프랑스 파리 군사박물관에 전시 중인 V1 비행폭탄 〈Public Domain〉

V1은 덩치 역시 상당히 컸기 때문에 많은 연료를 탑재할 수 있어 비행거리는 최대 250km 정도 되었다.
⟨CC-BY-SA 3.0 / Bundesarchiv, Bild 146-1975-117-26⟩

V2는 V1보다도 혁신적이었으며, 세계 최초의 탄도미사일이라 부를 요소를 갖추고 있었다. 액체로켓을 이용해 수직으로 상승했으며 상승 중에 꼬리날개에 붙은 방향타와 로켓 분사구 뒤에 있는 작은 조종날개(제트 베인Jet Vane)로 방향을 조종했다. 로켓 연료가 다 타면 미사일의 방향타는 중립에 고정되고, 미사일은 여태까지 얻은 속도를 이용해 관성에 의해 계속 솟구친 다음 포탄처럼 포물선 궤적을 그리며 하강해 목표 지점을 강타했다. V2의 비행 중 최대속도는 5,700km/h, 땅에 충돌하기 직전의 속도는 2,800km/h에 달했으며, V2가 최대 206km를 날아갈 때 기록하는 최고고도는 성층권을 넘어서는 지상 88km에 달했다.

그러나 V시리즈 무기들은 실전에 투입되기는 했어도 손익을 따졌을 때는 비효율적인 무기였다. 물론 V1에 의해 죽거나 다친 사람의 수는 2만 2,000여 명에 달했으며, V2에 의한 사망자 역시 7,000명을 웃돌았다. 그러나 비정한 산술적 계산으로 보았을 때 V1은 1발당 2명 정도의 사

세계 최초의 탄도미사일인 V2의 시험발사 장면

상자를 내는 수준이었다. 그래도 독일 공군은 격추당할 위험을 무릅쓰고 직접 폭격기를 몰고 가 영국을 폭격하는 것보다 효율적이라 생각했으나, 곧 많은 수의 V1이 영국의 대공포와 전투기에 요격당하며 상황은 달라졌다. 심지어 발사한 V1 중 80% 이상이 중간에 요격당하는 경우도 있었다. V1은 속도가 매우 빨랐기 때문에 대공포로 요격하기 쉽지 않았지만, 다수의 대공포가 동시에 사격한다면 회피기동 없이 일직선으로만 비행하는 V1은 대공포의 화망에 쉽게 걸려들었다. 또한 제2차 세계대전 후반 무렵인 1944~1945년경에는 최대속도가 약 700km/h를 넘는 수준의 프로펠러 전투기가 속속 등장했다. 그래서 영국과 미국의 프로펠러 전투기들이 최대속도 640km/h인 V1을 공중에서 요격하기 시작했다.

V2가 엄청나게 비싼 것도 문제였다. 나치 독일은 당시 기준으로 V2 미사일 프로젝트에만 30억 달러를 썼는데, 이는 미국의 핵폭탄 개발 계획인 맨해튼 프로젝트Manhattan Project에 썼던 19억 달러보다도 많은 돈이었다. 그럼에도 불구하고 V2는 핵폭탄과 달리 전쟁의 승패에 결정적인 영향을 미치지 못했다. 뿐만 아니라 연합군이 V시리즈의 발사장이나 생

V2는 핵폭탄과 달리 전쟁에 결정적인 역할을 하지는 못했다. 하지만 장차 미사일은 전장의 새로운 주력 무기가 될 것이 불을 보듯 뻔했기 때문에 전쟁이 끝나자마자 연합국은 독일의 미사일 개발 관련 자료를 입수하고 연구자들을 본국으로 보내서 미사일 개발에 열을 올렸다. 사진은 프랑스 노르드파드칼레의 에페를레크 벙커(Blockhaus d'Éperlecques)에 전시된 V2의 모습 〈CC BY-SA 4.0 / Nilfanion〉

산시설을 발견하는 즉시 파괴해버려 발사 자체가 어려운 것도 문제였다. 무엇보다도 이들 무기의 명중 오차가 수 km가 넘었기 때문에 군사 표적을 정확히 공격하는 용도로는 한계가 있었다. 나치 독일은 다양한 공대공·공대함·지대공미사일을 개발했거나 개발하려고 시도했지만, 모두 전쟁의 판도를 바꾸는 데는 실패했다.

독일뿐 아니라 미국과 영국을 비롯한 연합국도 미사일 개발에 관심을 가지고 있었으며, 몇 종류의 미사일이나 유도폭탄을 개발하려 하고 있었다. 그러나 독일이 이들에 비해 신무기 개발에 더욱 매달렸던 이유는 전쟁에서 지고 있었기 때문에, 전세를 일시에 역전시킬 무기가 절실했기 때문이었다. 이에 비해 승기를 잡았던 연합군은 굳이 완성 여부를 확신할 수 없는 신무기에 인력과 자원을 투입하기보다는 이미 쓰고 있는 무기의 개량과 대량 생산에 더욱 관심을 가졌다. 그 결과 독일은 미사일 분야에서 앞선 기술을 보유했지만 결국 전쟁에서 이기지 못했다. 하지만 장차 미사일이 전장의 새로운 주력 무기가 될 것이라는 것을 부정하는 사람은 없었기 때문에 전쟁이 끝나자마자 독일에 들어온 연합군은 독일의 미사일 개발 관련 자료를 입수하고 연구자들을 본국으로 보내 미사일 개발에 열을 올렸다.

미사일 전쟁의 시작

제2차 세계대전이 끝난 직후, 독일을 상대하기 위해 힘을 합쳤던 미국과 소련은 바로 서로를 적대하며 총성 없는 전쟁에 돌입했다. 바야흐로 '냉전의 시대'가 막을 올린 것이다. 냉전이 시작되자 두 나라는 전쟁을 벌이던 시절보다 더 많은 인력과 자원을 투입해 군사 면에서 우위에 서려 했다. 이들은 고성능 무기 개발에 눈을 돌렸고 이 중에서도 대륙간탄도미사일 개발에 주목했다. 대륙간탄도미사일은 기본적인 개념 면에서 앞서 독일이 개발한 V2와 비슷하지만 그 사거리는 V2보다 훨씬 길어서 이름처럼 대륙을 넘어 수천 km 밖에 있는 적의 본토를 공격할 수 있는 미사일이다. 이 미사일은 핵탄두를 확실하게 적의 수도와 주요 도시 상공에서 터뜨릴 수 있으며, 폭격기보다 빠른 속도로 날아가고 중간에 요격당할 위험도 없었다. 미국과 소련은 경쟁적으로 핵탄두를 탑재한 대륙간탄도미사일을 제작했고 그 수가 엄청나게 늘어나자 인류는 핵전쟁의 공포를 안고 살아야 했다.

냉전 시대 동안 미국과 소련이 직접적으로 미사일을 주고받으며 싸운 기록은 물론 없다. 그러나 미국, 소련 등의 강대국은 세계 곳곳에서 자신들의 우방에게 건넨 미사일로 대리전을 펼치고 있었다. 1950년대 말, 중국과 대만 전투기들이 진먼섬(금문도金門島) 상공에서 공중전을 벌였을 때 대만은 최초로 전투기끼리의 공중전에서 미사일을 사용했다. 대만의 F-86F는 미국이 비밀리에 건네준 AIM-9B 미사일을 이용해 중국의 MiG-17과 MiG-15bis를 상대로 압승을 거뒀다.

이것이 미사일 전쟁의 시작이었다. 미사일 전쟁은 하늘뿐 아니라 땅과 바다로도 확산됐다. 지구 반대편 중동에서는 수에즈Suez 분쟁 당시 이스라엘군이 프랑스로부터 수입한 SS.10 미사일로 이집트군의 전차를 파괴해 대전차미사일의 위력을 과시했다. 또 10년이 지난 1960년대에는 이집트의 미사일 고속정이 소련이 제공한 스틱스Styx 대함미사일을 발사해 이스라엘 구축함을 격침시켰다.

좌우 날개에 AIM-9B 미사일을 장착한 F-86 전투기(사진 속 미사일은 전시를 위한 모형) 〈저자 촬영〉

SS.10 대전차미사일 〈Public Domain〉

스틱스 대함미사일 〈Public Domain〉

미사일의 위기, 그리고 부흥

냉전 시절에도 미사일이 기대만큼의 성능을 발휘하진 못했다. 앞서 설명한 진먼섬 상공의 공중전에서 대만 공군의 F-86F가 압승을 거둘 수 있었던 것은 중국 전투기들을 미사일로 직접 격추시켜서가 아니라, 미사일에 놀라 흩어진 중국 전투기들을 기관총으로 쏴 떨어뜨렸기 때문이었다. 20여 대의 중국 전투기 중 미사일에 격추된 것은 4대에 불과했다.

시간이 지날수록 미사일은 더 빠르고 강력하고 정확해졌지만 만능 무기는 아니었다. 1960~1970년대 벌어진 베트남전에 투입된 최신예 공대공미사일은 여러 요인에 의해 명중률이 30%를 밑돌았다. 미사일의 발전을 기대하고 기관총이 없는 전투기를 실전배치하던 미군은 이후 다시 전투기들에 기관총을 달기도 했다.

중동전쟁에서도 비슷한 양상이 벌어졌다. 아랍 연합군은 9K11 말류트카Malyutka(나토NATO 코드명은 AT-3 새거Sagger) 대전차미사일로 이스라엘 부대를 공격했으나, 이스라엘은 야포 사격과 보병의 협조로 아랍의 대전차미사일 운용요원들을 사전에 제거해버렸다. 이 전투에서 전차를 파괴하는 데 가장 효율적인 무기는 미사일이 아니라 같은 전차였다.

그러나 미사일에 대한 관심이 줄어든 것은 아니었다. 미사일은 전투 전력의 핵심 중 하나였다. 여전히 미국과 소련은 핵탄두를 탑재한, 그리고 인류에게는 다행히도 실전에 쓰인 적이 없는 대륙간탄도미사일을 경쟁적으로 만들었다. 전자 기술의 발전에 힘입어 미사일의 명중률과 신뢰도는 갈수록 높아졌다. 그 결과 1990년대 벌어진 걸프전에서 미국을 비롯한 연합군은 BGM-109 토마호크Tomahawk를 비롯한 장거리 순항미사일로 이라크의 주요 시설을 1m 이내의 오차로 공격할 수 있었다. 이라크군은 혼란에 빠졌고, 미군은 전쟁의 초반 우세를 점할 수 있었다. 연

수면을 뚫고 올라오는 트라이던트(Trident: 삼지창이라는 뜻) 잠수함 발사 탄도미사일 (Public Domain)

합군은 전투기에 가장 위협적인 지대공미사일 기지를 순항미사일과 대對레이더미사일Anti-Radiation missile로 공격했다. 전투기끼리의 공중전에서 기관포에 의한 격추는 없었고, 대부분 미사일이 전투기의 운명을 갈랐다. 공격 헬리콥터와 전투기들은 미사일로 적 대공포가 닿지 않는 안전한 거리에서 지상군을 파괴했다. 지상군은 자신을 공격하는 적의 항공기를 요격하기 위해 지대공미사일을 장비했다. 실제로 연합군 전투기들이 입은 피해 중 대다수는 미사일에 의한 것이었다. 그로부터 10년 뒤인 코소보 전쟁, 이라크 전쟁, 아프가니스탄 전쟁 등에서 미군 및 NATO연합군은 미사일의 활용도를 더 높였다.

현대의 전쟁에서 미사일은 육·해·공 어디에서도 쓰이지 않는 곳이 없다. 용도도 다양해져, 미사일로 상대를 공격하는 한편 적이 쏘아 보낸 탄도미사일을 지대공미사일로 요격하는 시대가 됐다. 미사일이 모든 무기를 대신할 수는 없지만, 미사일 없이 군대를 구성한다는 것은 상상도 할 수 없는 일이 된 것이다.

CHAPTER 02

미사일의 종류:

어디서, 무엇에게, 어떻게, 얼마나 멀리

●●● 뉴스에서 종종 이 나라의 탄도미사일이 어떻고, 저 전쟁에서 순항미사일이 어떻고 하는 내용이 나온다. 심지어 같은 미사일인데도 누구는 이 미사일을 함대지미사일이라 부르고, 또 누구는 이 미사일을 순항미사일이라고 부른다. 미사일은 분류 방법 등에 따라 다양한 명칭이 있다 보니 갑자기 용어들을 접하면 어렵고 복잡하게 느끼기 마련이다. 그러나 몇 가지 간단한 개념만 알면 의외로 미사일의 분류와 그에 따른 명칭은 쉽고 간단하다. 미사일은 크게 '어디서, 무엇에게 날리는가'와 '어떻게 날리는가', 그리고 '얼마나 멀리 날리는가'로 구분할 수 있다. ●●●

TYPES OF MISSILES

어디서, 무엇에게 날리는가: ( )대( )미사일

미사일의 종류는 보통 어디서 쏴서, 무슨 표적을 맞히는가로 구분한다. 예를 들어 공중에서 발사해서 지상의 표적을 맞힌다면 공대지空對地, Air to Ground미사일이라고 부른다. 한자를 보면 '상대한다, 대응한다'는 뜻의 對를 써서 표적을 나타내고 그 앞에 어디서 발사하는지를 적는 방식이다. 즉, 공대지라는 단어를 반대로 뒤집은 지대공이라면 지상에서 발사하여 공중의 적을 상대한다는 뜻이 된다. 이렇게 구분하는 이유는 미사일을 어디서 발사하는지, 그리고 어떠한 표적을 맞히는지에 따라 필요한 성능이 많이 달라지기 때문이다. 아래 표는 미사일의 발사 위치와 표적 종류에 따른 가장 일반적인 구분법이다.

		표적 종류			
		항공기	지상표적	군함	잠수함
발사 위치	항공기	공대공	공대지	공대함	공대잠*
	지상표적	지대공	지대지	지대함	지대잠*
	군함	함대공	함대지	함대함	함대잠
	잠수함	잠대공	잠대지	잠대함	잠대잠

* 항공기의 잠수함 공격은 미사일 대신 어뢰나 폭뢰를 사용한다. 사실 함대잠·잠대잠미사일도 미사일 내부에 어뢰를 내장하여 적 잠수함 근처 상공에서 어뢰를 물로 떨구는 방식이 대부분이다. 지대잠미사일은 아직 개발된 바 없다.

차량으로 운반하는 미사일이라면 그 크기나 무게에 대한 제약이 덜하다. 반면에 항공기가 공중에서 발사하는 미사일이라면 항공기는 무기를 탑재할 수 있는 공간과 무게에 대한 제약이 차량보다 심하기 때문에 미사일이 가능한 한 작고 가벼울수록 좋다. 병사들이 직접 들고 다니는 휴

▲ 차량에서 발사되는 S-400 방공 시스템의 48N6 지대공미사일(길이 7m, 중량 1.7톤) 〈http://www.ausairpower.net/APA-Grumble-Gargoyle.html〉

▼ FIM-92 스팅어 보병 휴대용 지대공미사일(길이 1.5m, 중량 10kg) 〈Public Domain〉

대용 미사일이라면 크기와 무게의 제약이 매우 심해진다. 아무리 훈련받은 강인한 군인이라 해도 사람인 이상 감당할 수 있는 크기와 무게에 한계가 있기 때문이다. 게다가 군인들은 휴대용 미사일을 단순히 들어 올리고 잠깐 조준만 하면 되는 것이 아니라 필요한 경우 이를 짊어지고 행군을 해야 한다.

미사일은 어디서 날아가는가뿐만 아니라 쫓아가야 할 표적이 어떤 것인지도 중요하다. 공중에 있는 적의 항공기를 맞히는 대공미사일이라면 공대공미사일이건, 지대공미사일이건 적 항공기를 쫓아갈 만큼 빠른 속도와 뛰어난 기동성이 필요하다. 일반적인 지대공미사일이나 공대공미사일은 최대속도가 마하 4에서 5에 달하며(마하 1=약 1,240km/h), 크기와 무게에 제약이 있는 보병 휴대용 지대공미사일이라 할지라도 최대속도는 최소 마하 2 이상에 달한다. 반면 항공기는 빠른 속도로 하늘을 날기 위해 무거운 장갑을 두를 수 없다. 비교적 튼튼한 지상 공격기들도 대공포탄을 막을 정도의 장갑을 조종석이나 엔진같이 중요한 곳에만 덧대는 수준에 불과하다. 즉, 항공기의 장갑은 일반적으로 수류탄 하나 정도의 위력에도 크게 구멍이 날 정도로 약하거나 아예 장갑이라는 것이 없고 얇은 알루미늄 합금으로만 둘러싸여 있다. 그렇기 때문에 대공미사일의 폭발력을 담당하는 탄두가 그리 클 필요가 없다. 대공미사일에 들어 있는 탄두는 큰 것은 20kg, 작은 것은 1kg 미만인 것도 있으며, 그나마 이 무게 중 절반은 파편이나 안전장치, 폭약 자체를 담는 케이스 등의 무게이고, 실제 폭약의 양은 그 나머지 절반 정도밖에 되지 않는다. 대신 빠르게 움직이는 적 항공기를 미사일이 반드시 명중시킨다는 것은 어려우므로 빗나갈 경우에 대비해 대공미사일에는 근접신관이 들어간다. 근접신관은 미사일이 표적에 명중하지 못하고 5~10m 정도의 간격으로 스쳐 지나가게 되더라도 미사일이 표적 옆을 지나가는 순간 탄두가 터지도록 하는 장치로, 이 정도의 폭발만으로도 항공기는 크게 손상되어 더 이상 전투를 할 수 없게 되거나 심지어 추락할 수도 있다.

반면 지상 표적, 이를테면 전차를 상대하기 위해 만든 대전차미사일이라면 굳이 빠르게 날아갈 필요가 없다. 전차의 주행속도는 아무리 빨라봐야 60~70km/h 수준이기 때문이다. 그렇기 때문에 대전차미사일의 속도는 대부분 마하 2가 좀 안 되는 수준이며, 느린 것 중에는 마하 0.5 이하인 것도 있다. 대신 대전차미사일은 강력한 탄두를 탑재해야 한다. 전차는 부위에 따라서는 1m 두께의 철판과 맞먹는 방어력을 갖췄기 때문에 보통 아무리 소형인 대전차미사일이라 하더라도 탄두의 무게는 대략 7~10kg 이상 나간다. 대공미사일에도 그 정도 무게가 나가는 탄두가 있으니 특별하다고 할 수는 없지만, 대신 전차를 공격하는 대전차미사일용 탄두는 폭발력이 사방으로 퍼지지 않고 한 점에 집중되는 '성형작약탄'이라는 것을 사용한다. 성형작약탄은 7~10kg 정도의 탄두라고 해도 폭발이 한 점에 집중되므로 60~70cm 수준의 철판도 뚫을 수 있기 때문에 전차의 가장 두꺼운 정면 장갑부를 뚫는 것은 무리일지 몰라도 전차의 측면이나 상부는 충분히 뚫을 수 있다. 물론 대전차미사일의 종류에 따라서는 100kg 이상 나가는 대형 탄두를 탑재하여 전차뿐만 아니라 적의 벙커를 파괴하거나 소형 선박까지 침몰시킬 수 있는 대전차미사일도 있다. 반면 대전차미사일이 사용하는 방식의 탄두는 정확히 표적에 명중하지 않으면 의미가 없으므로 대전차미사일은 대공미사일과 달리 근접신관은 사용하지 않는다.

이렇듯 미사일은 어디서 쏠지, 또 어떤 표적을 향해 쏠지에 따라 필요한 능력이 천차만별로 다르다 보니 지대공미사일, 공대지미사일이라는 식으로 구분하여 부른다. 다만 새 미사일을 개발하는 데 돈이 너무 많이 든다고 생각하면 기존에 개발한 미사일을 약간 개조해서 다른 용도

▲ 공대공미사일인 AIM-120 암람(AMRAAM) (최대속도 마하 4, 탄두중량 18kg) 〈CC BY 2.0 / Cliff〉
▼ AIM-120 암람을 발사하는 F-15C 이글(Eagle) 〈Public Domain〉

▲ 공대지미사일인 AGM-65 매버릭(Maverick) (최대속도 마하 0.9, 탄두중량 136kg) 〈Public Domain〉

▼ AGM-65 매버릭을 발사하는 A-10 〈Public Domain〉

로 쓰기도 한다. 예를 들면, 보병 휴대용 지대공미사일로 개발된 미국의 FIM-92 스팅어Stinger 미사일은 발사장치를 개량해서 장갑차나 차량에 탑재하여 쏘기도 하며, 심지어 헬리콥터나 무인항공기에 탑재하여 공대공미사일로 쓰기도 한다. 한편 일부 함대공미사일, 즉 군함에서 발사하여 적 항공기를 요격하는 미사일은 공중뿐만 아니라 물 위의 소형 선박도 맞힐 수 있다. 물론 이러한 대공미사일은 탑재한 폭약의 양이 작으므로 적의 큰 군함을 가라앉힐 수야 없겠지만, 반대로 작고 빠르게 움직이는 고속정이나 테러범들의 보트 같은 것을 공격하기에는 충분하다. 또 배를 공격하기 위해 개발된 대함미사일은 약간의 개량을 통해 지상의 시설물도 공격할 수 있는 대지미사일 역할을 겸하기도 한다.

어떻게 날리는가: 순항미사일과 탄도미사일

예전에 TV 뉴스에서 우리나라가 개발한 함대함미사일을 보고 '한국형 순항미사일'이라고 설명하자, 저게 함대함미사일이지 왜 순항미사일이냐는 질문을 받은 적이 있다. 순항미사일이라고 하면 미국의 BGM-109 토마호크Tomahawk처럼 지상을 공격해야 하는데, 해성은 적의 함선을 맞히는 미사일이니 잘못된 것 아니냐는 의미였다. 그러나 토마호크는 함대지미사일이고 해성은 함대함미사일이지만, 둘 다 같은 순항미사일이다. 순항미사일이라는 명칭은 미사일의 발사 장소나 표적과 관계없이 미사일이 날아가는 방법에 따라 미사일을 분류하는 용어다.

순항미사일Cruise Missile의 순항이란 단어는 영어의 크루즈Cruise를 번역한 단어로 원래 이 단어는 배가 바다를 꾸준한 속도로 유유히 나아가는 것을 뜻한다. 여객선을 크루즈라고 하는 것도 이 때문이다. 항공용어에

주날개를 펼치고 제트엔진으로 비행 중인 BGM-109 토마호크 순항미사일 〈Open Government Licence v1.0 (OGL) / Royal Navy〉

서는 의미를 좀 더 넓게 해서 항공기가 속도뿐만 아니라 고도도 바꾸지 않고 날아가는 것을 뜻한다. 즉, 순항미사일, 혹은 크루즈미사일이라고 부르는 것들은 비행 중 속도와 고도를 거의 바꾸지 않고 날아가는 미사일이다. 미사일이 비행하는 내내 속도와 고도를 바꾸지 않으려면 추진력

을 내는 엔진이 비행하는 동안 꾸준히 같은 힘을 낼 수 있어야 하기 때문에 대부분의 순항미사일은 로켓이 아니라 제트엔진을 사용한다. 다만 군함이나 차량에서 발사되는 경우에는 발사 직후 제트엔진의 힘만으로 비행하기 위한 속도까지 가속하는 데 어려움이 있다. 이 때문에 순항미

고도 10여 m를 유지하며 바다 위를 비행 중인 AGM-84 하푼 공대함 순항미사일 〈McDonell Douglas〉

사일은 발사 초기에 속도를 빠르게 올려주는 분리형 로켓 부스터booster를 사용하기도 한다. 또 순항미사일은 꾸준한 속도로 고도를 유지한 채로 날 수 있기 위해 비행기와 비슷한 날개를 달기도 한다. 한편 순항미사일은 제트엔진을 쓰므로 우리가 흔히 생각하는 미사일들에 비해 속도가 느려서 보통은 마하 0.8~0.9 정도로 날아간다. 물론 마하 2~3 정도로 비행하는 초음속 순항미사일도 있지만, 보통 이러한 순항미사일은 크기도 엄청나게 크고 비행 가능 거리도 300km 정도가 한계여서 용도가 제한적이다. 즉, 전쟁터에서 볼 수 있는 대부분의 순항미사일은 마하 1 미만으로 비행하므로 순항미사일을 막는 측에서는 일단 순항미사일을 미리 발견할 수만 있다면 전투기나 대공포, 지대공미사일 등으로 요격할 수 있다. 이러한 일이 생기는 것을 막기 위해 순항미사일은 적의 레이더에 걸리지 않도록 최대한 낮게 비행하며, 특히 바다 위에서는 거의 고도를 5m도 안 되게 유지하는 밀착 비행을 하는 경우도 있다. 미사일이 이렇게 낮게 날면 적의 레이더는 수평선·지평선에 가려서 미사일을 먼 거리에서 미리 탐지할 수 없다. 또한 순항미사일은 속도가 느린 대신 비행기처럼 방향을 자유롭게 바꿀 수 있다. 그래서 순항미사일을 발사하는 측은 미사일이 적의 대공포나 레이더기지를 우회해서 날아가는 비행경로를 짜서 발사 전에 미리 미사일에 입력한다.

탄도미사일Ballistic Missile은 순항미사일과 달리 날아가는 동안 고도와 속도가 계속 변한다. 탄도미사일이라는 단어에서 탄도란 포탄이 날아가는 모양을 뜻한다. 일반적으로 포탄은 발사된 이후 꾸준히 속도와 고도를 잃는다. 엔진이 없어 추진력을 만들 수도 없고 날개가 없으니 스스로 떠오르는 힘도 만들지 못하기 때문이다. 그래서 포탄을 멀리 날아가도록 쏘려면 일부러 위로 쏘아서 포물선 모양으로 날아가도록 한다. 그렇기 때문에 포탄은 날아가는 동안 속도와 고도가 끊임없이 바뀐다. 탄도미사일 역시 비슷하다. 탄도미사일은 주로 로켓을 엔진으로 쓰는데, 로켓은 순간적으로 큰 힘을 낼 수 있지만 엄청난 연료 소모량 때문에 오랜 시간 작동하게 만들 수는 없다. 냉전 시절 미국에서 발사하여 소련까지 닿도록 만들었던(혹은 그 반대로 소련에서 미국으로 날아가도록 만든) 대륙간 탄도미사일Intercontinental Ballistic Missile, ICBM도 보통 로켓엔진이 작동하는 시간은 5분에 불과하다. 사거리가 수백 km급인 스커드 미사일Scud Missile의 로켓엔진 작동시간은 1분이 약간 넘는 수준이다. 이렇다 보니 탄도미사일은 로켓이 작동하는 동안 마치 위로 쏘아 보내는 포탄처럼 최대한 속도와 고도를 높인다. 그리고 엔진이 꺼진 뒤에도 관성을 이용하여 고도를 계속 올린다. 그러나 탄도미사일은 이미 엔진이 꺼져 있으므로 결국 일정 고도에 도달하면 다시 중력에 의해 아래로 떨어지기 시작한다. 대신 이때 탄도미사일은 중력에 의해 속도가 붙기 시작하므로 목표물 근처에서 최대속도가 느린 것은 마하 4 정도, 빠른 것은 마하 10이 넘

발사 중인 러시아의 이스칸데르(Iskander)-M 탄도미사일 〈Russia Army〉

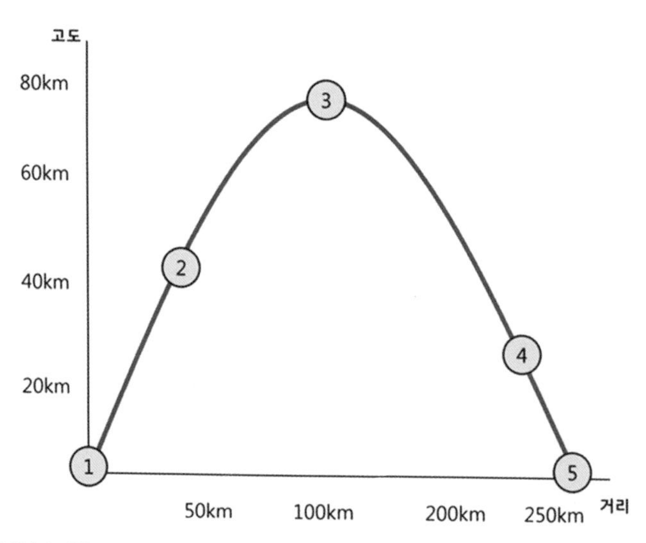

탄도미사일의 비행궤적 예시 ❶ 탄도미사일 발사 ❷ 70초 후 로켓엔진 정지, 속도 마하 4 ❸ 관성력에 의해 175초 후 최대 정점 도달, 속도 마하 3 ❹ 중력에 의해 가속되어 마하 4에 도달 ❺ 최종 목표지점에 도달. 공기저항에 의해 속도가 감속되어 마하 2. 총 비행시간 310초.

는 속도가 되어 표적 위로 떨어진다. 탄도미사일은 포물선 모양으로 날아가다 보니 멀리 날아가는 미사일은 높게 날아가기 마련이며, 사거리가 300km 정도만 되어도 성층권을 넘어서 중간권 고도인 80km 가까이 미사일이 솟구쳤다가 다시 떨어진다. 사거리가 훨씬 긴 미사일은 아예 우주 밖으로 나갔다가 다시 되돌아오기도 한다. 반면 탄도미사일은 순항미사일처럼 낮게 날아갈 수 없기 때문에 적의 레이더에 쉽게 포착된다. 그러나 엄청난 속도 때문에 탄도미사일을 막는 입장에서는 이를 요격하는 것이 쉽지 않다.

그런데 현재 사용 중인 미사일 중 순항미사일이나 탄도미사일은 거의 대함미사일 아니면 대지미사일이다. 그렇기에 대공미사일처럼 순항·탄도미사일로 분류할 수 없는 것들도 있다. 대공미사일들은 대부분 로켓 엔진을 사용해서 5~10초 정도의 짧은 시간 동안만 가속되고, 나머지 10초에서 20초 이상의 비행시간 동안에는 관성력에 의해서만 비행한다. 그러나 중력에 의해 다시 떨어지며 포물선 비행을 하는 탄도미사일과 달리 이러한 종류의 미사일들은 순항미사일보다는 작지만 어쨌거나 양력을 만들어내는 날개, 혹은 핀fin(지느러미)이라고 부르는 부분을 통해서 일종의 활공비행을 하며 표적을 향해 계속 날아간다. 대공미사일 이외에도 많은 미사일이 이와 유사한 비행 방식을 사용 중이나 비행 방식에 따른 별다른 구분 명칭이 없다. 일부 책에서는 이러한 미사일들을 세분화하여 비례항법, 선도추적 같은 방식으로 구분하기도 하지만, 이것은 비행 방식보다는 유도 기법에 더 가깝다 보니 이런 식의 구분을 하지 않는 책들이 더 많은 편이다.

얼마나 멀리 날릴 것인가: 단거리 미사일에서 대륙간 미사일까지

미사일은 사거리에 따라 분류할 수도 있으며 보통은 단거리, 중거리, 장거리라는 식으로 구분한다. 그러나 각 미사일의 종류에 따라 사거리의 분류는 다르다. 이를테면 단거리 대전차미사일은 대략 사거리 1km 미만, 중거리 대전차미사일은 사거리 3km 수준, 그 이상 날아가면 장거리 대전차미사일로 분류한다. 그러나 공대공미사일이라면 단거리 공대공미사일은 10km 정도, 중거리 공대공미사일은 50km 정도, 장거리 공대공미사일은 100km 이상이다. 즉, 무조건 몇 km 날아간다고 모든 미사일을 단·중·장거리로 뭉뚱그려 나누는 것이 아니라 그 미사일이 쓰이는 용도에 맞춰 분류한다. 한편 탄도미사일의 경우에는 분류법이 좀 특이해서 단거리는 1,000km 이하, 중거리는 3,500km 이하, 장거리는 5,500km 이하로 분류한다. 그리고 이것보다 사거리가 긴 미사일은 대륙간탄도미사일이라고 부른다. 다른 대륙에 있는 적의 도시나 주요 군시설물을 공격할 수 있을 정도로 멀리 날아간다는 뜻이다.

여기까지 읽다 보면 한 가지 의문이 들 수도 있다. 멀리 날아가는 장거리 미사일만 있으면 될 텐데, 어째서 단거리 미사일이나 중거리 미사일을 만들까? 물론 가장 이상적인 경우는 먼 거리에서 장거리 미사일을 날려 적이 아군 근처에 접근도 하기 전에 모두 무력화시키는 것이다. 그러나 실제 전장에서는 항상 적을 먼 거리에서부터 만난다는 보장이 없다. 복잡한 전장 상황에서 언제 어떻게 적을 기습적으로 만날 수 있을지 알 수 없다. 또 모든 미사일의 명중률이 100%가 아니므로 접근해오는 적 중 일부는 장거리 미사일에 맞지 않고 계속 접근하여 가까운 거리까지 도달할 수 있다. 그런데 장거리 미사일은 대체로 덩치가 크고 무겁기 때문에 가속을 하는 데 어느 정도 거리가 필요하므로 오히려 이렇게 가까이 있는 적을 공격할 때는 그 효율이 떨어지는 경우가 많다. 심지어 탄도미사일 같은 것들은 포물선을 그리며 날아가야 하는 비행 방식의 한계 때문에 오히려 너무 가까운 거리의 표적은 공격할 수 없다. 더군다나 군에서 필요한 모든 미사일을 덩치가 크고 무거운, 그리고 비싼 장거리 미사일만으로 꾸민다는 것은 너무 비효율적이고 돈이 많이 드는 일이다. 이렇다 보니 대공미사일이건 탄도미사일이건 무조건 사거리가 긴 미사일만 개발하는 것이 아니라 사거리별로 그에 알맞은 미사일을 개발한다.

CHAPTER 03

로켓 1:

신기전부터 ICBM에 이르기까지

ROCKET

●●● 사람들이 '미사일' 하면 떠올리는 모습은 대개 미사일이 밝은 불빛과 흰 연기를 내뿜으며 고속으로 날아가는 모습이다. 이 불꽃과 연기를 만드는 것이 바로 로켓이다. 1장에서 설명한 바와 같이 미사일은 유도 기능과 함께 스스로 날아갈 수 있는 추진 능력이 있어야 한다. 로켓은 미사일이 추진력을 만들기 위해 가장 흔하게 사용하는 장치다. ●●●

로켓의 시작 : 화전과 신기전부터 콩그리브 로켓까지

현재 비행체의 추진력을 만드는 엔진으로 널리 쓰이는 것은 왕복 엔진과 제트엔진, 그리고 로켓엔진이다. 이 중 로켓엔진이 가장 역사가 오래되었다.

최초의 로켓은 13세기 무렵 금나라에서 개발된 것으로 추정된다. 최초의 로켓 발명자가 누구인지는 명확하지 않지만, 그 이전부터 쓰이던 화창火槍이란 무기에서 아이디어를 얻어 개발된 것으로 추정된다. 화창은 화약이 들어 있는 대나무통을 창끝에 매단 무기다. 만약 적군이 성벽을 기어오르면 성벽을 지키던 병사는 화창의 대나무통에 달려 있던 심지에 불을 붙이고 적에게 겨눴다. 그러면 대나무통 속의 화약이 터지면서 화약과 함께 있던 유황이나 쇳조각이 총탄처럼 적에게 날아가 부상을 입혔다.

이후 비화창飛火槍이라는 무기가 개발되는데 이것이 인류 최초의 로켓이다. 비화창은 화창의 화약 대나무통을 거꾸로 매달아놓은 듯한 무기다. 비화창은 전체 길이 2.5m가량 되는 창으로 일반 창처럼 앞쪽 끝에는 창날이 달려 있었고 그 창날과 나무 손잡이가 만나는 부근에 화약 대나무통이 묶여 있었다. 비화창을 나무 막대기 등을 이용해 만든 간이 발사대에 걸쳐놓고 화약통에 달려 있는 심지에 불을 붙이면, 화약이 터지면서 만드는 고온·고압의 가스가 화약통 뒤로 난 구멍을 통해 분사되어 비화창이 날아갈 추진력을 만들었다. 작동 원리만 놓고 보면 현대의 로켓과 거의 동일한 셈이다. 비화창은 13세기 무렵 금나라가 몽골의 공격을 막기 위해 사용했으며, 몽골도 비화창 기술을 얻어 유럽 정복 당시 썼고 그 결과 유럽에도 화약과 함께 로켓 기술이 전래된다.

비화창은 이후 사용이 편하도록 길이가 짧아졌고 모양도 작은 화살

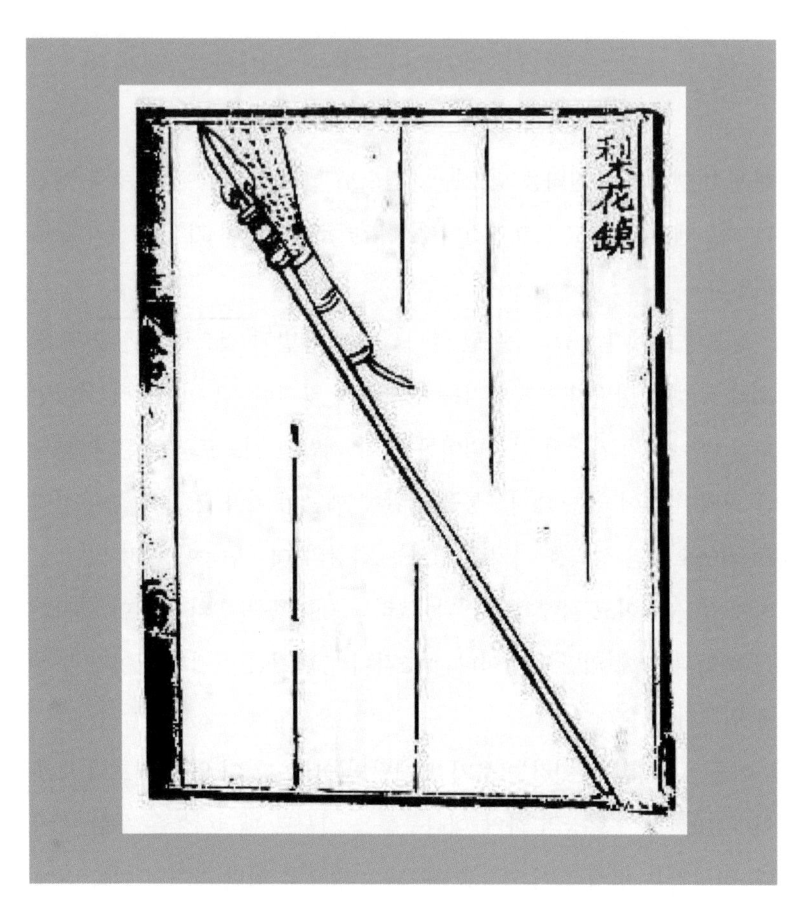

창끝에 화약통을 매단 중국의 화창 〈Public Domain〉

형태로 변형된다. 이를 화전火箭, 즉 불화살이라 불렀다. 병사들은 땅에 나무로 만든 간이 발사대를 만들어 화전을 쏘거나 빈 화살통을 거꾸로 쥐고 거기에 화전을 꽂아 썼다. 이러한 역사 탓인지 현재도 중국은 로켓을 한자로 화전이라 적는다.

우리나라 최초의 로켓은 고려 말엽 최무선이 화약을 들여올 때 함께 들여와 개량한 화전이다. 이후 '달리는 불'이라는 뜻에서 화전 대신 주화走火라는 이름이 더 널리 쓰였다. 조선시대에는 개량된 주화가 신기전神機

箭이라는 이름으로 불렸는데 신기전은 '귀신 같은 기계화살'이라는 뜻이다. 영화 등으로 인해 신기전이 무조건 연발로 나가는 무기라고 오해받는 경우가 많은데 본래 신기전은 뒤에 설명할 문종화차가 개발되기 전까지는 종전의 화전이나 주화처럼 단발로 쏘는 무기였다.

신기전은 대나무통 대신 종이로 만든 통에 화약을 담았다. 이 종이 화약통은 종이를 여러 겹 겹친 뒤 별도의 처리 과정을 거쳐 화약 폭발 시 생기는 높은 압력을 견디도록 제작된 물건이다. 종이 화약통은 대나무 화약통보다 가벼워 신기전이 보다 빠르고 멀리 날아가도록 도왔다. 신기전은 크기에 따라 대신기전, 중신기전, 소신기전으로 나뉘며 대신기전은 추진용 화약뿐만 아니라 표적 근처에 떨어진 뒤 폭발하도록 탄두 역할을 하는 별도의 화약통이 달려 있었다. 간혹 영화 같은 데서는 대신기전의 탄두 폭발력이 대형 폭탄 같은 것으로 과장되어 나오지만, 실제 그 위력은 현대의 수류탄 정도의 위력으로 지금 시선으로 보자면 대단한 폭발력을 가진 무기는 아니었다. 그러나 이 정도 위력만 되어도 적의 진영을 무너뜨리고 사기를 떨어뜨리는 데 큰 효과가 있었다. 한편 신기전 중에는 피해 범위를 넓히기 위해 기름을 먹인 천을 넣어 적진에서 터지면 사방에 불씨가 흩어지도록 한 산화신기전이라는 것도 있었다.

신기전이 특히 강한 위력을 발휘한 것은 문종화차가 개발되면서부터였다. 문종은 세자 시절부터 화차 개발에 힘을 기울였고 문종1년에 이를 완성했다. 문종화차는 수레 모양의 발사대로 여기에 중신기전을 100여 발 꽂아넣을 수 있었다. 병사가 한 번 심지에 불을 붙이면 그 100여 발의 중신기전이 연발로 적을 향해 날아갔다. 문종화차는 수레 모양이기에 이동이 편했고 바퀴를 축으로 각도를 조절하여 사거리를 달리하여 발사할 수도 있었다. 문종화차를 이용해 연발로 신기전을 날리면 적 입장에서는 그 실질적인 위력도 위력이지만, 불꽃과 연기를 끌며 100여 발

최근 재현된, 문종화차를 이용한 중신기전 연발발사 장면

의 미사일이 연속적으로 날아오기에 받는 심리적 압박도 상당했다. 문종화차는 밀집대형을 유지하여 아군 병사들이 창칼을 들고 접근하기 쉽지 않은 적을 상대할 때 특히 유용했다. 또한 신기전은 조선시대의 총통(당시 대포를 이르던 말)보다 사거리가 길었고 반동이 없어 조작도 편했다. 다만 신기전은 총통보다 훨씬 많은 화약을 썼는데, 당시에는 화약을 대량생산하기 어려워 군에 보급되는 양이 한정적이었다. 그래서 신기전과 이를 이용하는 문종화차는 그 위력에도 불구하고 운용에 어려움이 있었다. 조선 중후반 무렵에는 조총 등, 신기전보다 화약 소모량이 적으면서도 다루기 쉽고 전투에 유용한 무기가 도입되었고 그 결과 신기전은 멀리 떨어진 아군에게 신호를 보내는 신호탄 같은 용도로만 쓰였다.

앞서 이야기한 바와 같이 화약과 로켓은 몽골의 유럽 침공을 계기로 유럽에도 전래되었다. 이후 유럽에서 직접 만든 화약과 로켓, 폭죽 등이 등장하는 와중에 14세기 무렵 이탈리아의 무라토리Muratori라는 장인이 로케타Rocchetta(작은 신관이란 뜻)라는 폭죽을 만들었는데 이 로케타가 변형되어 현재의 로켓이란 단어가 되었다. 유럽에서도 로켓 무기가 등장했지만, 조선의 신기전처럼 사용에 제약이 따르다 보니 대포나 총에 밀려 널리 쓰이지는 않았다.

로켓이 폭죽이나 신호탄이 아닌 무기로서 다시 주목받은 것은 18세기 무렵이었다. 당시 인도 남부 지방의 마이소르Mysore 왕국을 다스리던 알리Ali 왕은 화약통을 강철로 만든 로켓의 개발을 지시했다. 알리 왕의 로켓은 화약통이 더 높은 압력에도 잘 견뎠기 때문에 더

▶ 인도 마이소르 왕국의 알리 로켓을 깃대로 사용하고 있는 티푸 술탄의 군대 병사 모습 〈Public Domain〉

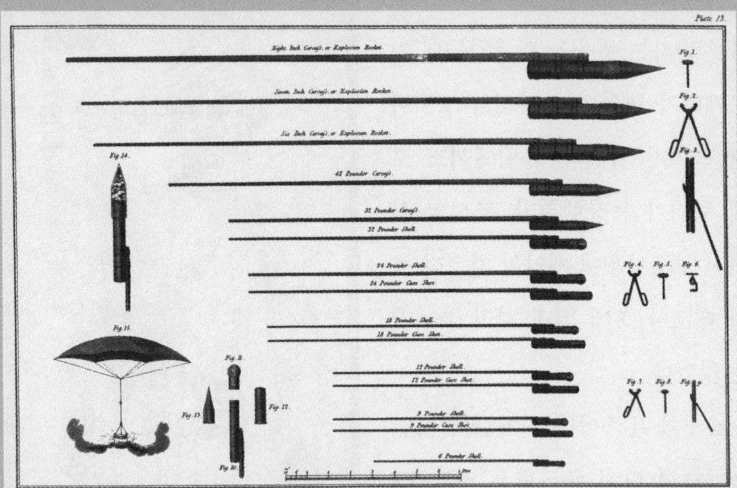

(위) 윌리엄 콩그리브 경은 인도의 마이소르 왕국과 영국의 전쟁에서 인도의 알리 로켓을 경험하고 영국에 알리 로켓을 가져와서 콩그리브 로켓을 개발했다. 〈Public Domain〉
(가운데) 다양한 콩그리브 로켓 〈Public Domain〉
(아래) 콩그리브 로켓 발사 재현 모습

많은 화약을 넣어 종래의 로켓 무기보다 사거리가 더 길었다. 마이소르 왕국은 당시 이곳을 침공한 영국군에게 알리 로켓을 사용하여 선전했으나 결국 영국군에 지고 말았다. 이때 영국군 지휘관 중 한 명인 윌리엄 콩그리브William Congreve는 알리 왕의 로켓에 관심을 갖고 이를 개량하여 콩그리브 로켓을 개발했다. 콩그리브 로켓은 조선의 대신기전처럼 땅에 나무 발사대를 세워놓고 단발로 쏘는 무기였으며 그 안에는 추진용 화약 이외에 탄두 역할을 할 폭약이나 기름 적신 천이 들어 있었다. 콩그리브 로켓은 미국의 독립전쟁 당시에도 미 독립군을 상대로 영국군이 사용했는데 이 모습은 당시 사람들에게 깊이 각인되었다. 그 탓에 독립전쟁 당시를 묘사한, '맥헨리 요새 방어Defence of Fort McHenry'라는 시에도 로켓에 대한 언급이 나온다. 그리고 이 시를 원형으로 가사를 쓴 현재 미국의 국가, 'The Star-Spangled Banner'에도 가사 중간에 "로켓의 붉은 섬광과 창공에서 작렬하는 폭탄이 밤새 우리의 깃발이 휘날린 증거라"라는 식으로 로켓에 대한 언급이 나온다. 그러나 19세기에 다시 대포의 발전 속도가 로켓을 앞서면서 로켓은 전쟁터에서 사라져갔다.

현대의 로켓. 고다드에서 현대의 미사일까지

현대 로켓의 효시는 미국의 과학자 로버트 고다드Robert Goddard가 개발하여 1926년 발사 시험에 성공한 로켓이다. 로버트 고다드의 로켓이 현대 로켓의 효시로 인정받는 이유는 크게 두 가지다. 첫 번째로 고다드는 로켓의 분사구를 관이 좁아졌다가 다시 넓어지는 형태로 만들었다. 이것은 라발 노즐Laval Nozzle이라는 형태의 관인데 고압의 가스가 이 관을 지나면 초음속으로 뿜어져 나와 로켓의 추진력을 높일 수 있다. 이 라발 노즐은 현대의 로켓들도 대부분 사용하고 있다. 두 번째로 고다드는 로켓 연료로 흑색화약 대신 액체연료를 사용했다. 액체연료 방식 로켓은 현재도 우주개발용 로켓이나 일부 군용 미사일에 쓰이는 방식이다(액체연료에 대한 상세한 설명은 4장 참조).

그러나 당시 미국 내에서 고다드의 업적을 알아주는 이는 별로 없었기에 고다드는 사비를 털어 로켓을 만들었다. 고다드는 자신이 만든 로켓을 발전시키면 장래에는 우주여행도 가능하다고 설명했지만, 정작 로켓의 추진 원리를 잘못 이해한 당시 사람들은 이를 허풍이라고 비난했다. 심지어 미국의 주요 신문 중 하나인《뉴욕 타임스The New York Times》에 미래에도 로켓으로 절대 우주비행이 불가능하다는 글이 실리기까지 했다.

20세기 초반, 로켓에 관심이 많았던 나라는 고다드가 있던 미국이 아니라 지구 반대편의 독일이었다. 독일은 제1차 세계대전을 일으켰다가 영국, 프랑스, 미국 등의 연합군에 패배했고 그 전쟁의 책임을 물어 베르사유 조약Treaty of Versailles을 맺었다. 이 조약에 의하면 독일은 다시는 타국에 전쟁을 일으키지 못하도록 군대 규모를 최대한 줄여야 했는데, 그에 따라 독일은 타국을 공격할 만한 장거리 대포를 개발할 수 없었다. 하지만 아직 현대적인 로켓 무기가 등장하기 전이다 보니 조약 내용에 로켓에 대한 제한은 없었기에 독일은 이 허점을 노리고 비밀리에 로켓 무기 연구에 박차를 가했고, 독일의 나치 정권이 일으킨 제2차 세계대전에 본격적으로 쓰였다.

일례로 나치 독일의 폰 브라운Wernher von Braun이 이끌던 연구팀은 V2 미사일을 만들었다. V2는 액체연료 로켓을 이용하여 1톤의 탄두를 싣고 마하 4 이상의 속도로 날아갈 수 있는, 현대 탄도미사일의 효시라 할 수 있는 미사일이었다. 그러나 1장에서 설명한 바와 같이 이 무기는 전쟁의

고다드와 그가 만든 최초의 액체연료 로켓(위쪽의 검은 부분이 분사구) 〈Public Domain〉

판도를 바꾸지는 못했다.

또 나치 독일은 로켓을 이용한 전투기 개발에도 심혈을 기울였고, 그 결과 Me163 로켓 전투기를 개발했다. 이 전투기는 최대속도가 1,100km/h로 프로펠러 전투기는 물론 당시 막 등장하던 제트 전투기보다도 100~200km/h 이상 빨라 거의 마하 1(약 1,240km/h)에 가까웠다. 하지만 Me163의 로켓 연료는 매우 불안정하여 연료가 조금만 새도 폭발했다. 결정적으로 앞서 Me163의 엔진 작동 시간은 약 10분 남짓이다 보니 비행 가능 거리도 짧았다. 독일에 대항하던 연합군 공군은 Me163이 배치된 독일 공군 기지를 약간 피해서 돌아가는 것만으로도 Me163을 피할 수 있었다.

하지만 제2차 세계대전 중 모든 로켓 무기가 이렇게 실패작이었던 것은 아니다. 소련은 BM-13 카튜샤Katyusha라는 다연장 로켓 무기를 개발했는데 이는 현대 다연장 로켓 무기의 원형이다. 카튜샤는 트럭으로 된 차량에 로켓을 연발로 발사할 수 있는 간단한 구조의 발사대를 얹은 형태의 무기인데, 구성이 단순하다 보니 값도 싸서 소련은 이를 대량으로 생산하여 독일군과의 전투에 사용했다. 카튜샤는 어찌 보면 현대의 신기전과 같은 무기로, 다량의 로켓이 한꺼번에 쏟아지므로 적 입장에서는 몸을 숨기거나 도망칠 시간도 없었다. 이후 다른 나라들도 이를 흉내 낸 무기를 만들었으며 그 결과 현재 다연장 로켓의 효시가 되었다. 사실 독일군도 네벨베르퍼Nebelwerfer라는 다연장 로켓을 사용 중이었으나 이는 트럭으로 발사대를 끌고 와서 땅에 설치해야 하는 등 운용이 복잡하여 제2차 세계대전이 끝난 뒤로는 네벨베르퍼 방식의 다연장 로켓은 널리 쓰이지 않았다.

하늘의 전투기와 공격기들도 로켓 무기를 사용했다. 로켓은 총알보다 속도가 느리고 궤적이 불안정해서 조종사 입장에서는 기관총에 비하면

현대 다연장 로켓 무기의 원형인 소련의 다연장 로켓 카튜샤

적에게 명중시키기 어려운 무기였다. 그러나 로켓은 발사 시 반동이 거의 없어 항공기 기체에 걸리는 부담이 적었고, 명중은 어려워도 한 발 한 발의 위력은 기관총과 비교가 되지 않을 정도로 강했다. 이 때문에 로켓은 폭탄과 함께 제2차 세계대전 당시 전투기나 공격기들이 애용하던 지상공격 무기다. 전투기나 공격기들은 보통 로켓을 6~10발 정도 달고 다니다가 지상의 적에게 이를 한 번에 퍼부어 명중 확률을 높였다.

미국의 대전차 로켓 화기인 M1 바주카 〈Public Domain〉

제2차 세계대전 당시 보병이 들고 다니는 로켓 무기도 등장했으며 대표적인 보병용 로켓 무기로 미국의 M1 대전차 로켓이 있다. 당시 미군은 M1 대전차 로켓을 유명한 코미디언이 들고 다니던 악기 이름을 따서 바주카Bazooka라는 애칭을 붙였는데 지금도 M1이라는 정식 명칭보다 이 별명이 더 유명하다. 바주카가 등장하기 전에는 보병이 적 전차를 파괴하려면 위험을 무릅쓰고 적 전차에 직접 폭탄을 붙이던지, 아니면 병사 여러 명이 달라붙어도 움직이기 어려울 정도로 덩치가 크고 무거운 대전차포를 적 전차가 올 만한 길목에 미리 설치하고 기다려야 했다. 바주카는 로켓을 이용해 날아가므로 위험하게 적 전차에 다가갈 필요도 없었고, 크기가 작고 가벼워 병사 한 명이 들고 쏠 수 있었다. 물론 몇 가지 제약이 있어서 보병은 바주카가 있다고 해도 여전히 적 전차와의 싸움이 힘들고 위험했지만, 최소한 보병들이 한두 대의 적 전차를 만난 상황이면 어찌어찌 격퇴할 수 있다는 것만으로도 대단한 발전이었다.

제2차 세계대전이 끝나고 미국과 소련이 대립하는 냉전이 찾아오자 두 나라 간의 우주개발 경쟁이 시작되었다. 미국도, 소련도 우주 밖으로 인공위성이나 탐사선을 쏘아 올릴 방법은 로켓밖에 없었다. 앞서 언급한 왕복 엔진이나 제트엔진 같은 로켓 이외의 비행용 엔진은 공기가 필요하기 때문에 대기권 밖 우주에서 쓸 수 없다. 미국과 소련은 우주개발용 로켓뿐만 아니라 미사일, 특히 핵탄두를 탑재한 ICBM(대륙간탄도미사일)용 로켓 개발에도 힘을 쏟았다. 사실 우주개발용 로켓과 ICBM용 로켓은 필요한 기술이 거의 같고, 심지어 같은 엔진을 사용하는 경우도 있다. 미국과 소련이 경쟁적인 우주개발에 열을 올린 이유 중 하나가 바로 자신들의 ICBM 기술 과시다. 물론 ICBM에 쓰이는 대형 로켓뿐만 아니라 더 작은 미사일에 쓰이는 소형 로켓도 발전을 거듭하여 종전보다 전반적으로 미사일들이 더 멀리, 더 빠르게 날아갈 수 있게 되었다. 이제 현대의 미사일은 로켓을 빼놓고는 말할 수 없을 정도이며 순항미사일 종류를 제외한, 거의 모든 미사일이 로켓을 엔진으로 사용하고 있다.

ROCKET

CHAPTER 04

로켓 2:

로켓의 작동 원리

ROCKET

●●● 로켓은 인류 역사에 처음 등장한 이래 수백 년이 지난 지금까지도 날아가는 비행체의 주요 엔진으로 쓰이고 있다. 무엇이 로켓을 그렇게 특별하게 만들었을까? 왜 미사일은 로켓을 주요 엔진으로 사용할까? 이 장에서는 로켓의 작동 원리에 대해 설명하고자 한다. ●●●

로켓, 미사일이 내달릴 수 있게 만드는 심장

어떠한 물체든지 정지상태에서 출발시켜 움직이게 하려면 반드시 힘이 필요하다. 사람이 힘으로 던진 투창이건, 활로 쏜 화살이건, 화약의 힘으로 발사한 총알이건 모두 가만히 있던 물체에 힘을 가해서 빠르게 움직이게 만든 것이다. 그러나 투창, 활, 그리고 총알은 모두 날아가는 도중 스스로 움직이는 힘을 내지는 못하며 각각 사람의 힘, 활의 탄성, 그리고 화약의 힘을 빌려 초반에 속도를 높인다. 반면 비행기나 우주비행용 로켓, 미사일 같은 것은 모두 공중에서 스스로 움직이는 힘을 낸다. 이 움직이는 힘을 추진력 혹은 추력thrust이라고 한다. 현재 인류가 만든 날아다니는 물체들은 추력을 만들기 위해서 거의 대부분 작용·반작용의 원리를 이용하고 있다. 작용·반작용이란 어떠한 물체, 혹은 물질이 한쪽 방향으로 움직이면 그 반대 방향으로도 같은 힘이 생기는 현상으로 유명한 뉴턴의 제3법칙이기도 하다. 대포에서 포탄을 쏘면 반동으로 대포가 뒤로 밀리는 것이 대표적인 작용·반작용의 예다. 공중을 비행하는 비행체의 엔진은 포탄이나 총알 대신 공기나 가스를 뒤로 빠르게 쏘아 보내 그 반작용으로 추력을 얻는다. 그리고 이렇게 공기, 혹은 가스를 뒤로 움직이게 하는 방법에는 크게 프로펠러, 제트엔진, 그리고 로켓이 있다.

프로펠러는 여러 개의 날개(깃, 혹은 블레이드blade라고 함)를 회전시켜서 앞쪽의 공기를 뒤로 움직이게 하여 추진력을 얻는다. 더 상세하게 이야기하면 단순히 공기를 뒤로 미는 것이 아니라 날개처럼 압력 차이를 만드는 것이지만 더 상세한 설명은 이 책의 범위를 벗어나게 되므로 생략하고자 한다. 프로펠러의 장점은 연료효율, 즉 연비가 좋다는 점이다. 하지만 마하 0.5~0.6(마하 1은 약 1,240km/h) 정도만 되어도 추진효율이 급격히 떨어지며 특히 마하 1에 가까워지면 프로펠러는 성능이 크게 떨어

대포와 로켓에 적용되는 작용·반작용

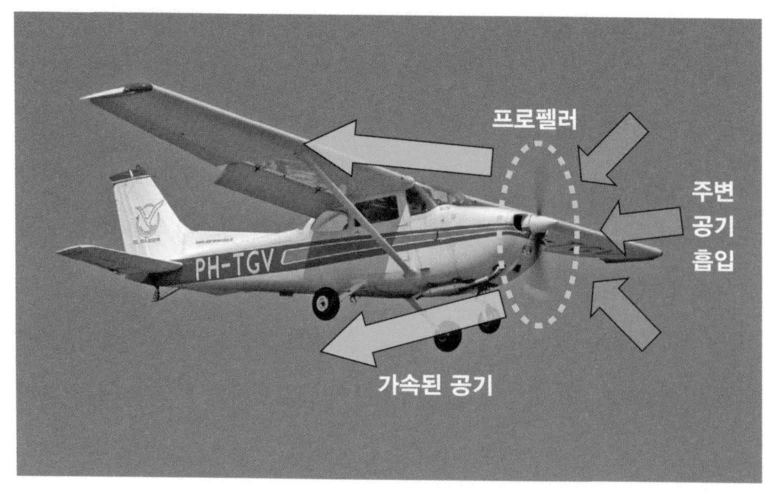

프로펠러의 작동 원리 〈Public Domain〉

져 더 이상 제대로 된 추력을 만들지 못한다. 그래서 프로펠러는 빠른 속도로 날아가야 하는 현대의 미사일에는 적합하지 않다. 게다가 프로펠러가 연비가 좋은 이유는 공기를 뒤로 밀어내는 면적이 넓기 때문인데, 작은 미사일에 맞춰서 프로펠러를 작게 만들면 프로펠러의 전체 지름이 줄어들어서 연비가 점차 나빠져 프로펠러의 장점마저 잃게 된다.

제트엔진의 제트란 고속으로 움직이는 공기 흐름을 말한다. 뒤에 설명할 로켓 역시 제트를 이용하지만 우리가 흔히 말하는 제트엔진, 즉 터보제트엔진은 외부의 공기를 빨아들인 다음 엔진 내부에서 연료와 섞어서 연소시킴으로써 압력을 높이는 방식을 사용한다. 높은 압력의 공기는 엔진의 뒤쪽에 있는 분사구를 통해 뿜어져 나가면서 압력이 낮아지는 대신 속도가 빨라지며, 이렇게 빠른 속도로 뿜어져 나오는 연소 가스는 반작용으로 엔진이 앞으로 나가는 힘을 만들어낸다. 제트엔진은 제2차 세계대전 즈음인 1940년대부터 본격적으로 항공기 및 미사일에 쓰인 방식이며 최초의 현대식 미사일이라 할 수 있는 독일의 V1 미사일도 일종의 제트엔진을 사용했다. 제트엔진은 프로펠러보다는 못하지만 로켓보다는 훨씬 연료효율이 좋다.

그러나 외부의 공기를 효율적으로 빨아들이기 위해서는 복잡한 형태의 압축기가 필요한데 이 압축기의 크기를 줄이는 데에는 한계가 있다. 그렇기에 가능한 한 크기를 작게 만들어야 하는 미사일에 제트엔진을 넣기가 쉽지 않다. 또한 이 압축기를 넣으려면 그만큼 엔진의 값이 비싸지는데, 이 역시 1회용 무기인 미사일에 있어서는 어울리지 않는 특징이다. 게다가 제트엔진은 외부의 공기를 빨아들여 사용하기 때문에 공기 밀도가 낮은 높은 고도에서는 엔진의 힘이 크게 약해지는 것도 문제다. 그래서 현재 제트엔진은 순항미사일처럼 일정 속도로 오랜 시간 날아야 하는, 속도보다는 연비가 더 중요한 몇몇 미사일을 제외하면 미사일에

제트엔진의 작동 원리 〈CC BY-SA 3.0 / Sanjay Acharya〉

잘 쓰이지 않는 추세다.

로켓은 연료를 연소시켜서 고압의 연소 가스를 만들고 이것을 뒤로 내뿜는다는 점은 제트엔진과 같지만, 이 과정에서 외부의 공기를 쓰지 않는다는 점이 다르다. 로켓은 작동 방식에 따라 저장 방법은 약간씩 다르지만, 연료의 연소를 위해서 내부에 별도의 산소, 혹은 산소를 함유한 화학물질을 가지고 있다. 로켓의 장점은 작동하는 순간부터 무게와 부피에 비해 매우 큰 추력을 낸다는 점이다. 또한 외부 공기를 빨아들여 쓰지 않으므로 복잡한 압축기도 필요 없고 고도에 따라 추진력이 변할 일도 없다. 심지어 외부에 공기가 없는 우주에서도 쓸 수 있다. 다만 외부의 공기를 빨아들여 쓰지 않기 때문에 제트엔진에 비하면 연료효율은 매우 떨어진다. 로켓 연료는 보통 미사일 무게의 절반에서 4분의 3 가까이를 차지하는데도 대형 탄도미사일을 제외한 보통의 미사일은 로켓 연료가 10초도 안 되어서 다 떨어지며 그 뒤부터는 활공비행하듯 날아가야 한다. 하지만 이 10초의 작동 시간만 해도 대부분의 미사일들이 최대 속도까지 가속했다가 활공비행 방식으로 표적을 향해 날아가기에는 충분하다. 무엇보다도 무게, 부피, 가격 면에서 미사일에는 다른 엔진보다 로켓엔진이 적합하다. 더불어 로켓, 특히 뒤에 설명할 고체로켓은 보관함에 잘 보관할 경우 10년 정도는 특별한 점검이나 정비를 하지 않아도 품질에 문제가 없다. 전차나 전투기는 평소에도 훈련이나 경계 임무를 위해 계속 군에서 사용하지만, 미사일은 전쟁이 벌어지기 전까지 계속 보관 상태로 놓여 있기 때문에 로켓엔진의 장기 저장성 역시 미사일 엔진으로 쓰기 좋은 특징 중 하나다.

로켓의 종류: 액체로켓과 고체로켓

로켓은 연료가 연소 내지 폭발해서 생기는 대량의 가스를 분사구를 통해 내뿜어야 한다. 그리고 연료가 연소하려면 산소가 있어야 한다. 로켓이 기체 상태의 산소를 직접 가지고 다니는 경우는 거의 없으며 보통은 다른 형태의 화학물질로서 산소를 가지고 다니는데 이를 산화제라고 한다. 로켓은 연료 및 산화제의 보관 형태에 따라 크게 액체로켓과 고체로켓으로 나뉜다.

액체로켓은 연료와 산화제가 액체 상태다. 종류에 따라 연료와 산화제가 하나의 저장 탱크 안에 들어 있기도 하고 둘로 나뉘어 있기도 한데 보통은 둘로 떨어져 있는 형태를 많이 쓴다. 연료로는 케로신kerosin(고급 등유)이나 액체수소, 그리고 질소화합물의 일종인 하이드라진hydrazine을 쓴다. 산화제로는 플루오린fluorine, 액체산소, 과산화수소, 질산 등을 쓴다. 액체로켓의 최대 장점은 고체로켓과 달리 추진력을 마음대로 조절할

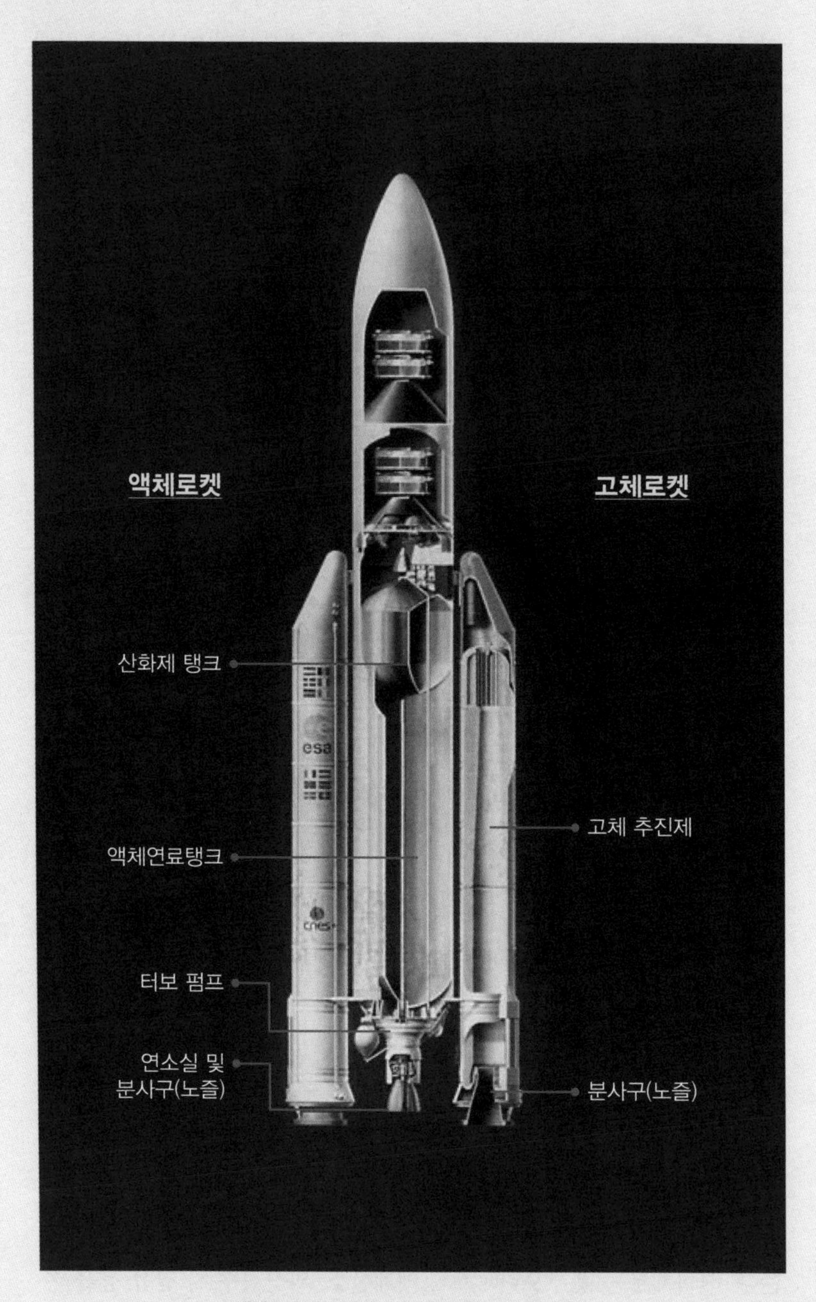

액체로켓 및 고체로켓 구성(아리안 5 우주발사체)

수 있다는 점이다. 연료와 산화제를 공급하는 밸브를 조절하는 것만으로 추진력을 바꿀 수 있으며, 심지어 필요할 경우 아예 연료와 산화제를 차단해 일단 로켓 작동을 멈췄다가 필요할 때 로켓을 재가동할 수 있다. 이런 이유로 액체로켓은 보통 정밀하게 궤도를 수정해야 하는 인공위성이나 우주선 등을 발사하는 용도로 많이 쓰인다.

그러나 액체연료나 산화제는 로켓 내부의 연료탱크에 장기간 보관하기 어렵다는 문제가 있다. 액체연료는 오래 둘 경우 변질되거나 주변의 습기 탓에 안에 물이 생길 우려가 있고, 질산이나 플루오린 등의 산화제는 부식성이 강해서 로켓 내부에 장기간 보관할 경우 연료탱크나 도관이 부식될 염려가 있다. 또 액체산소는 영하 180도보다 낮은 온도를 계속 유지해야 하기 때문에 보관이 어렵다. 게다가 액체로켓은 연료와 산화제를 연료탱크에서 연소실로 보내기 위해 복잡한 밸브와 강력한 펌프, 도관이 필요하다 보니 구조가 복잡해 고체로켓보다 무겁고 크며 비싸다. 이 때문에 현재 군사용 미사일이나 로켓에는 액체로켓보다 고체로켓을 더 많이 쓰고 있으며, 액체로켓은 일부 국가에서 장거리 탄도미사일에만 제한적으로 쓰고 있다.

고체로켓은 이름처럼 연료가 고체 형태인 것으로, 실질적으로는 연료와 산화제를 비롯한 다양한 화학물질이 추진제라고 부르는 고체 덩어리에 한데 섞여 있는 형태다. 이 추진제는 사실상 화약이며, 실제로 가장 원시적인 고체로켓은 앞 장에서 설명한 바와 같이 바로 흑색화약을 채워 넣은 비화창이나 신기전 같은 로켓이다. 현대의 로켓은 훨씬 복잡하고 다양한 화합물로 이루어져 있으며 사용하는 목적이나 환경에 따라 들어가는 물질도 다양하게 바뀐다. 이 고체로켓의 특징은 저장성이 뛰어나다는 점으로 액체로켓과 달리 습기나 지나친 온도 변화만 조심하면 10년 이상 가만히 저장해두어도 별 문제가 없으며, 저장 상태에서 바로 꺼내 쓸 수 있다. 또한 고체로켓은 액체로켓에 비해 구성품도 간단해 무게도 가볍고, 부피도 작으며 싼값에 만들 수 있다. 그러나 고체로켓은 몇몇 특별한 형태 외에는 한 번 불을 붙인 뒤로는 계속 작동해야 하고 추력을 조절하기도 어렵다.

이외에도 고체·액체로켓을 혼합하여 연료는 고체로, 산화제는 액체로 만든 하이브리드로켓hybrid rocket이나 로켓과 제트엔진의 특징을 합친 램로켓ram rocket, 램제트ram jet 등이 있으나 미사일 분야에서 주류라고 할 수는 없다. 이 책은 미사일에 대한 이야기를 하고 있으므로 다른 로켓보다는 미사일에 많이 쓰이는 고체로켓에 대해 중점적으로 설명하고자 한다.

고체로켓의 고체 추진제

고체로켓의 추진제는 흑색화약, 니트로셀룰로즈와 니트로글리세린을 주성분으로 하는 복기 추진제, 그리고 다양한 화합물질을 바인더라 부르는 고분자 물질로 합쳐 굳힌 혼합형 추진제로 나뉘며 현재 미사일 로켓 고체 추진제로는 혼합형 추진제 방식이 주류를 이룬다. 혼합형 추진제는 다시 세부적으로 여러 종류가 있는데 그중 많은 추진제는 산소를 공급하는 산화제로 AP라 부르는 과염소산암모늄 가루를 사용한다. 이 과염소산암모늄은 화학적으로 산소 원소를 가지고 있기 때문에 추진제의 연소 과정에서 산소를 공급한다. 고체로켓의 실질적인 연료로는 보통 알루미늄 가루가 쓰인다. 알루미늄은 금속이지만 고온을 내며 연소되고 가격도 싼 편이기 때문에 고체로켓 연료로 인기가 많다. 그러나 연소 후에 생성되는 산화알루미늄은 다량의 흰 연기를 만든다. 흰 연기를 끌며 날

많은 연기를 내뿜는 AIM-4 팰콘 미사일(위)과 연기를 거의 만들지 않는 AIM-9L 사이드와인더 미사일 (아래) 〈Public Domain〉

아가는 로켓은 멋있어 보일지는 몰라도 적에게 미사일이 발사되었다는 사실을 알려주거나 발사 지점을 역으로 알려주는 꼴이 된다. 그래서 발사되자마자 적이 로켓이 작동 중인 미사일을 볼 수 있는 단거리 미사일에는 로켓의 추진력이 감소되는 것을 각오하더라도 일부러 연기가 적게 나도록 개발한 저연로켓이나 아예 연기가 안 나도록 한 무연로켓 등을 쓰기도 한다.

고체로켓의 산화제와 금속연료 등은 모두 가루 형태이므로 이것들을 잘 섞어 굳혀야 고체 추진제로 쓸 수 있다. 산화제와 금속연료 등을 굳히기 위해서는 앞서 설명한 대로 바인더라는 물질이 필요한데, 현재 군용 로켓에는 HTPB라 부르는 말단 수산기 부타디엔이 주로 바인더로 들어간다. 이 물질은 평소에는 걸쭉한 액체 상태이지만, 경화제나 몇 가지 첨가물을 섞으면 고체 형태로 굳는다.

로켓 추진제를 만들 때는 산화제 가루, 금속연료 가루, 그리고 연소 촉매나 경화 촉매, 가소제(너무 걸쭉하면 반죽이 잘 안 되므로 일부러 점도를 떨어뜨리는 약품) 등을 섞어 HTPB와 함께 섞은 뒤 몇 시간 정도 기계로 혼합한 다음 일정한 모양으로 틀을 잡고 온도를 높여 굳힌다. 고체로켓은 일종의 화약인 만큼 온도를 가하는 과정은 위험하기는 하지만, 당연히 이 과정에서 쉽게 불이 붙거나 하지는 않는다. 일반적으로 굳혀진 고체로켓 추진제는 완전히 딱딱한 물질이 아니라 어느 정도 탄성이 있는 부드러운 물질이 된다. 이렇게 고체 추진제를 탄성 있는 형태로 만드는 이유는 운반이나 조립 도중 충격을 받거나, 혹은 보관 중 온도가 오르내려서 미세하게 수축과 팽창을 반복하다가 추진제에 균열이 가거나 부스러지는 것을 막기 위해서다. 한편 추진제가 연소될 때는 HTPB 같은 바인더도 일부 연료 역할을 겸하며 특히 연기를 많이 만드는 금속연료를 넣지 않는 대신 바인더의 열량을 높이는 방안도 널리 연구되고 있다.

완성된 고체 추진제는 생각보다 쉽게 불이 붙지 않으며, 보통 몇 백 도가 넘는 온도와 매우 높은 압력이 있어야만 맹렬하게 타들어간다. 이러한 성질을 추진제의 둔감성이라고 부르는데, 이렇게 둔감한 추진제를 쓰는 이유는 사고나 취급 부주의, 적의 공격 등으로 만에 하나 화재가 나거나 큰 충격을 받아도 폭발하지 않도록 하기 위해서다.

고체 추진제는 보통 가운데 빈 공간이 있는 형태로 모양을 잡는다. 고체 추진제에 일단 불이 붙으면 이 구멍이 있는 곳부터 시작하여 점차 추진제를 감싸고 있는 벽 쪽으로 타들어가는데, 구멍의 모양에 따라서 어느 정도 고체로켓의 추진력을 조절할 수 있다. 고체로켓에서 추진력을 결정하는 요소는 여러 가지가 있으며 그중 하나는 '한 번에 얼마나 많은 면적의 추진제가 타들어가는가'다. 만약 안쪽 모양을 복잡하게 하여 한 번에 고체 추진제가 타들어가는 면적을 넓게 한다면 그만큼 추력이 올라간다.

그러나 한 번에 많은 고체 추진제가 탄다는 것은 그만큼 로켓의 작동시간이 짧아진다는 소리가 된다. 그렇기 때문에 비행 중 추진력을 무작정 높이는 것이 아니라 점차적으로 높이거나 반대로 낮추거나 일정하게 유지되도록 고체 추진제 내부 구멍의 모양을 만들기도 한다. 현재 미사일용 고체 추진제에 많이 쓰이는 방식은 가속-지속Boost-Sustain 방식으로 초반에 많은 면적이 타들어가도록 해서 로켓을 빨리 가속되게 한 다음, 최대속도에 도달했을 즈음에는 다시 타들어가는 속도를 늦춰 현재의 속도가 지속되도록 하는 방식이다. 보통 고체로켓은 중심부나 분사구에서 가까운 쪽이 먼저 타들어가므로 가속-지속 형태의 로켓은 중심부 중에도 분사구 가까운 쪽만 더 빨리 타들어가도록 모양을 만드는 경우가 많다.

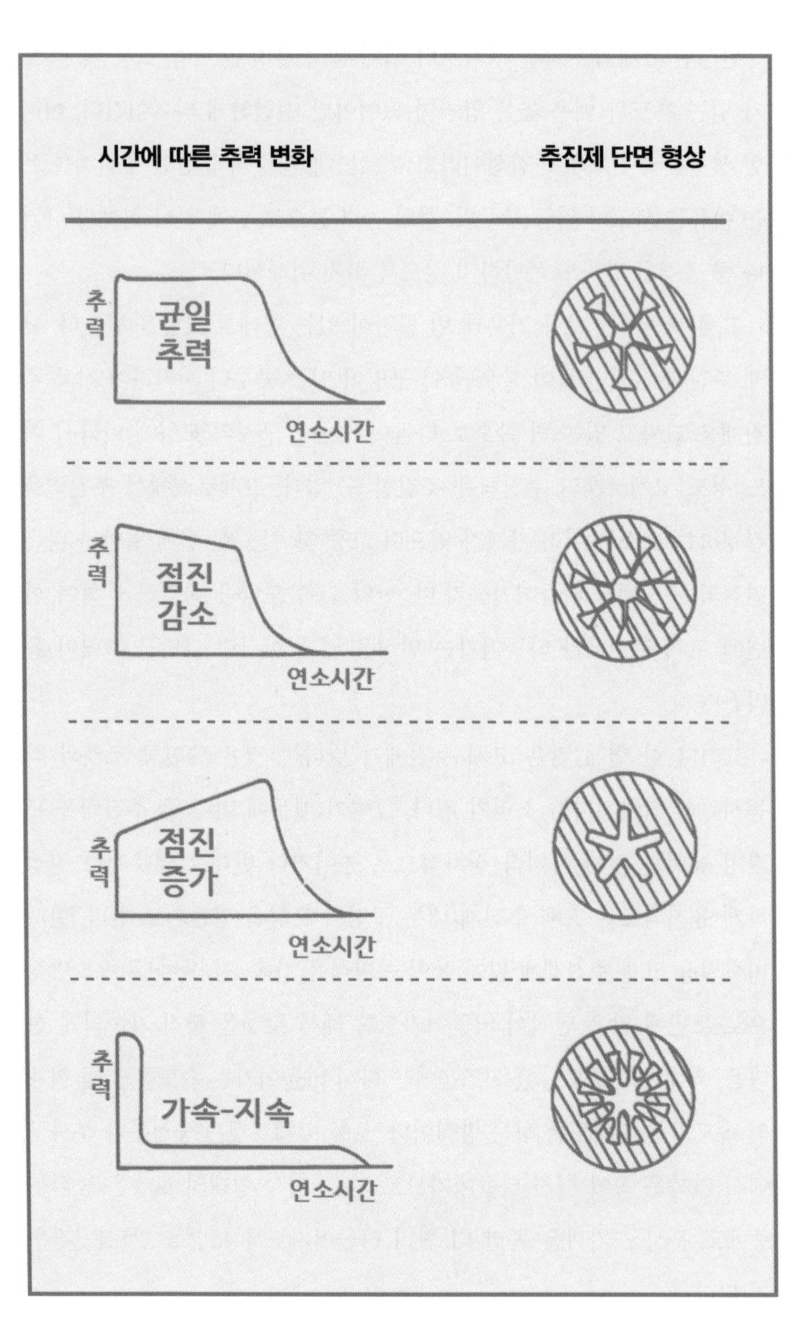

고체 추진제의 추력 변화 및 단면 형상

고체로켓의 연소관과 분사구

고체로켓의 연료가 연소되는 동안 고압의 가스가 분사구 이외의 곳으로 새어나가지 않도록 감싸주는 용기를 연소관(혹은 추진관)이라고 부른다. 연소관은 보통 길쭉한 원통형 구조로 되어 있으며 그 안에는 추진제가 들어차 있다.

로켓이 작동 중일 때 연소관의 내부 온도는 섭씨 2,000도가 넘어가고 압력은 100기압 가까이 되기 때문에 이러한 온도와 압력을 견디기 위해 과거에는 연소관을 주로 몰리브덴강 같은 특수한 철강금속으로 만들었다. 그러나 현재는 기술의 발전으로 더 가볍고 튼튼한 탄소섬유 복합재 등으로 연소관을 제작한다. 연소관은 대개 먼저 만들어두었다가 아직 굳지 않은 추진제를 그 안에 부어넣고 추진제 중앙 부분의 모양을 성형할 틀을 고정한 다음, 추진제가 굳고 나면 틀을 빼고 다시 추진관 뒤쪽 부품을 덮는 방식으로 만든다. 추진제만 따로 모양을 잡아 굳힌 다음 그 위에 탄소섬유를 감싸서 연소관을 만드는 방법도 있는데, 이 방법을 쓰면 추진관의 뒤쪽을 덮기 위한 별도의 마개가 없어서 연소관을 더 튼튼하게 만들 수 있다. 그러나 탄소섬유 복합재를 굳히는 과정에서도 계속 열을 가해야 하다 보니 결과적으로 추진제에 열을 가하는 시간이 늘어나 작업 위험도도 높아져서 일반적으로 쓰는 방식은 아니다.

연소관 안쪽 벽에는 보통 추진제를 채워넣기 전에 라이너와 단열재 등을 먼저 두른다. 라이너의 역할은 연소관 안쪽 벽과 단열재가 단단히 붙도록 하는 것이며 충격이나 진동에도 덜 민감하려면 라이너 역시 약간의 탄성을 갖도록 하는 것이 좋기 때문에 추진제의 바인더와 비슷한 물질에 몇 가지 첨가물을 섞어 만든다. 단열재는 로켓이 작동할 때 내부의 뜨거운 열기가 추진관에 직접 전달되는 것을 어느 정도 막아주는 역

탄소섬유 필라멘트 와인딩 공법으로 제작 중인 로켓 연소관

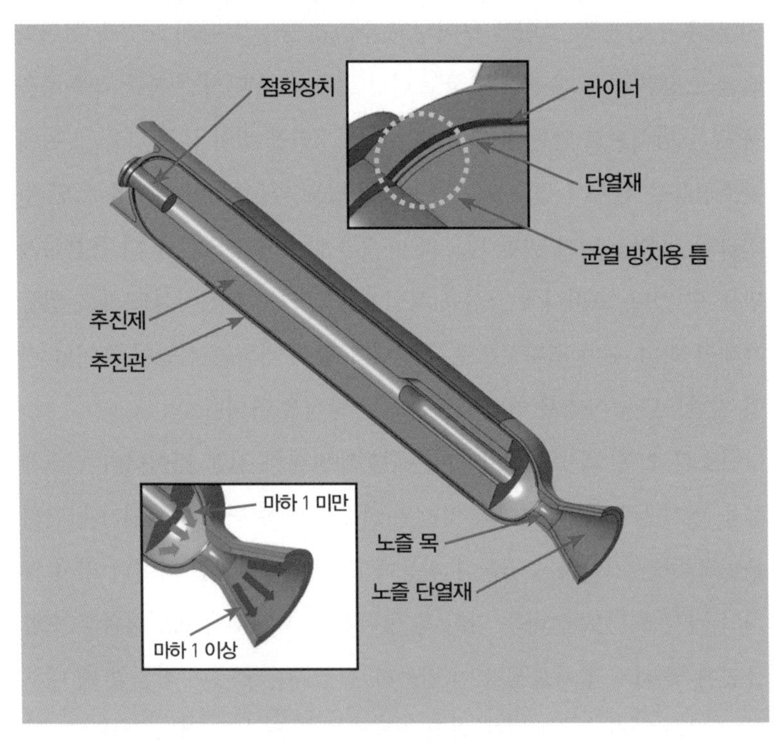

일반적인 고체로켓 연소관 및 노즐 형상

할을 한다. 이것 역시 탄성이 있는 물질을 사용하는 데 현재 주로 쓰이는 것은 EPDM이라 부르는 에틸렌-프로필렌 이중합성 고무로, 높은 열에서도 잘 견디고 열전달을 잘 막아줄 뿐만 아니라 장기간 보관해도 성질이 변하지 않으면서도 가볍다는 특징을 갖고 있다.

일반적으로 단열재(및 추진제)는 연소관과 끝부분이 떨어져 있다. 로켓은 장기간 보관할 때 온도의 변화로 수축, 팽창을 겪기 때문이다. 연소관과 추진제는 수축, 팽창을 하는 정도가 다르므로 미세한 수축, 팽창이 반복되다 보면 끝부분이 떨어져나가서 깨지거나 균열이 생길 수 있으므로 처음부터 일부러 떨어지게 만든다.

연소관의 끝에는 고체로켓을 작동시키는 점화장치가 들어 있으며, 보통 분사구와 반대 방향인 로켓 앞쪽 끝에 붙어 있다. 고체 추진제는 사고 등에 대비해 일부러 둔감하게 제작되므로 고체 추진제가 일단 타들어가게 만들려면 처음에 높은 온도와 압력이 필요하다. 바로 이 점화장치가 높은 온도와 압력을 만들어주는 역할을 한다. 점화장치는 크기가 작지만 안전을 위해 내부적으로는 복잡한 구조로 되어 있다. 보통 점화장치는 전기 신호를 받아서 실제로 연소를 시작하는 착화기, 착화기에서 발생한 열을 더 크게 만드는 점화기가 있으며, 이 둘 사이를 가로막는 안전장치가 덧붙어 있다. 착화기는 전기 신호를 받으면 극소량의 화약을 터뜨리며 이 화약은 소량의 다른 화약을 터뜨려 고온·고압의 가스를 만든다. 이렇게 만들어진 고온·고압의 가스는 화약 알갱이들이 들어 있는 점화기로 전달되며 불이 붙은 점화기는 추진관 내부로 고온·고압의 가스를 내뿜어 고체 추진제에 불이 붙는다.

보통 발사명령을 내리는 장치는 착화기에 전기적인 신호를 보내 로켓을 작동시키는데, 정전기나 낙뢰사고, 작업자의 실수 등으로 인한 오작동을 막기 위해 둘 사이에는 안전장치가 붙어 있다. 또한 착화기와 점화기 사이에도 점화 안전장치가 붙어 있어 오작동 상황에서 착화기까지는 작동하더라도 점화기에는 불이 붙지 않게 해준다. 이 점화 안전장치는 착화기에서 발생한 가스가 점화기로 들어가는 것을 막아주는 역할을 하며, 별도의 안전장치를 해제해야만 가스가 점화기로 들어갈 수 있도록 길을 연결해준다. 점화장치는 이처럼 안전을 위해 복잡한 구조로 되어 있어서, 어느 것 하나라도 제대로 작동하지 않으면 고체 추진제에 불이 붙지 않는다. 그러나 안전장치가 해제된 이후의 점화장치는 발사명령에 따라 로켓을 확실히 작동시킬 수 있어야 하므로 점화장치는 높은 신뢰성을 가져야 한다.

연소관의 뒤쪽 끝에는 추진제가 만든 고온·고압의 가스가 바깥으로 분출되는 분사구가 붙어 있다. 연소관 뒤쪽 부분의 통로는 목이 점점 좁아지는데, 이렇게 목이 점차 좁아지는 통로를 노즐nozzle이라고 부른다. 일반적으로 목이 점점 좁아지기만 하는 노즐은 공기의 흐름을 빠르게 만들어주지만, 마하 1 이상의 속도로 공기 흐름을 가속하지는 못한다. 마하 1이 넘는 속도가 되려면 공기가 흐르는 통로가 다시 확장돼야 하는데, 이렇게 점차 넓어지는 통로를 디퓨저diffuser라고 부른다. 로켓은 주로 노즐과 디퓨저가 합쳐진 형태의 분사구를 쓰는데, 이것을 수축-확산 노즐이라고 부르거나 혹은 처음 발명한 구스타브 드 라발Gustav de Laval의 이름을 따서 라발 노즐Laval Nozzle이라고 부른다.

이 노즐 부분은 매우 빠른 속도로, 그것도 고온인 가스가 지나가므로 노즐 부분에 삭마削磨(깎이고 갈림) 현상이 생긴다. 그러면 애써 세심하게 설계한 형태가 변해버려 노즐이 제 역할을 못 하므로 가장 삭마가 심하게 일어나는 노즐 목 부분은 특별히 삭마에 강한 소재를 쓴다. 과거에는 레늄 합금이나 텅스텐 합금 등 튼튼하지만 희귀하고 비싼 금속을 썼으나, 현재는 탄소섬유를 기반으로 한 복합재를 많이 쓴다. 보통 노즐을 통해 고체 추진제 안쪽으로 이물질이나 습기가 들어가지 않도록 얇은 마개로 막혀 있으며 고체 추진제가 작동하면 그 압력에 의해 마개가 빠져나가버린다.

CHAPTER 05

유도 방식 1:

항법유도

DSMAC

TERCOM

GUIDANCE SYSTEM

●●● 1장에서 언급한 바와 같이 미사일의 정의는 “첫째, 자체 추진력을 갖고 있으며 둘째, 유도 기능이 있는 무기다”이다. 그리고 앞 장들을 통해 미사일이 로켓을 이용하여 어떻게 자체 추진력을 갖는지 살펴보았다. 이번 장에서는 미사일이 어떠한 방식으로 표적을 쫓아가는 유도 기능을 갖는지를 알아보고, 그중 항법유도 방식을 중심으로 살펴보고자 한다. ●●●

유도: 미사일이 표적에 명중하기 위한 다양한 방법들

유도guidance란 미사일이 목표물에 명중하는 방법이다. 개발자들이 택하는 미사일의 유도 방식에는 여러 가지가 있는데 표적이 움직이는가, 움직이지 않는가, 미사일에 달린 센서의 종류는 무엇인가, 미사일의 사거리는 어떠한가, 심지어 사용할 수 있는 기술 수준이나 미사일의 가격 등 다양한 요인을 따져 유도 방식을 결정한다. 필요한 경우에는 한 가지 미사일에 두세 가지 유도 방식을 혼합하여 사용하기도 한다. 미사일의 다양한 유도 방식을 항법유도Navigation Guidance, 지령유도Command Guidance, 호밍유도Homing Guidance, 이렇게 크게 세 가지로 분류할 수 있다.

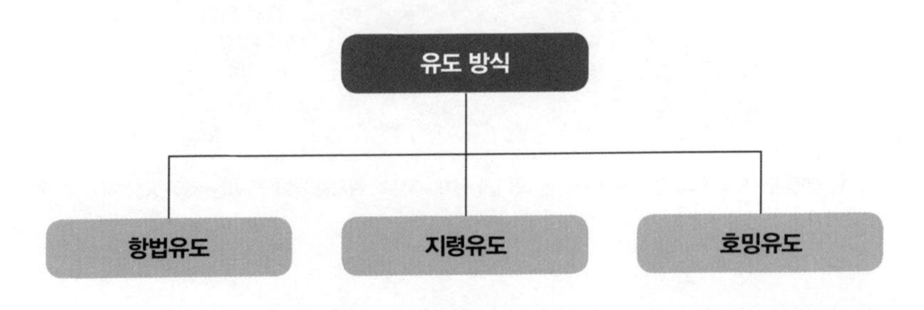

항법유도: 나는 어디에 있는가

항법이란 원래 배가 목적지까지 가기 위해서 자신의 현재 위치와 목적지의 위치를 정확히 알아내는 것을 뜻하던 단어다. 2000년대 초반만 하더라도 항법이라는 단어는 배나 비행기 관련 종사자에게나 익숙한 단어였지만, 요즈음은 일반인 사이에서도 알게 모르게 이 단어가 흔히 쓰이고 있다. 자동차에 많이 달고 다니는 내비게이션navigation이 바로 항법을 뜻하는 단어다. 자동차에서 사용하는 내비게이션의 원래 명칭은 카 내

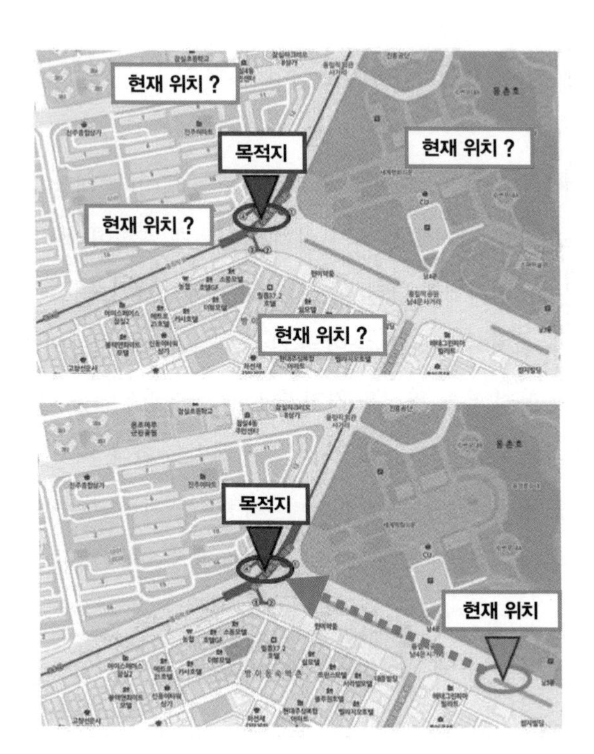

항법에서는 도착지의 정확한 위치뿐만 아니라 현재 자신의 위치를 정확히 아는 것이 중요하다.

비게이션(자동차 항법장치)이었으나 줄여 부르면서 내비게이션, 혹은 내비라 부르게 되었다. 배나 비행기, 혹은 자동차가 정해진 목적지를 향해 항법을 이용하여 정확히 찾아가듯, 미사일이 항법장치를 이용해 정확히 표적을 향해 날아가는 유도 방식을 항법유도라 한다. 항법유도를 사용하는 미사일에는 일반적으로 표적의 좌표 정보가 입력된다. 그러면 미사일은 항법장치를 통해 자신의 위치를 파악하고, 유도장치는 자신의 위치 및 표적의 위치를 참고하여 일정한 비행경로에 따라 표적에 도달하도록 미사일을 조종한다. 미사일 종류에 따라 이러한 비행경로는 스스로 정하기도 하며 사람이 직접 특정한 패턴으로 날아가라고 경로점을 지정해주기도 한다. 항법유도 방식은 정해진 표적을 쫓아간다기보다는 지도상에 정해진 좌표를 향해 날아가는 것이므로 일반적으로 고정되어 있는 지상표적을 공격할 때 주로 쓰인다. 다만 다음 장에서 설명할 지령유도와 조합하면 이동하는 표적을 공격하는 것도 가능하다.

항법의 핵심은 자신의 위치를 아는 것이다. 이를테면 자동차 내비게이션에 아무리 정확한 지도가 들어 있고, 목적지의 정확한 위치를 알아도 정작 GPS 연결이 제대로 되지 않아 현재 자신의 위치를 정확히 모른다면 내비게이션은 어느 방향, 어느 길로 가야 할지 알 수가 없다. 이 점은 항법유도를 사용하는 미사일도 마찬가지다. 그렇기에 항법유도는 미사일이 자신의 위치를 정확히 찾기 위해 다양한 방법을 사용한다.

관성항법유도: 거의 모든 항법유도의 기초

관성항법유도는 거의 모든 항법유도 미사일들이 사용하는 방식이다. 관성항법유도의 관성이란 관성력을 이용하여 미사일의 가속도 등의 측정을 통해 현재 미사일의 위치를 찾아낸다는 뜻이다. 관성항법유도 미사일 안에는 관성력 측정장치IMU, Inertial Measurement Unit라는 것이 들어 있는데, 이 안에는 다시 가속도 측정 센서와 자이로스코프 센서가 들어 있다.

가속도 측정 센서란 관성력을 이용해 미사일이 얼마나 속도가 빨라졌는가, 혹은 느려졌는가를 측정하는 센서다. 뉴턴의 제2법칙에 따라 '힘=가속도×질량'이므로 반대로 힘을 측정할 수 있는 센서에 일정 질량을 연결하면 미사일이 빨라지거나 느려짐에 따라 생기는 관성력(힘)을 측정하여 가속도를 구할 수 있다. 좀 더 극단적인 비유를 하자면 버스가 급출발할 때, 승객들의 몸이 얼마나 뒤로 밀려나는가를 측정하여 버스의 가속도를 측정한다고 보면 된다. 보통 관성력 측정장치에는 X, Y, Z축

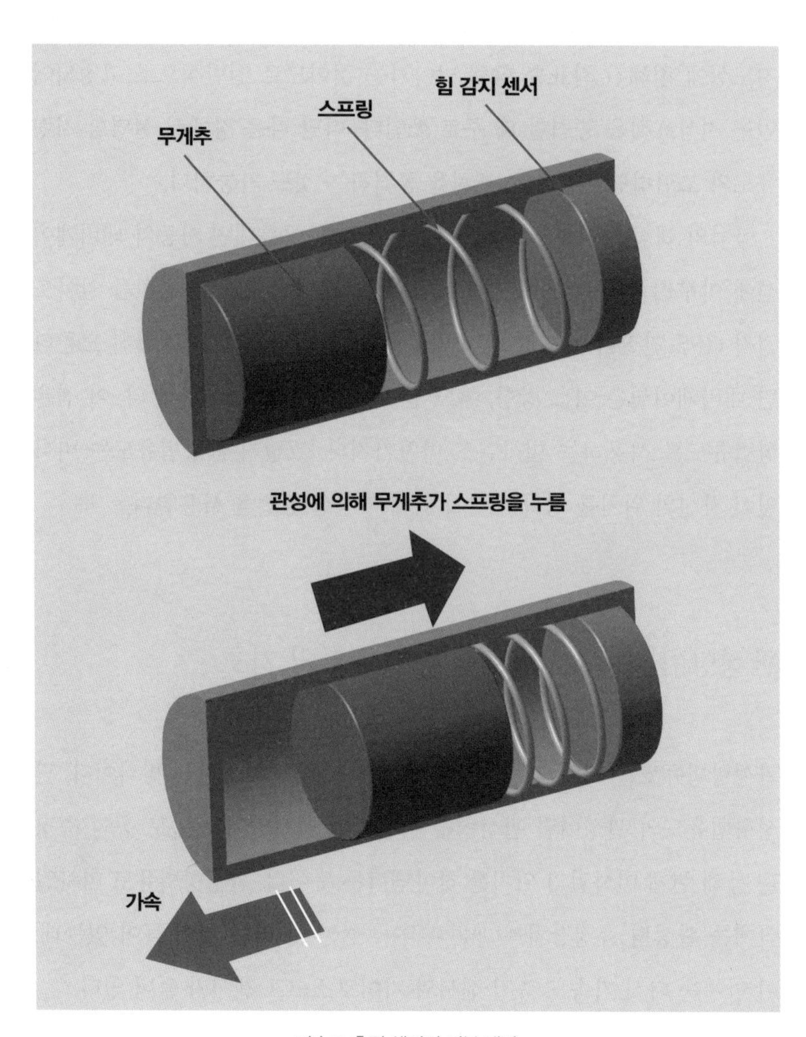

가속도 측정 센서의 기본 개념

방향으로 각각 하나 이상의 가속도 센서가 들어 있으며, 이 센서들의 측정값을 통해 미사일의 모든 축 방향에 대한 위치를 계산할 수 있다. 과거에는 스프링과 무게추 등을 사용한 가속도계가 주로 관성측정장치에 들어갔으나, 최근에는 전자적인 힘을 이용한 가상의 스프링과 초소형 실리콘 무게추 등을 이용하여 기존 방식보다 크기를 획기적으로 줄인 반

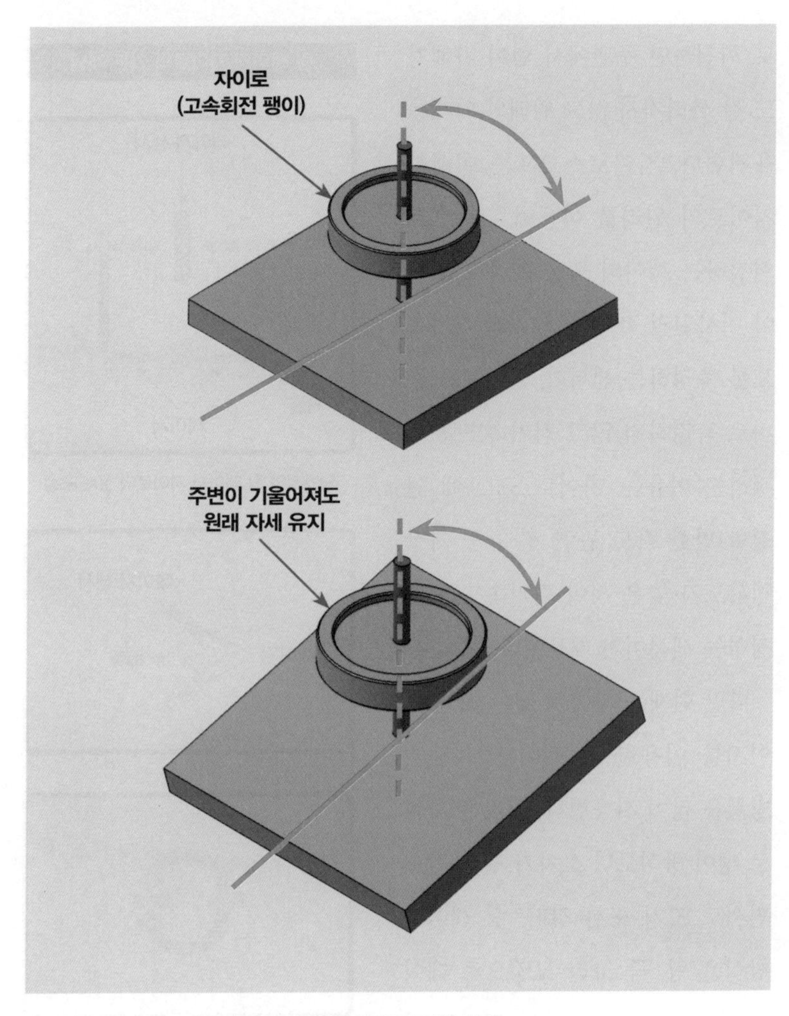

자이로스코프의 기본 개념

도체만한 크기의 가속도계도 등장하고 있다.

자이로스코프는 각속도, 혹은 각가속도를 측정하는 센서다. 각속도란 어느 한 축을 기준으로 한 회전속도를 의미하며, 각가속도란 이 회전속도가 일정 시간 동안 얼마나 빨라졌는가, 혹은 느려졌는가를 말한다. 자이로란 고속으로 회전하는 팽이를 일컫는 말인데, 팽이는 한 번 고속으로 회전하면 주변에서 힘이 가해져도 잘 쓰러지지 않고 원래의 자세를 유지한다. 자이로스코프는 이러한 자이로의 원리를 이용해 고속으로 회전하는 팽이의 축을 기준으로 삼아 미사일의 각 방향에 대한 각가속도를 측정하는 센서다. 굳이 각도를 바로 측정하지 않고 각가속도를 측정하는 이유는, 자이로스코프에 연결할 만한 각도 관련 센서 중 가장 정확도가 높은 것이 각가속도를 측정하는 센서이기 때문이다.

다만 현재는 자이로 팽이 대신 레이저를 이용한 링 레이저Ring Laser 방식을 많이 사용한다. 이것은 자이로 팽이 방식보다 오차가 훨씬 적으면서도 크기 또한 작다. 링 레이저 방식은 링, 즉 고리 모양으로 레이저 빛이 지나갈 수 있는 경로를 만들고 그 양쪽으로 빛을 쏘아 보내는 것이다. 만약 회전속도가 생기면 빛이 동시에 도착하지 않으므로 센서는 양쪽 빛이 도달하는 시간 차이를 측정하여 회전속도를 감지할 수 있다. 다만 실제 빛이 속도가 너무 빨

링 레이저 자이로의 기본 개념

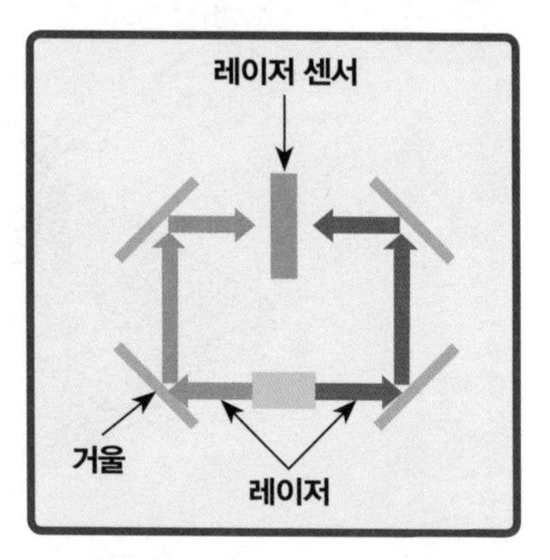

일반적인 링 레이저 자이로의 실제 구성

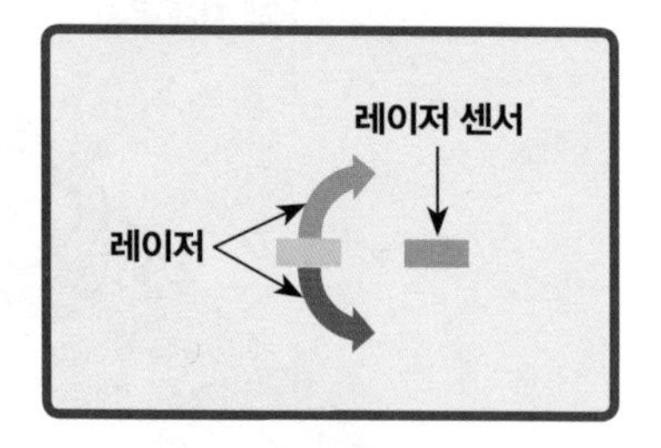

자이로가 회전하지 않은 경우

자이로가 회전한 경우

AGM-84 하푼 미사일에 들어가는 HG1700 관성측정장치. 직경 13cm 정도의 비교적 작은 장치이나 미사일의 가속도와 각속도를 모두 측정할 수 있다.

라서 짧은 공간 내에서 그 시간 차이를 측정하는 것은 너무 어려우므로 단순히 빛이 도착한 시간 자체를 측정하기보다는 빛에 일정 패턴을 주어 빛이 만나면서 생기는 간섭무늬 등을 측정해 센서의 회전속도(각속도)를 측정한다. 이 링 레이저 자이로에는 정작 팽이 형태의 자이로가 없지만, 역할은 과거의 자이로스코프와 같기 때문에 그냥 자이로스코프라고 부른다. 한편 팽이를 사용하는 자이로스코프는 각가속도를 측정하는 것이 일반적이지만 링 레이저 자이로는 각속도를 측정하는 것이 일반적이다.

최근에는 더 크기를 줄인 광섬유를 이용한 자이로스코프나, 엄청 작은 전자소자와 전자의 운동을 이용하여 각도 변화를 측정하는 초소형 자이로스코프도 나오고 있다. 이러한 반도체 사이즈의 자이로스코프는 반도체 크기 가속도계와 함께 미사일뿐만 아니라 스마트폰의 모션 센서에도 들어가 있다. 물론 비슷한 반도체 크기라 하더라도 미사일에 들어가는 것이 훨씬 정밀도가 높은, 고가의 센서다.

관성항법장치는 관성측정장치가 측정한 가속도나 각속도, 혹은 각가속도를 이용하여 미사일이 처음 출발한 위치로부터 지금 어느 방향으로, 얼마나 먼 거리만큼 날아왔는지를 계산할 수 있다. 관성측정장치로 측정한 가속도나 각속도 값을 적분 등과 같은 수학적 처리를 통해 거리와 방향 값으로 바꿀 수 있기 때문이다. 이 방식의 최대 장점은 미사일이 처음 출발한 위치만 안다면, 이후로 자신의 위치를 계산하는 데 외부로부터 다른 정보를 받을 필요가 없다. 그렇기에 방해 전파 등에 의해 미사일이 혼란을 겪거나 할 일이 없다. 또한 미사일을 한 번 발사하면 미사일이 알아서 자신의 위치를 계산하며 날아가므로 발사자가 이미 발사된 미사일을 위해 추가로 다른 조치를 취할 필요도 없다.

그러나 관성항법유도 방식은 미사일이 정해진 좌표를 따라 움직이는 방식이므로 다른 방법을 이용하지 않고 순수하게 관성항법장치만 이용해서는 이동하는 표적을 맞힐 수 없다. 더 큰 문제는 관성항법장치가 시간이 지날수록 오차가 심해진다는 점이다. 아무리 정밀한 관성측정장치도 아주 약간씩의 측정 오차는 있기 마련이다. 문제는 관성항법유도가 적분을 이용하기에 오차가 계속 누적된다는 점이다. 쉽게 말해 경과한 시간에 맞춰서 계속 이동한 거리와 움직인 자세를 더해서 현재의 위치와 자세를 찾는 방식이다 보니 아주 약간의 오차도 계속 시간에 따라 누적되어 큰 오차가 되어버린다. 이를 비유하자면 아주 정확한 표현은 아니지만, 관성항법장치를 쓰는 미사일은 눈을 감고 걸음 수만큼 정해진 방향으로 움직이는 사람에 비유할 수 있다. 그 사람은 처음에 "이쪽으로 똑바로 1,000m 걸어가라"는 지시를 받았으며, 놀라운 실력으로 한 걸음 걸을 때마다 자신의 보폭을 1mm 오차로 1m에 맞출 수 있다고 가정하자. 겨우 1mm 오차지만 1,000m를 걸어가면 그 오차가 쌓이고 쌓여서 1,000mm, 즉 1m의 오차가 된다. 미사일은 보통 1,000m의 수백, 수천 배를 날아가야 하니 이러한 오차가 계속 쌓이면 당연히 처음의 작은 오차도 나중에는 큰 오차를 만들어버린다. 다만 관성항법장치는 시간에 대해 적분을 하므로 실제로는 날아가는 거리보다는 작동하는 시간이 길어질수록 오차가 커진다.

어쨌거나 이 오차를 최대한 줄이려면 그만큼 매우 정밀한 센서를 써야 하는데 당연히 센서가 정밀할수록 그 가격은 엄청나게 비싸진다. 일부 장거리 미사일에 들어가는 관성항법장치는 손바닥 위에 올려놓을 만큼 크기가 작은데도 그 가격이 수억 원을 넘는 경우도 있다. 하지만 이렇게 정밀한 관성항법장치로도 점점 오차가 쌓이면 정확도가 크게 떨어져 수천 km를 날아가고 나면 표적에서 100m 이상 벗어날 수 있다. 그래서 보통 장시간 비행해야 하는 장거리 미사일은 관성항법장치 이외에도 중간중간 다른 항법유도 방식을 사용하여 관성항법장치의 오차값을 측정하고, 그 오차값을 감안하여 다시 정밀한 현재 위치값을 계산한다. 아래에 설명할 천문·위성·지형참조항법유도도 실은 관성항법유도를 보조하는 수단으로 쓰이는 경우가 대부분이다.

천문항법유도: 별을 보고 나의 위치를 알다

천문항법유도는 관성항법장치의 오차를 중간에 보정하기 위해 나온 방안 중에서도 비교적 초창기에 등장한 방식이다. 이 방식은 말 그대로 별을 이용한 항법유도다. 인류는 기원전부터 바다 너머 보이지 않는 섬을 향해 항해를 할 때, 선원들이 별을 보고 자신의 위치를 계산하여 정확히 목적지에 도달했다. 그리고 인류는 별이나 태양의 각도를 더욱 정확히 측정하여, 결과적으로 자신의 위치를 더 정확히 알 수 있는 육분의를 개발했다. 미사일에도 이러한 육분의를 응용한 천체관측 방식의 항법유도 장치가 쓰이기도 했다. 하지만 이 방식은 비행 중간에 거의 우주까지 올라가는 대륙간탄도미사일이 아니면 쓰기 어려운 방식이다. 낮에는 별

별이나 태양의 각도를 측정하여 자신의 위치를 알 수 있는 육분의

이 보이지 않기 때문이다. 일부 순항미사일들은 밤에 쏘는 한이 있더라도 이 방식을 사용하려 했지만 밤이라고 해도 구름이나 안개 등이 끼면 그마저도 사용하기 어려우므로 현재는 거의 쓰이지 않는 방식이 되었다. 다만 미사일이 아닌 우주선이나 일부 고고도 체공용 항공기에는 여전히 천문항법유도 방식을 쓰는 경우가 있다.

위성항법유도: 낮에도 볼 수 있는 별을 쏘아 올리다

천문항법은 별이 보이지 않는 낮이나 흐린 날에는 무용지물이나 다름없다. 다만 어디서나 관측 가능한 하늘의 무언가를 기준 삼아 자신의 위치를 찾는다는 항법기술 자체는 현재도 널리 쓰이고 있다. 가짜별, 즉 인공위성을 관측하여 자신의 위치를 찾는 방법이다. 이 방식에서는 단순한 빛(가시광선)이 아니라 구름이나 태양빛에도 방해받지 않는 전파를 사용하므로 날씨나 밤낮 상관없이 거의 언제나 정확한 위치를 계산할 수 있다. 가장 유명한 항법용 인공위성은 미국의 GPSGlobal Positioning System(전세계 위치측정 시스템) 위성이다. 현재는 GPS가 민간용으로도 개발되어 자동차 내비게이션이나 휴대폰의 위치 측정을 위해 일상에서도 쉽게 쓰지만, 본래는 1970년대에 군용으로 개발된 시스템이다.

지구 주변에는 기본적으로 24개의 GPS 위성이 돌고 있으며(실제로는 갑자기 1, 2개의 위성이 고장 났을 때를 대비해 백업용으로 몇 개가 더 돌고 있음), 이 위성들은 지상을 향해 전파를 쏘아 보낸다. 그리고 이 전파에는 전파를 쏘아 보낸 정확한 시간과 그때의 위성 위치에 대한 데이터가 담겨 있다. 지구상의 GPS 신호 수신장치는 이 전파를 수신한 시간을 계산하여 실제로 이 전파가 날아온 거리를 알 수 있다. 전파는 빛의 일종으로 항상 속도가 일정하므로 날아온 시간만 알면 바로 거리를 계산할 수 있기 때문이다. 하나의 위성신호만 수신하면 단지 내가 그 위성으로부터 얼마나 멀리 떨어져 있는지 알 수 있지만, 3개의 위성신호를 수신하면 위성을 기준으로 자신의 정확한 위치를 알게 된다. 보통은 4개 이상의 신호를 조합하여 더 정밀한 위치를 파악한다.

GPS는 앞서 설명한 바와 같이 본래 군용으로 쓰던 것이기에 암호화되어 있었다. 그러나 1983년에 우리나라 여객기 1대가 항법 실수로 소련 영공 내로 침범했다가 소련군이 이를 미국 정찰기로 오인해 격추하여 수백 명이 목숨을 잃는 사고가 난 뒤로 이러한 참사를 막기 위해 민간용으로 공개되었다. GPS 민간 개방 초반에는 미국이 자신들의 적국에 민간 개방된 GPS가 악용되는 것을 막기 위해 민간용에 한해 일부러

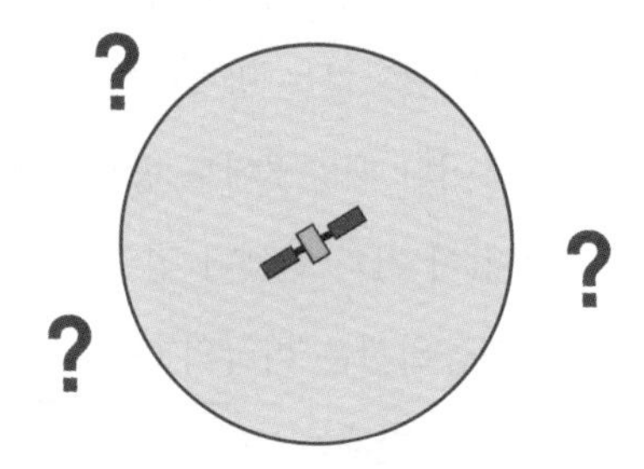

1개의 위성까지의 거리만 아는 경우, 위치를 알 수 없음

02

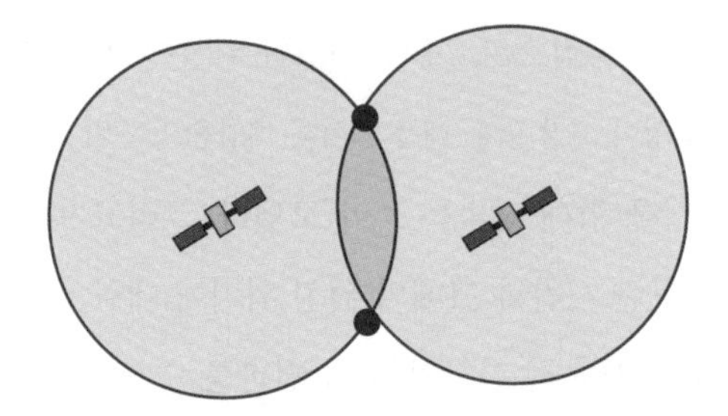

2개의 위성까지의 거리를 알면 자신의 위치를 두 곳 중 하나로 추정할 수 있음

03

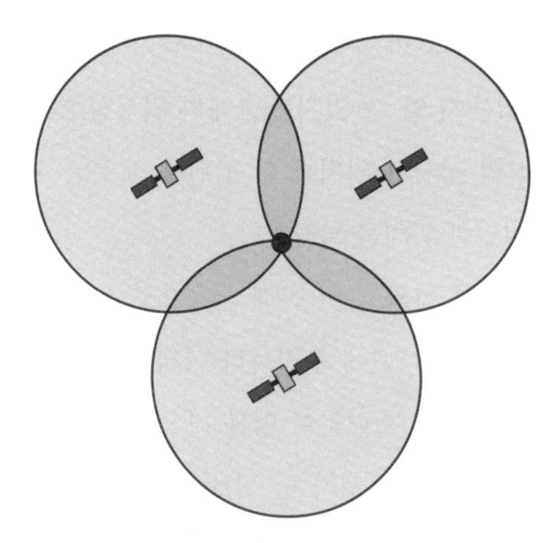

3개의 위성까지의 거리를 알면 정확한 위치를 알 수 있음

수신 가능 위성신호 수에 따른 위성항법 정확도 차이

수십 m 정도의 오차가 나도록 만들었으나, 2000년대부터 이러한 강제적인 오차는 빼버렸다. 현재 민간용 GPS는 수 m 이내의 오차만 생긴다. 단, 민간용 GPS는 누구나 쓸 수 있도록 그 정보가 모두 공개되어 있어 반대로 누구나 마음만 먹으면 쉽게 전파 방해 등으로 교란할 수 있는 문제가 있다.

군용 GPS 신호는 암호화되어 있기 때문에 이러한 전파 방해에 더 강한 편이고, 정밀도도 더 높지만 미국에 허락을 받은 장비만 쓸 수 있다. 이 점 때문에 현재 미국 이외에도 유럽은 갈릴레오Galileo 시스템, 러시아는 GLONASS 같은 독자적인 위성항법 시스템을 만들고 있다.

일반적으로 GPS를 비롯한 위성항법장치는 위성을 쏘아 올리고 유지하는 비용을 생각하면 값싼 방법은 아니다. 그러나 미사일 입장에서만 보자면, 값이 싸고 크기도 작은 위성신호 수신장치만 있으면 된다. 그래서 최근 등장한 대다수의 항법유도 미사일이 위성항법장치를 사용하고 있다. 물론 위성항법 시스템은 실질적으로는 관성항법장치를 보조하는 수단이기 때문에 혹시 모를 위성신호 교란 상황에도 쉽게 미사일이 속아 넘어가지 않는다. 위성신호가 끊기면 그 시점부터는 그냥 관성항법장치만 단독으로 사용하여 날아가기 때문이다. 물론 교란이 오래되면 관성항법장치의 오차를 보정하지 못하므로 결과적으로 명중률이 떨어지지만, 매우 정밀한 성능이 필요한 장거리 순항미사일, 탄도미사일 등은 대체로 위성항법장치 이외에도 다른 추가적인 항법유도 시스템을 갖추고 있다.

지형참조유도 : 지형을 살펴 지도상의 자신의 위치를 찾다

우리가 길을 찾아갈 때 쓰는 방법 중 하나가 주변 지형을 지도와 비교해가며 살펴보는 것이다. 미사일도 마찬가지로 주변 지형을 관측하여 자신이 가지고 있는 지도 정보와 비교하는 방법을 사용하기도 하는데, 이러한 방식을 지형참조항법유도라고 한다.

대표적인 지형참조항법유도로 지형등고대조TERCOM, Terrain Contour Matching 기법이 있다. 이것을 사용하는 미사일에는 압력고도계와 전파고도계, 이렇게 두 가지 고도계가 탑재된다. 압력고도계는 주변 공기 압력을 측정하여 해발고도, 즉 바다 높이를 0으로 놓고 이를 기준으로 고도를 측정한다. 전파고도계는 지금 미사일이 지나고 있는 땅을 기준으로 고도를 측정한다. 이를테면 해발 500m의 고도를 비행하는 미사일 밑에 해발 100m인 언덕이 있다면 미사일의 압력고도계는 500m로, 레이더 고도계는 400m로 고도를 측정한다. 지형등고대조 방식을 사용하는 미사일은 비행하면서 수백 m에서 1km 정도로 일정 거리마다 한 번씩 아래 지형의 고도 높낮이를 측정한다. 그리고 미사일의 메모리에 저장된 주변 지형의 높낮이 정보를 토대로 자신의 정확한 위치를 확인한다. 미사일은 이 정확한 위치값을 토대로 관성항법장치의 오차를 보정한다.

이 방식은 위성항법 방식과 달리 적에게 교란당할 염려가 없다. 다만 미사일이 비행할 경로 내의 주요 지형에 대해서 정확한 등고선값을 알고 있어야 한다. 과거에는 이것을 측정하는 것도 큰일이었으나, 최근에는 워낙 축적된 정보들이 많다 보니 세계 대부분의 주요 지역에 대한 수십 m 정도의 정확도를 가진 각 지역의 고도 관련 디지털 정보도 쉽게 얻을 수 있다. 하지만 지형등고대조 방식은 지형의 높낮이 차이가 거의 없는 바다나 사막 지형에서는 쓰기가 까다롭다.

지형등고대조 방식은 주로 순항미사일에 많이 사용되는데, 이 방식을 사용한 유명한 미사일로 토마호크 미사일이 있다. 하지만 초기 토마호크는 엄청나게 비싸고 정밀한 관성항법장치와 지형등고대조법을 사용하였음에도 정확도가 수십 m 수준에 불과했다. 이에 초창기 토마호크 미

지형등고대조(TERCOM) 방식과 디지털영상대조(DSMAC) 방식

사일은 파괴 범위가 넓은 핵탄두를 탑재하여 이 부정확한 정확도를 만회했다. 당연한 이야기지만, 이 핵탄두 탑재형 토마호크는 지금껏 쓰인 적이 없다.

1990년대 걸프전 당시 거의 1m 이내의 명중률을 자랑한 토마호크는 추가로 디지털영상대조DSMAC, Digital Scene Matching Area Correlation 기법을 사용했다. 이 방식은 미사일 아래에 달린 일종의 디지털카메라로 아래쪽 지형을 찍은 다음, 자신의 메모리에 저장된 영상과 비교하는 방식이다. 단, 이 영상이란 것은 사람이 보는 사진이 아니라 컴퓨터가 판독하기 쉽도록 되어 있는 흑백 QR 코드 비슷한 영상으로 처리된 것이다.

이 방식은 고도 차이가 크지 않은 지형이라도 주변에 건물 같은 시설들이 많다면 사용할 수 있는 데다가 정확도가 수 m 수준이어서 토마호크의 명중률을 크게 높일 수 있었다. 다만 디지털영상대조 기법을 사용하려면 사전에 미사일에 입력할 영상을 찍어야 하는데, 필요한 모든 지역의 사진을 전부 미사일에 입력하기는 어려우므로 일반적으로 디지털영상대조 기법을 사용하는 미사일은 표적에 명중하기 직전에 최종적으로 자신의 정확한 위치를 측정하기 위해 한두 번 이 방식을 사용한다.

한편 디지털영상대조 기법 사용 시 시간이나 계절에 따라 태양 위치가 변해서 그림자의 위치가 달라지는 등, 미리 정찰해서 찍어온 사진과 미사일이 실제로 그 위를 날아갈 때 찍은 사진이 다르게 나올 수 있다. 그러므로 이러한 점을 감안하여 미사일에 입력할 사진을 적절히 합성하거나, 혹은 항상 최신 사진을 입수할 필요도 있다. 최신형 순항미사일들은 항법유도뿐만 아니라 다음 장에서 설명할 호밍유도도 함께 사용하는데, 이 호밍유도를 위해 적외선 영상 탐색기를 탑재한다. 그렇기에 별도의 디지털영상대조용 카메라를 따로 싣지 않고 이 적외선 영상 탐색기로 주변 지형을 촬영하여 지형대조항법에 사용하다가 최종 돌입 단계에서 표적을 식별하고 직접 쫓아가는 호밍유도용으로 사용하기도 한다.

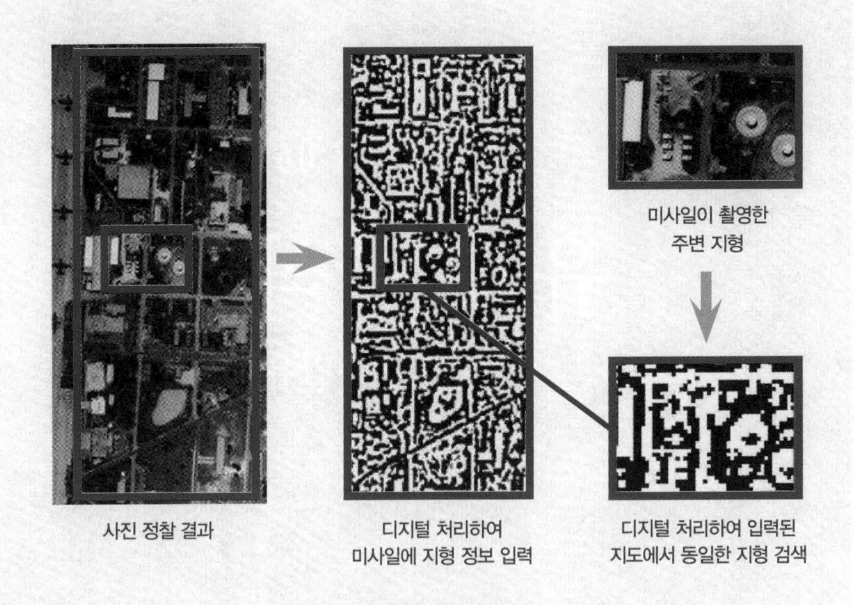

디지털영상대조(DSMAC) 방식 예시

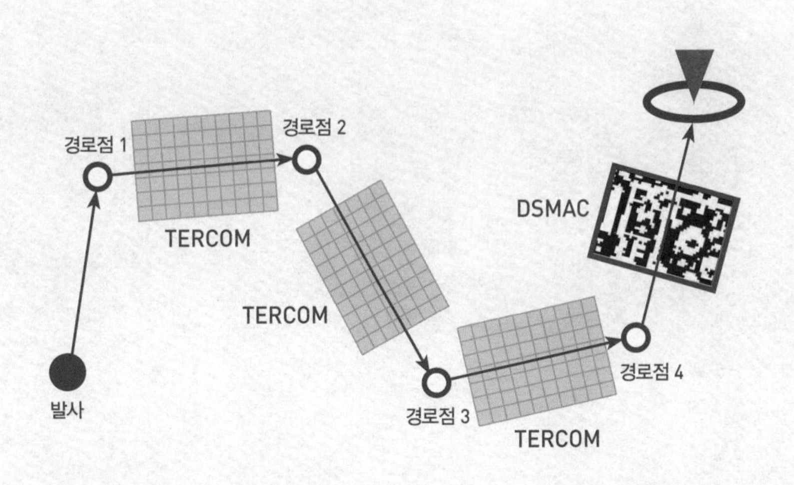

지형등고대조(TERCOM)와 디지털영상대조(DSMAC) 방식을 사용하는 순항미사일 비행경로

CHAPTER 06

유도 방식 2:

지령유도, 종말유도

GUIDANCE SYSTEM

●●● 앞 장에서 분류한 바와 같이 미사일의 유도 방식에는 항법유도, 지령유도와 종말유도가 있다. 이 장에서는 항법유도에 이어 지령유도와 종말유도에 대하여 살펴보고자 한다. ●●●

지령유도: 지령에 따라 움직이는 미사일 유도 방식

지령유도Command Guidance는 미사일이 스스로 표적을 향해 어떻게 날아갈지 결정하지 못하고 오직 지령에 따라 움직이기만 하는 방식을 말한다. 이 방식을 사용하면 미사일 자체에는 복잡한 컴퓨터도 필요 없고, 항법장치나 적을 찾기 위한 탐지장치도 필요 없으며 오직 외부에서 보내오는 지령을 받아들이는 안테나(혹은 유선 케이블)만 있으면 된다.

지령유도는 1회용인 미사일에 비싸고 복잡한 유도 관련 전자장치를 넣지 않아도 된다는 점에서 유용한 방식이다. 특히 과거에는 전자장치가 지금에 비해 덩치도 크고 무게도 많이 나가 미사일 내의 좁은 공간에 넣기 어려웠기 때문에 지령유도 방식이 더욱 각광을 받았다. 앞 장에서 소개한 항법유도 방식은 표적이 고정된 경우에만 사용할 수 있는 데 비해, 지령유도 방식은 표적의 움직임에 맞춰 지령을 계속 바꿈으로써 미사일이 움직이는 표적에 명중하도록 할 수 있다. 다만 이 방식은 미사일이 표적에 명중하는 그 순간까지 계속 지령을 보내줘야만 제대로 된 명중률이 나온다는 단점이 있다. 그래서 미사일 사수가 제대로 확인할 수 없는 지평선 너머나 언덕 뒤에 표적이 있는 경우에는 지령유도 방식으로 표적을 명중시키기 어렵다. 편법으로 지평선 너머부터는 지령이 끊겨도 미사일이 관성에 의해 계속 날아가도록 설정하여 고정된 시설을 맞히는 것이 가능하기는 하다.

1940~1950년대에 등장한 일부 미사일은 전투기 조종사나 지상의 통제요원이 미사일을 작은 조이스틱으로 원격조작하기도 했다. 이는 제일 기초적인 지령유도 방식인 셈이다. 그러나 이 방식은 사용자의 숙련 정도에 따라 명중률이 심하게 차이가 날 뿐만 아니라 아무리 숙련된 조작요원이라고 해도 빠른 속도로 날아가는 미사일을 표적에 맞힌다는 것이

워낙 어려운 일이라 명중률이 그리 높지 않았다. 특히 움직이는 선박이나 차량, 비행기를 순전히 조작요원의 감만으로 맞힌다는 것은 더더욱 어려운 일이므로 현재 이러한 수동 지령유도 방식 미사일은 더 이상 등장하지 않고 있다.

지령유도 방식은 비시선 지령유도, 시선 지령유도, 빔라이딩 유도, 이 세 가지로 분류된다.

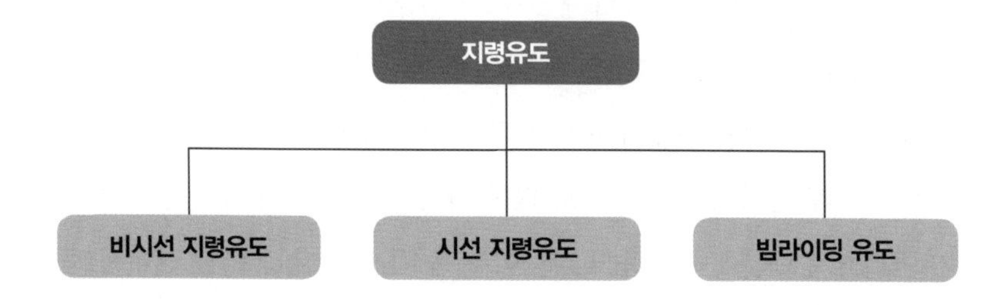

비시선 지령유도: 적기와 미사일을 따로 추적하는 지령유도

비시선 지령유도는 뒤에 설명할 시선 지령유도 방식과 구분하기 위해 붙인 이름으로, 현재는 그냥 지령유도 방식이라고 부르기도 한다. 이 방식은 사람이 직접 미사일을 조작하는 수동 지령유도 방식에 비해 컴퓨터 등을 이용하여 더 자동화된 방식이기 때문에 상대적으로 더 높은 명중률을 갖는다. 즉, 사람이 하던 원격조종을 컴퓨터가 하는 셈이다. 비시선 지령유도 방식은 과거 지대공미사일에 많이 쓰였다. 지대공미사일이 본격적으로 등장하던 1950년대에는 작은 반도체 칩이 발명되기 전이라 전자장치에 크고 무거운 진공관을 썼다. 그런데 지대공미사일은 빠르게 움직이는 적 항공기를 요격하기 위해 마찬가지로 빠르게 움직이려면 작고 가벼울수록 유리했으므로 전자장치가 적게 들어가는 비시선 지령유도 방식이 유리했다.

그런데 미사일 외부에 있는 컴퓨터가 미사일을 조종하여 표적을 맞히려

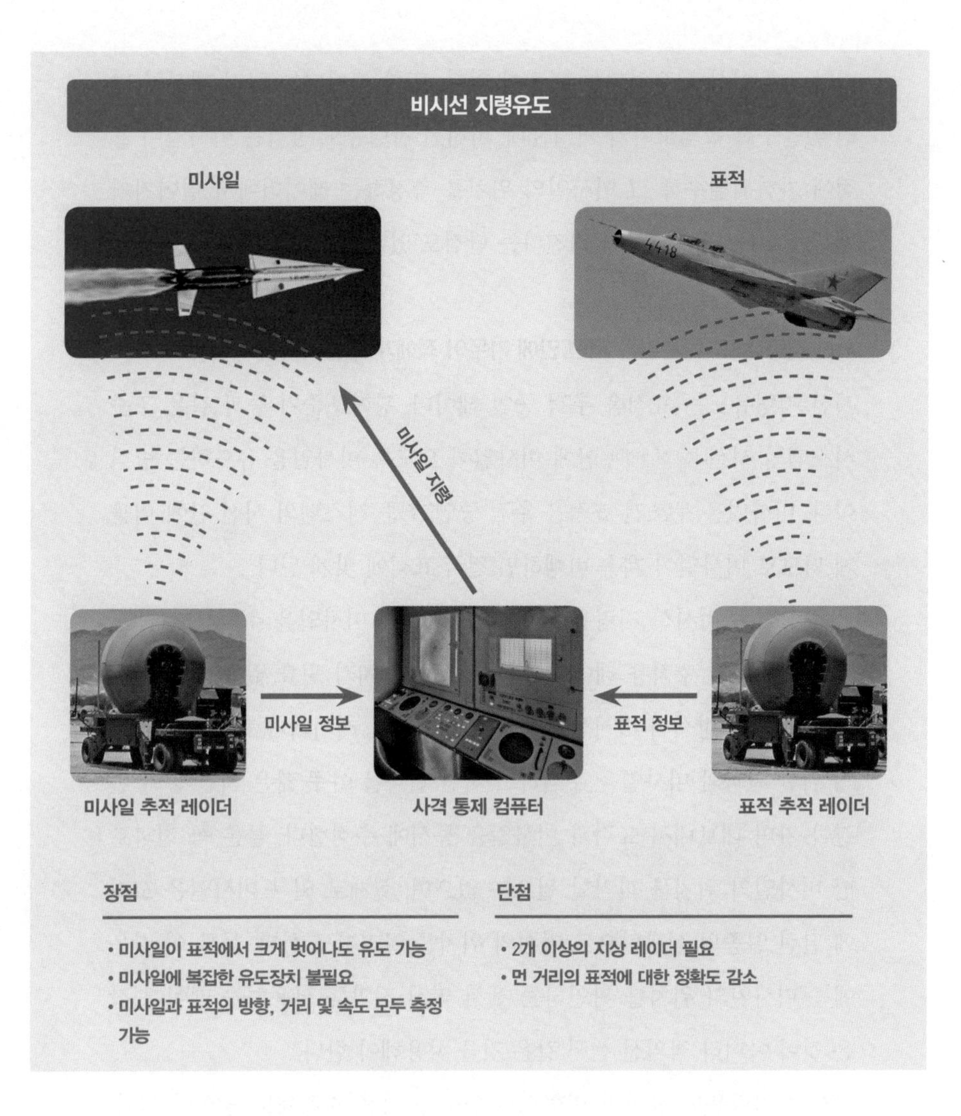

면 표적의 위치뿐만 아니라 미사일의 위치도 정확히 알아야 한다. 그래서 비시선 지령유도 방식 미사일은 대부분 2개의 레이더를 사용한다. 하나는 표적의 위치를 찾는 용도이며, 또 하나는 발사한 미사일의 위치를 찾는 용도다. 이렇다 보니 비시선 지령유도 방식을 쓰려면 미사일 하나가 아닌 전체 유도 시스템 관점에서 볼 때 비싸고 덩치 큰 유도용 레이

더가 2개 이상 필요하다는 단점이 있다. 또한 레이더는 탐지 대상이 멀리 있을수록 측정오차가 커지는데, 비시선 지령유도 방식은 미사일이 표적에 가까워질수록 그 미사일의 위치를 측정하는 레이더에서 멀어지기 때문에 이에 대한 오차가 커진다는 단점도 있다.

시선 지령유도: 미사일을 시선 안에 가두어 적에게 명중시키는 지령유도

시선 지령유도는 표적을 추적 중인 레이더, 광학조준기 등과 같은 조준 시스템의 시선Line of Sight 안에 미사일이 오도록 미사일을 유도하는 방식이다. 미사일은 무조건 표적을 추적 중인 조준 시스템의 시선 안에 머물게 되므로 미사일이 계속 비행하면 결국 표적에 맞게 된다.

이 방식은 비시선 지령유도 방식과 비교 시 미사일을 추적하기 위한, 별도의 미사일 추적용 레이더 같은 복잡한 장치가 필요 없는 것이 장점이다. 레이더 방식의 비시선 지령유도 시스템은 레이더가 표적을 추적하기 위한 전파와 미사일을 추적하기 위한 전파를 아주 짧은 시간 동안 번갈아 가며 내보내서 표적과 미사일을 동시에 추적한다. 물론 꼭 전파로만 미사일의 위치를 파악할 필요는 없으며, 실제로 일부 미사일은 꼬리에 달린 일종의 섬광탄으로 자신의 위치를 알리기도 한다. 물론 이 경우에는 미사일의 위치를 확인하는 센서 역시 전파를 사용하는 레이더 같은 것이 아니라 적외선 센서 같은 것을 사용해야 한다.

시선 지령유도 방식의 변형으로 반능동 시선 지령유도 방식이 있다. 일반적인 시선 지령유도 방식 미사일은 컴퓨터가 자동으로 레이더를 표적에 조준하지만, 이 방식은 사람이 직접 표적을 조준한다. 이러한 방식 중 유명한 미사일이 BGM-71 토우TOW 대전차미사일이다. 이 미사일을 운용하는 보병은 표적인 전차를 조준기로 계속 조준한다. 만약 전차가 움직이면 계속 조준경 한가운데 전차가 오도록 조준기를 조작한다. 이후

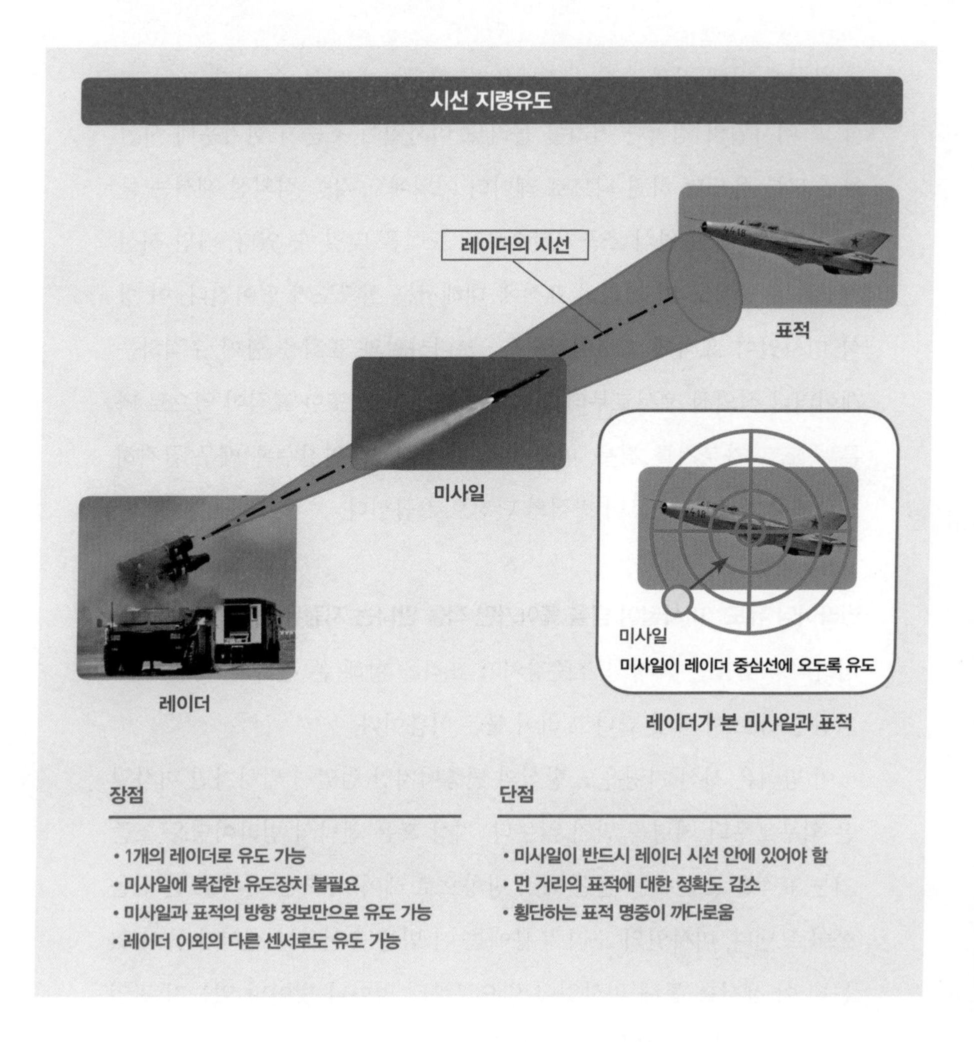

미사일을 발사하면 미사일의 꼬리에서는 별도의 적외선 신호를 내보내는 발광기가 작동한다. 토우 미사일의 조준기에는 적외선 센서가 달려 있으며, 조준기는 이것으로 발사된 미사일의 위치를 확인한다. 그리고 조준기는 자신의 시선 한가운데에 오도록 미사일을 유도하는 방식이다.

시선 지령유도 방식은 하나의 조준용 시스템만으로도 미사일을 표적까지 유도하는 것이 가능하므로 2개의 레이더가 필요한 비시선 지령유도 방식에 비해 전체 유도 시스템을 더 간단하게 만들 수 있다. 또한 표적 및 미사일의 정확한 거리를 몰라도 미사일이 조준기 한가운데 시선에 오도록 유도만 하면 되므로 레이더 이외에도 각종 적외선 센서는 물론이고 심지어 망원식 조준기만으로도 표적을 맞힐 수 있다. 다만 시선 지령유도 방식도 먼 거리의 표적에 대해서는 정확도가 떨어진다. 이 방식 미사일이 표적에 가까워질수록 그 미사일과 표적을 함께 추적하는 레이더나 적외선 센서로부터 멀어지기 때문이다. 또한 표적이 옆으로 빠른 속도로 가로지를 경우, 미사일은 표적에 가까워질수록 매우 급격히 선회해야 한다는 점도 이 방식의 단점으로 꼽힌다.

빔라이딩 유도: 미사일이 빔을 쫓아가면 적을 만나는 지령유도

빔라이딩 유도는 지상의 조준장치가 표적을 향해 쏜 전파빔, 혹은 레이저빔을 타고 가는 것 같다고 하여 붙은 이름이다.

이 방식은 시선 지령유도 방식의 변종이지만 엄밀히 말하자면 미사일은 외부로부터 지령을 받지 않는다. 지상 혹은 선박의 빔라이딩용 조준기는 표적을 조준하는 한편 표적 방향으로 레이저, 혹은 전파로 된 빔을 쏘아 보낸다. 미사일의 꼬리 부분에는 이 빔을 수신하는 센서가 들어 있는데 이 센서를 통해 미사일이 빔으로부터 얼마나 벗어나 있는지 확인한다. 그리고는 미사일 스스로가 빔 한가운데 오도록 움직인다. 시선 지령유도 방식은 미사일 외부에서 지령을 내려서 미사일이 조준기 시선에 머물도록 했다면, 빔라이딩은 미사일 스스로 시선에 머물기 위해 움직인다.

빔라이딩 유도 방식은 미사일에게 일일이 명령을 내리기 위해 복잡한 신호를 따로 보낼 필요가 없기 때문에 미사일에 지령을 보내기 위한 신호가 교란된다거나 할 일이 없다는 장점이 있다. 하지만 표적을 향해 쏘

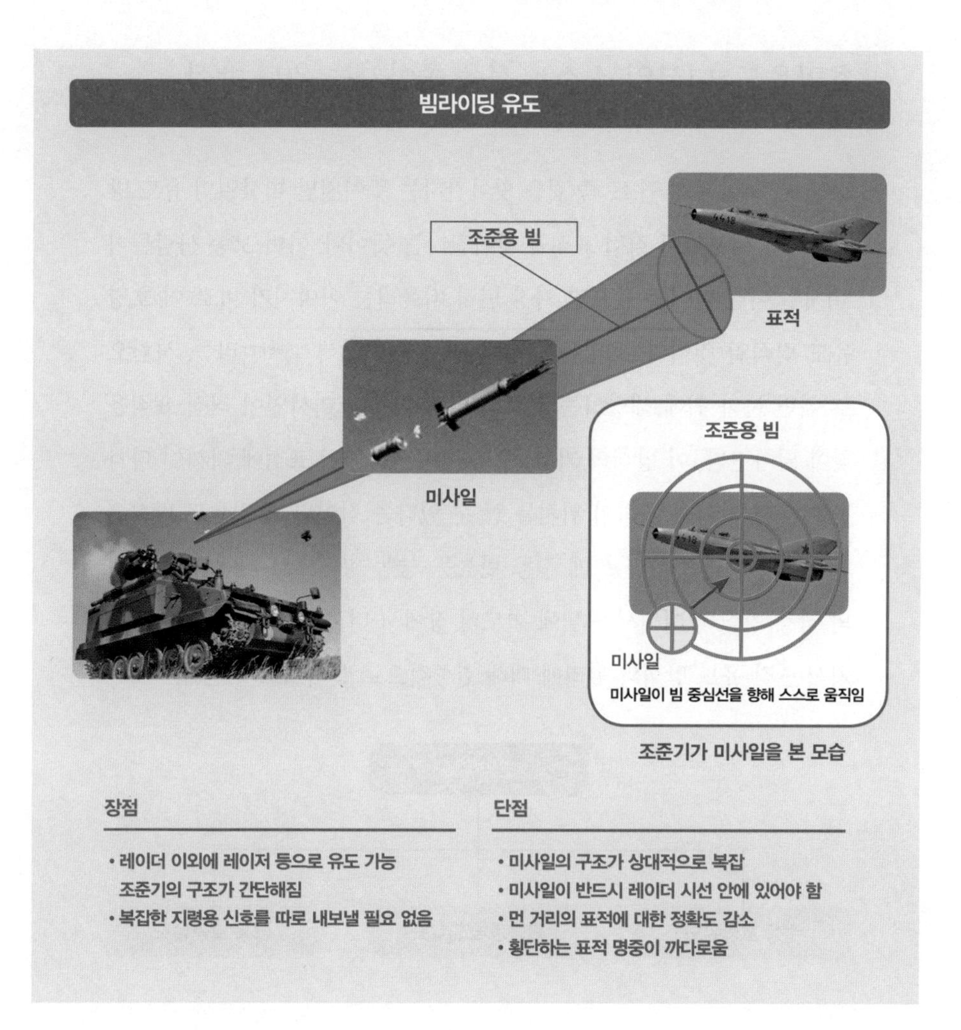

아 보내는 빔의 폭은 아무리 좁게 만들어도 거리가 멀수록 폭이 넓어지는 특성이 있기 때문에 먼 거리의 표적을 상대할 경우에는 명중률이 떨어지는 문제가 있다.

호밍유도: 미사일 스스로 적을 쫓아가는 유도 방식

호밍homing은 본래 귀소, 즉 집을 찾아간다는 뜻이지만 미사일의 유도 방식에서는 미사일이 직접 표적을 찾아간다는 뜻이다. 아마 보통 사람들이 '미사일'이란 단어를 들으면 가장 먼저 떠올리는 이미지가 바로 이 호밍유도 방식일 것이다. 호밍유도 방식 미사일은 탐색기seeker라는, 사람으로 치면 눈과 귀에 해당하는 장치가 달려 있어서 미사일이 직접 표적을 찾아 날아간다. 이 방식의 가장 큰 장점은 미사일이 표적에 가까이 다가갈수록 더 정확히 표적의 위치를 알 수 있다는 점이다. 호밍유도 방식은 탐색기의 형태에 따라 크게 수동·반능동·능동 방식으로 나뉜다. 탐색기의 작동 방식에 대해서는 뒤에 별도의 장에서 더 상세히 다루었으며, 여기서는 각 유도 방식의 원리에 대해 집중적으로 살펴보고자 한다.

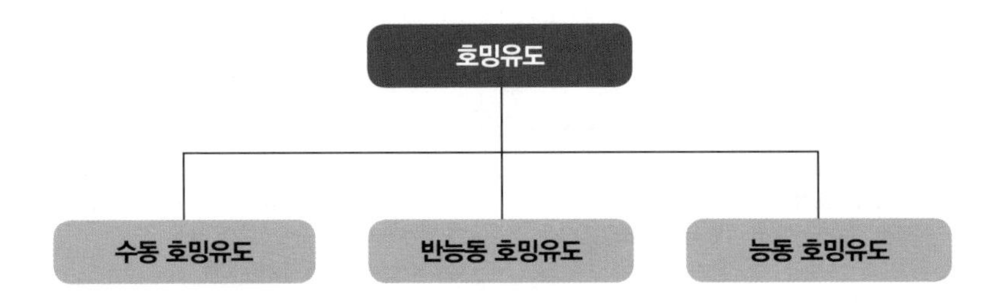

수동 호밍유도: 적에게서 나오는 신호로 적을 쫓는 호밍유도

수동passive 유도 방식의 미사일은 사람의 눈이나 귀와 같은 탐색기를 가진 미사일이다. 여기서 수동이란 미사일이 자체적으로 어떠한 신호도 내보내지 않고 오직 표적에서 나오는 신호만을 이용한다는 의미다.

이를테면 전투기는 엔진에서 열기가 나오고, 고속비행 시 공기마찰에 의해 열기가 생긴다. 이 열기는 적외선 형태로 주변에 퍼지는데, 적외선 탐색기를 갖춘 수동 호밍 미사일은 이 신호를 탐지하여 표적을 찾는다.

수동 호밍유도

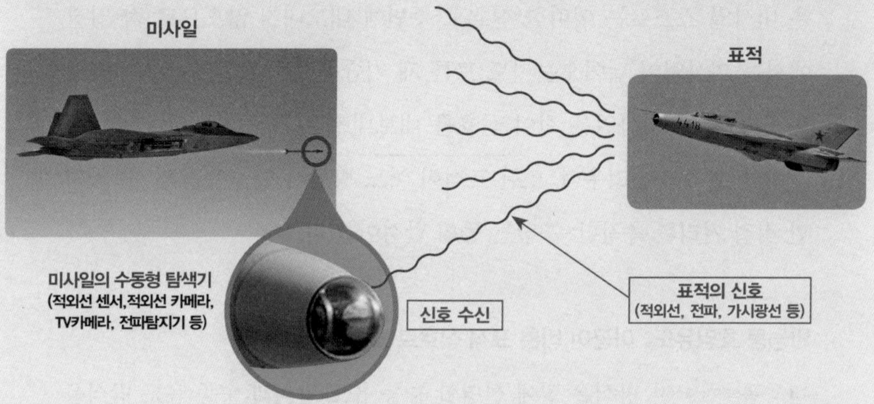

미사일

표적

미사일의 수동형 탐색기
(적외선 센서, 적외선 카메라, TV카메라, 전파탐지기 등)

신호 수신

표적의 신호
(적외선, 전파, 가시광선 등)

장점

- 다양한 탐색기용 센서 사용 가능
- 탐색기가 간단함
- 적이 미사일을 미리 눈치채기 어려움
- 발사 후 망각 가능

단점

- 적이 신호를 내보내는 상태나 기후 상태에 따라 명중률이 달라짐
- 대체로 탐지거리가 짧음

적외선이 아니라 TV카메라를 사용하는 수동 호밍 방식도 있는데, 이 방식은 미사일이 말 그대로 카메라 영상에 찍힌 표적을 보고 스스로 찾아가는 방식이다. 이외에도 TV카메라와 적외선을 합친 듯한, 적외선 카메라(열영상) 탐색기를 사용하는 수동 호밍 미사일도 있다. 수동 호밍 미사일 중에는 적의 레이더가 내뿜는 전파를 역으로 수신하여 레이더를 공격하는 것도 있다. 수동 호밍 방식 미사일은 그 특성상 발사 후 망각Fire and Forget 방식으로 운용된다. 한 번 발사하면 미사일을 발사한 측은 더 이상 미사일을 신경 쓰지 않고 잊어버리고 있어도, 즉 어떠한 지령을 추가로 보내거나 하지 않아도 미사일이 알아서 표적을 쫓아간다는 의미

다. 미사일 운용자는 미사일 발사 이후 다른 표적에 다음 미사일을 바로 발사하거나, 혹은 위험지역을 이탈할 수 있다. 더군다나 수동 호밍 방식은 미사일 스스로는 어떠한 신호도 주변에 내보내지 않으므로 적 입장에서는 미사일이 날아오는지도 모른 채 기습공격을 당할 수 있다. 하지만 수동 호밍 미사일은 적이 신호를 내보내지 않거나 내보내는 신호가 약하면 추적이 어려우며, 또한 표적이 어느 방향에 있는지는 알 수 있지만 직접 거리를 측정할 수 없는 등의 단점이 있다.

반능동 호밍유도: 아군이 비춘 표적 신호로 호밍되는 방식

반능동semi-active 방식은 밑에 설명할 능동 유도 방식과 수동 유도 방식을 합친 듯한 형태다.

반능동 유도 방식은 보통 수동 유도 방식과 마찬가지로 미사일이 외부 신호를 받아들이는 장치만 가지고 있다. 그러나 반능동 유도 방식은 수동 유도 방식과 달리 미사일 외부, 즉 미사일을 발사한 지상 레이더나 전투함, 혹은 전투기가 표적에게 특정한 레이더 전파를 쏘아 보낸다. 이 전파는 단순히 표적의 위치나 거리를 측정하기 위한 전파가 아니라 순수하게 표적을 조준하기 위한 전파이며 일반적으로 전파가 끊기지 않고 연속적으로 계속 나오는 연속파CW, Continuous Wave 형태다. 전파는 표적에 닿으면 반사되기 마련인데, 반능동 유도 방식 미사일은 바로 이 반사되는 전파를 쫓아간다.

한편 레이저를 이용한 반능동 유도 방식도 있다. 레이저 반능동 유도 방식은 아군 지상군과의 연계작전에 유리해서 지상공격용 미사일에 많이 쓰인다. 이에 대해서는 13장의 광학 탐색기에서 더 자세히 설명하고자 한다. 반능동 유도 방식도 단점이 있다. 이 방식은 수동 유도 방식과 달리 적이 아군의 미사일 유도를 위해 사용하는 특별한 전파나 레이

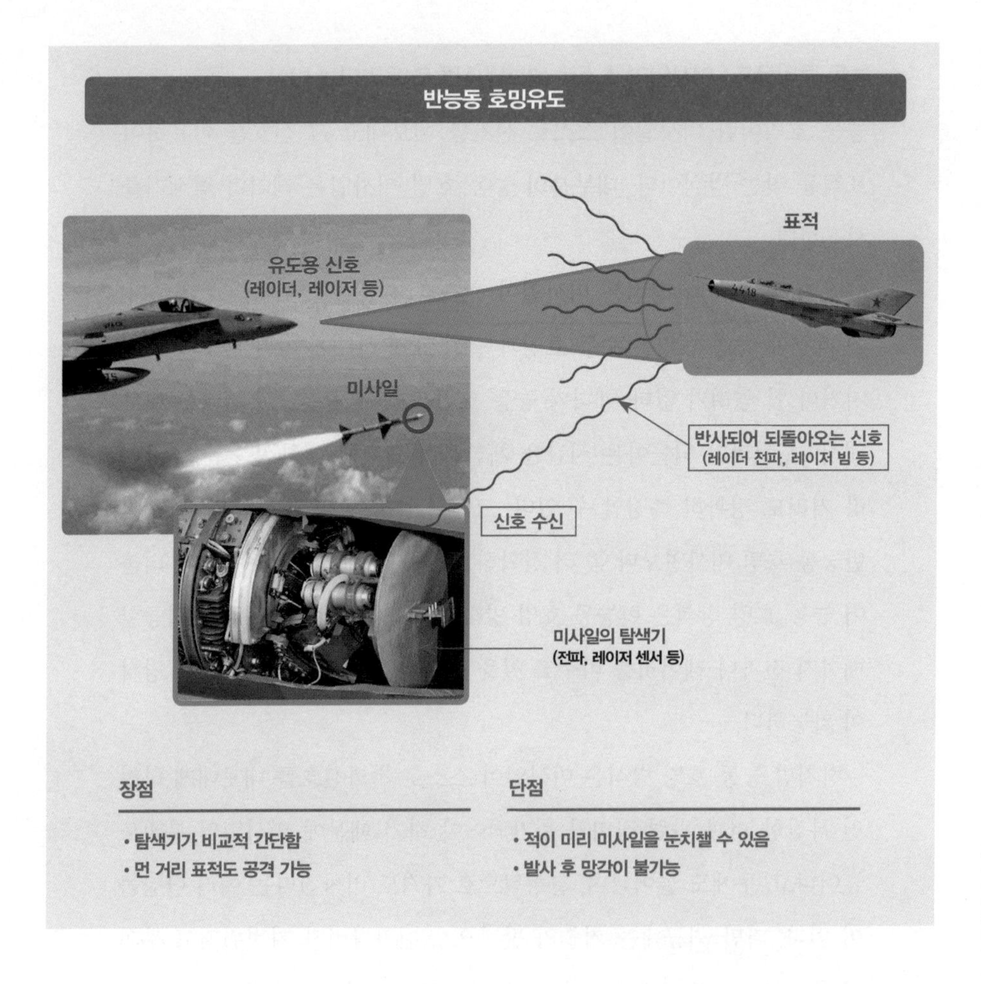

저를 센서를 통해 역으로 감지하고, 자신이 공격받고 있다는 사실을 눈치챌 수 있어서 기습효과가 떨어진다. 또한 전파나 레이저를 표적에 비추는 쪽은 미사일이 명중할 때까지 유도를 멈추고 도망칠 수 없다는 단점이 있다. 즉, 반능동 유도 미사일은 발사 후 망각을 할 수 없는 셈이다. 또한 반능동 유도 방식 미사일 역시 미사일 스스로 신호를 내보내는 것이 아니기 때문에 표적의 거리는 알 수 없고 방향만 알 수 있다.

능동 호밍유도: 미사일이 스스로 내보낸 신호로 호밍되는 방식

능동 호밍이란 미사일이 스스로 신호를 내보내고 그 신호를 이용하여 표적을 찾는 방식이다. 대부분의 능동 호밍 미사일은 레이더 탐색기를 사용한다.

이 방식의 최대 장점은 미사일이 스스로 전파를 내보낸다는 점이다. 이 때문에 능동 호밍은 수동 호밍과 달리 표적 상태에 따라 신호가 약해지거나 할 염려가 없다. 게다가 능동 호밍은 미사일 자신이 전파를 내보내서 그 전파가 되돌아온 시간을 계산하여 표적에 대한 방향뿐만 아니라 거리도 정확히 측정할 수 있다. 그래서 능동 호밍 미사일은 수동 및 반능동 호밍 미사일보다 좀 더 정확히 표적을 향해 날아갈 수 있다. 더불어 능동 호밍 방식은 반능동 호밍 방식과 달리 아군이 미사일이 명중할 때까지 전파나 레이저를 비추고 있을 필요가 없기 때문에 발사 후 망각이 가능하다.

하지만 능동 호밍 방식은 미사일이 스스로 전파신호를 내보내게 하려면 복잡한 전파 관련 장비가 추가되어야 하기 때문에 미사일의 부피도 늘어나고, 무게도 늘어나며, 결정적으로 가격도 비싸진다는 여러 단점들이 있다. 다만 최근에는 기술의 발전으로 전자장비가 가벼워지고 부피도 줄어들었으며, 값도 싸지는 추세이다 보니 능동 유도 방식을 택하는 미사일이 점점 늘어나고 있다. 다만 지상이나 항공기에 탑재된 탐지거리 수백 km짜리 대형 레이더와 달리 미사일에 탑재할 수 있는 레이더는 크기에 제약이 있다 보니 이것이 표적을 탐지할 수 있는 거리가 길어봐야 10km 전후다. 그래서 보통 능동 유도 방식 미사일은 마지막 단계에서만 능동 유도를 사용하며, 중간 단계에서는 다른 유도 방식을 사용하여 표적을 향해 날아가는 복합유도 방식을 택한다.

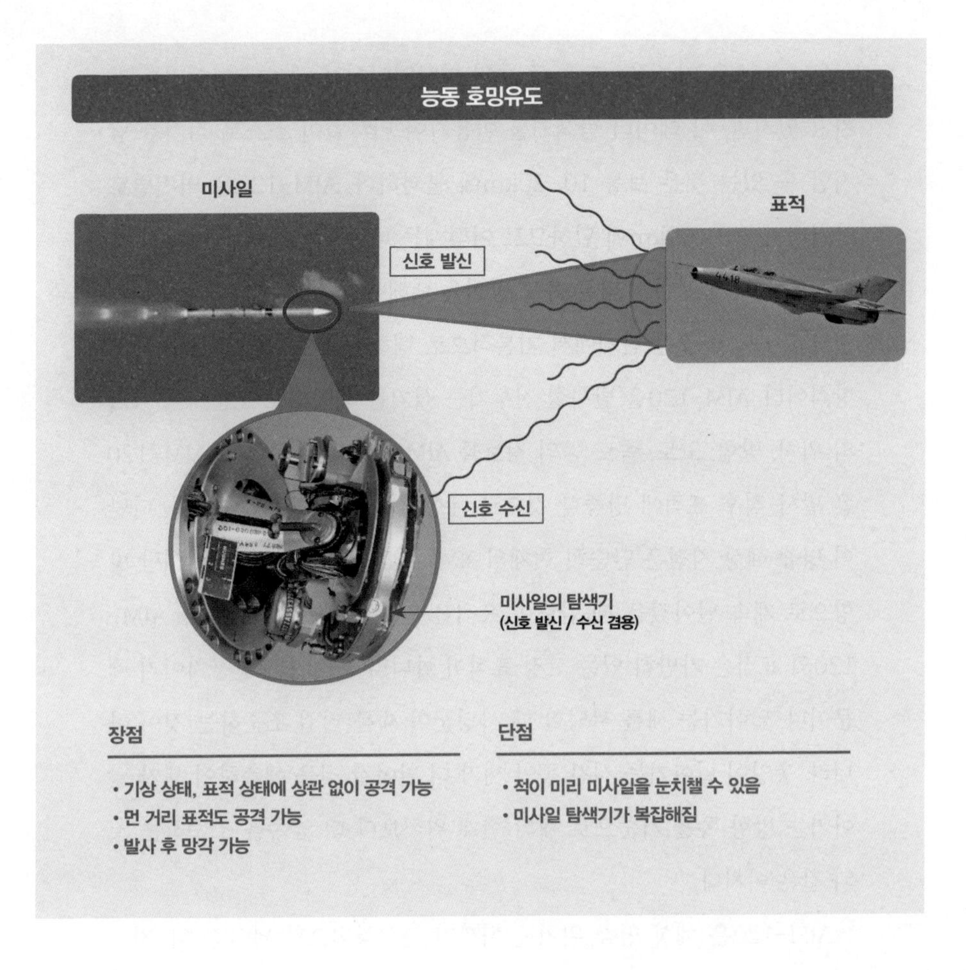

복합유도: 여러 유도 방식을 종합적으로 사용

현대의 미사일은 저가, 혹은 소형 미사일을 제외하면 한 가지 방법만으로 유도되는 경우는 별로 없으며, 보통 두 가지 이상의 유도 방식을 복합하여 사용한다. 일례로 중거리 공대공미사일인 AIM-120 암람AMRAAM 미사일은 관성항법유도, 지령유도, 능동 유도, 수동 유도 방식 모두를 사용한다.

AIM-120은 기본적으로 능동 호밍 미사일이어서 레이더 탐색기를 가지고 있지만, 이 레이더 탐색기를 이용하여 미사일이 스스로 적기를 탐지할 수 있는 것은 보통 10~20km에 불과하다. AIM-120은 버전별로 사거리가 50~100km에 달하므로 어떻게든 미사일의 자체 레이더가 표적을 포착하기 전까지 다른 유도 방식을 택해야 한다.

AIM-120이 중간 단계에서 기본적으로 택하는 유도 방식은 관성유도 방식이다. AIM-120을 발사할 전투기는 적기를 레이더로 조준하여 적기의 위치, 방향, 고도, 속도 등의 정보를 AIM-120에 입력한다. AIM-120은 발사 직후 표적에 명중할 것으로 예상되는 지점으로 날아간다. 다만 이 명중 예상 지점은 단순히 현재의 표적 위치가 아니라 표적이 해당 방향으로 계속 날아갔을 때 암람이 표적을 만나게 될 예상 위치다. AIM-120의 표적은 가만히 있는 고정 표적이 아니라 움직이는 항공기이기 때문이다. 날아가는 새를 사냥할 때 사냥꾼이 새를 직접 조준하는 것이 아니라, 총알이 날아가는 시간 동안 새가 더 날아갈 것을 예측하여 새가 날아가는 방향 쪽을 기준으로 새의 현재 위치보다 더 앞쪽을 조준하는 것과 같은 이치다.

AIM-120은 예상 명중 위치 근처까지 관성항법으로 날아간 뒤, 자신의 레이더 탐색기를 켜고 전방을 살펴서 더 정확히 표적을 추적하여 능동 호밍 모드로 전환한다. 문제는 적기가 일직선으로 날아간다는 보장이 없다는 점이다. AIM-120이 발사된 직후 적기가 급격하게 방향을 틀거나 속도를 바꿀 경우 적기의 실제 위치는 AIM-120이 적기가 있을 것으로 예상하고 자체 레이더 탐색기를 켠 위치에서 크게 벗어난다. 그래서 AIM-120의 꼬리 부분에는 작은 안테나가 달려 있으며, 만약 AIM-120을 발사한 전투기가 적기를 계속 레이더로 추적하고 있다면 그 정보를 AIM-120의 안테나로 전송한다. 그리고 AIM-120은 자체 레이더를

AIM-120의 복합유도 예시

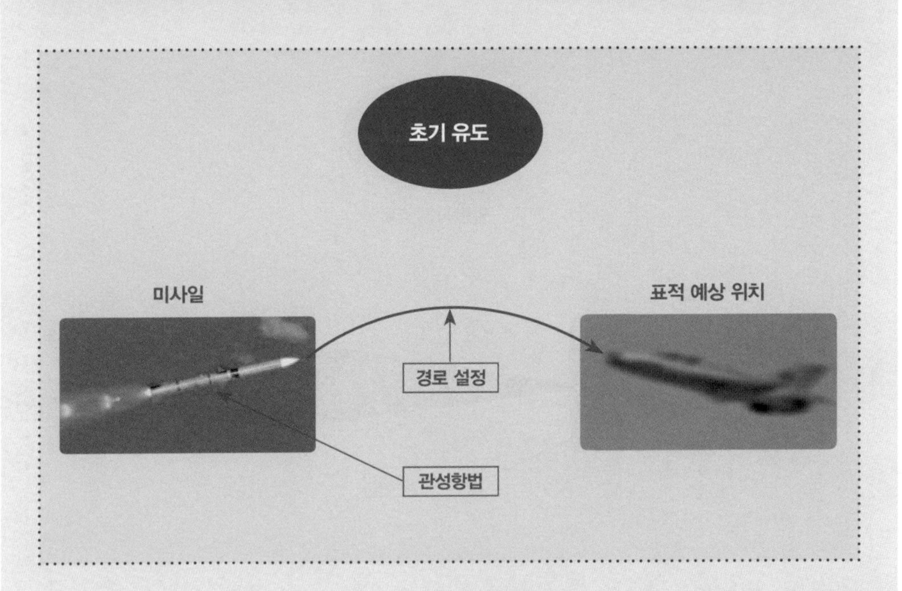

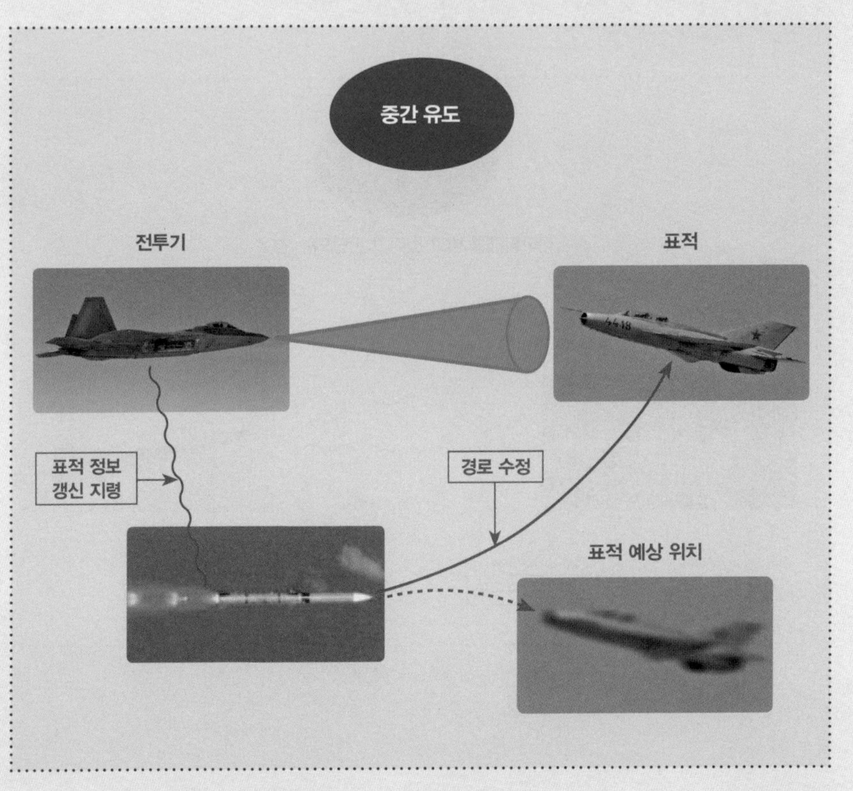

〈그림 뒤에 계속〉

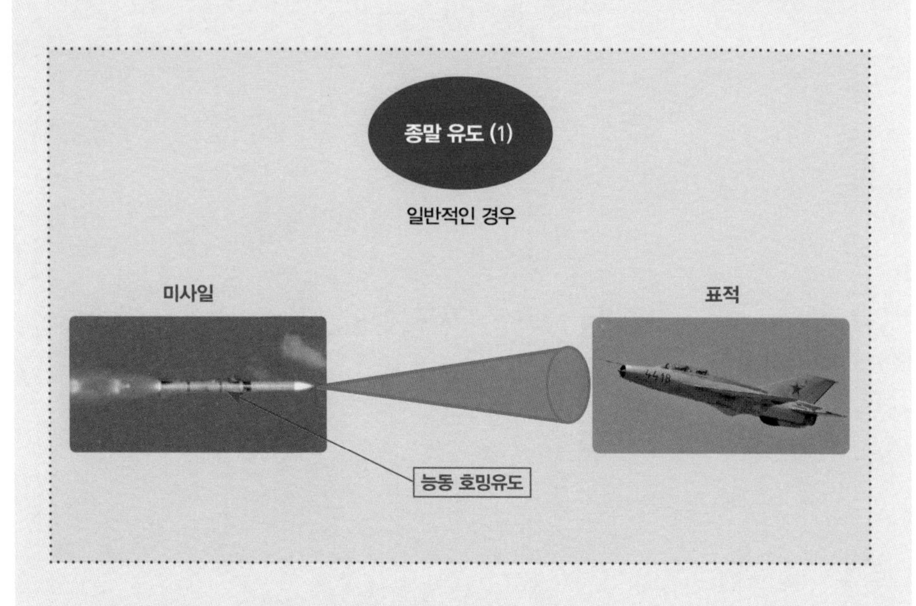
종말 유도 (1)
일반적인 경우
미사일
표적
능동 호밍유도

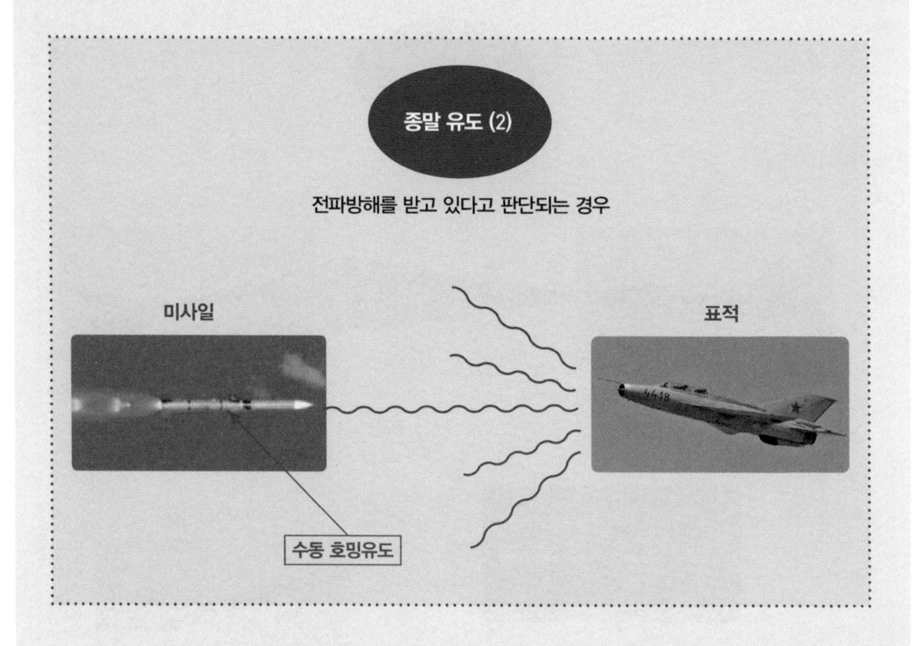
종말 유도 (2)
전파방해를 받고 있다고 판단되는 경우
미사일
표적
수동 호밍유도

결 때까지 이 적기에 대한 정보는 계속 업데이트 받는다. 만약 중간에 적기가 방향 등을 바꾸면 AIM-120은 그 바뀐 정보를 토대로 다시 비행경로를 짜서 관성항법으로 날아간다. 이러한 정보 전송은 전투기가 직접 AIM-120에게 "이리 움직여라, 저리 움직여라"라는 식으로 지령을 내리는 것은 아니지만 일종의 지령유도 방식에 해당하는 셈이다.

한편 AIM-120은 방해전파 추적 기능이 있다. 만약 AIM-120의 안테나에 적의 방해전파가 수신될 경우 AIM-120은 자체 레이더로 전파를 쏘아 보내는 대신 적의 방해전파를 수신만 한다. 그리고 그 방해전파의 방향을 쫓아 수동 호밍 유도 방식으로 날아간다. 능동 유도 방식에 비하면 명중률은 떨어지지만, 적기 입장에서는 방해전파를 쓰고 있는데도 공격받을 수 있다는 점 때문에 함부로 방해전파를 쓰기 어려워진다.

이처럼 미사일은 표적의 종류에 따라, 미사일의 특성에 따라, 사용 가능한 예산에 따라 여러 가지 유도 방식을 사용한다.

MISSILE FIN

CHAPTER 07

날개 1:

미사일 날개의 기본 역할과 종류

미사일이 유도장치로 자신이 날아갈 경로를 결정했다고 하더라도 공중에서 실제로 유도장치가 결정한 대로 날아가려면 공중에서 자신이 날아갈 방향을 바꿀 다른 무언가가 필요하다. 현재 미사일이 사용하는 가장 흔한 방향 전환 수단이 바로 날개다.

날개에서 생기는 양력과 받음각

달리는 차량 밖에 손을 내밀고(물론 이는 위험한 일이다) 손바닥을 날개처럼 펼쳐 바람을 받는 쪽을 살짝 위로 들면 손이 전체적으로 떠오르는 것을 느낄 수 있다. 이 떠오르게 하는 힘을 항공용어로 양력lift이라 한다. 양력은 한자어, 혹은 영어 단어 그대로 떠오르도록 하는 힘이다. 이 양력을 이용하면 손뿐 아니라 비행기도 띄울 수 있으며, 화살도 똑바로 날아가게 할 수 있다. 미사일 역시 이 힘을 이용하여 멀리 날아가기도 하고, 똑바로 날아가기도 하며, 방향을 바꾸기도 한다.

날개에서 양력이 발생하는 이유는 여러 가지가 있지만, 근본적으로는 날개 주변으로 공기가 지나가기 때문이다(좀 더 상세한 설명은 8장에서 설명하고자 한다). 물론 미사일의 경우에는 날개 주변으로 공기가 흐른다고 하기보다는 날개가 공기를 가르며 지나가는 꼴이지만, 실제로는 공기가 날개 주변을 지나가건, 혹은 그 반대이건 발생하는 물리적 현상은 동일하다. 공기 흐름이 한쪽 방향(즉 떠오르는 방향)으로 힘을 만들려면 어느 한쪽으로 균형이 깨져야 하는데, 불균형을 만드는 가장 일반적인 방법은 날개가 바람과 일정한 각도를 유지하도록 하는 것이다. 이렇게 날개가 바람을 받는 각도를 받음각angle of attack이라고 한다. 앞서 예시를 들었던, 차창 밖으로 손을 내밀고 손바닥을 들어올린 것도 받음각을 준 것이라 할 수 있다.

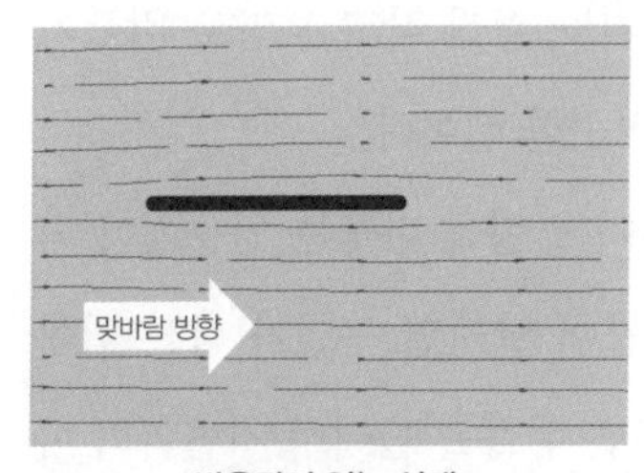

받음각이 없는 상태

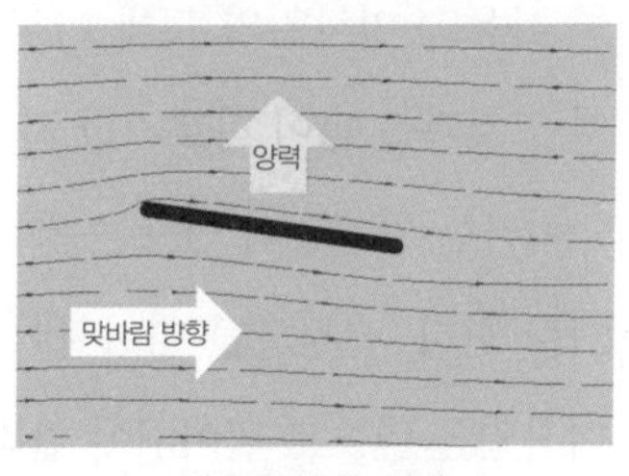

받음각이 있는 상태

받음각에 따른 날개 양력 발생

미사일 날개가 하는 역할

미사일에는 대체로 날개가 붙어 있다(이 부분을 영어로는 지느러미, 즉 핀fin이라고도 많이 부르지만 본문에서는 날개로 통일하고자 한다). 미사일의 날개는 여러 가지 역할을 하지만, 그 역할을 할 수 있는 힘의 원천은 모두 양력이다. 가장 쉽게 생각할 수 있는 미사일 날개의 역할은 비행기의 날개와 마찬가지로 양력을 이용하여 미사일의 고도를 높이거나, 혹은 활공하는 것이다. 특히 아음속으로 비행하는 순항미사일들은 대체로 비행기와 유사한 날개를 가지고 있으며, 실제로 그 날개의 주된 역할도 비행기의 날개처럼 땅으로 떨어지지 않고 고도를 유지하는 것이다.

초음속 미사일의 날개라고 양력을 만들지 않는 것은 아니다. 초음속 미사일의 날개 역시 양력을 만들어 미사일이 더 먼 거리까지 활공하도록 돕는다. 앞서 3, 4장의 로켓에 관한 설명에서 언급한 바와 같이 대부분의 로켓 추진식 미사일은 로켓이 작동하는 시간이 몇 십 초, 심지어 어떤 것은 몇 초에 불과하다. 그러나 로켓 작동이 끝난 미사일은 초음속으로 날아가지만 바로 땅으로 곤두박질치는 것이 아니라 표적을 향해 계속 날아간다. 이때 미사일은 고도가 급격히 줄어드는 낙하 상태가 아니라 고도(혹은 속도)가 천천히 줄어들면서 멀리 날아가는 초음속 활공 상태가 되며, 이를 돕는 것이 미사일의 날개들이다. 초음속 미사일의 날개는 아음속 미사일의 것에 비해 대체로 크기도 훨씬 작고 모양도 비행기의 그것과는 많이 다르지만 하는 역할은 비슷한 셈이다.

이러한 날개들이 만드는 양력은 미사일이 방향을 바꾸는 원동력이 되기도 한다. 전진하던 미사일이 방향을 바꾸어 날려면 무언가 다른 힘이 미사일을 옆으로 밀어줘야 한다. 자동차라면 핸들을 틀어서 지면과의 마찰을 이용하여 옆으로 이동하겠지만, 허공에 떠 있는 미사일은 그렇게 마찰을 만들 곳이 없다. 만약 어떠한 수단을 써서 미사일의 머리 방향을 바꾸었다고 한들 미사일은 빙판 위의 자동차처럼 머리 방향만 한쪽으로 돌아간 채로 계속 미끄러지듯 앞으로 날아가게 된다. 물론 이렇게 머리가 돌아간 미사일은 마찰력과 비슷한 공기저항 때문에 옆으로 밀리는 힘을 받기는 하지만 그 힘이 미사일이 급선회를 할 수 있을 정도로 크지는 않다. 대신 미사일의 머리 방향이 한쪽으로 돌아가면 날개와 맞바람 사이의 각도인 받음각이 커진다. 이 받음각은 미사일을 옆으로 밀게 되며 이것이 구심력이 되어 미사일은 원운동을 하듯 한쪽 방향으로 선회한다. 양력은 일단 뜨는 힘이라고 설명하기는 했으나, 실제로는 꼭 지면에 반대 방향으로 작용하는 것은 아니다. 단지 떠오르는 방향으로 쓰이는 경우가 가장 많기에 양력이라 부른다. 미사일이 머리 방향(더 정확히는

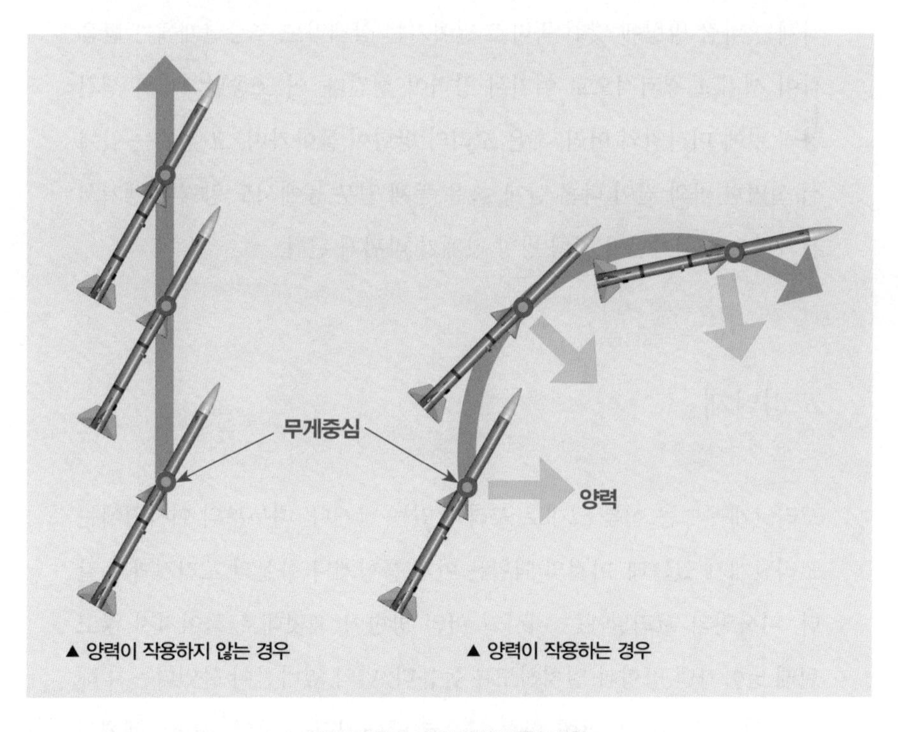

양력 작용에 따른 비행 방향 전환

날개의 방향)을 옆으로 틀면 양력은 옆으로 생길 것이며, 아래로 틀면 아래로 양력이 생긴다. 보통 이때 미사일 동체에서도 일정량의 양력을 만들지만 날개만큼 많이 만들지는 못한다.

그리고 미사일이 원하는 대로 머리 방향을 트는 데 사용하는 힘 역시 양력이다. 허공에 떠 있는 미사일은 마치 실로 매달아놓은 긴 막대기와 같다. 막대기는 줄로 묶인 부분을 기준 축 삼아 움직이며, 미사일의 경우에는 무게중심이 기준 축이 된다. 실로 묶인 막대기의 한쪽을 손으로 눌러 기울이면 시소처럼 반대 방향이 위로 들린다. 미사일 역시 한쪽을 눌러주면 무게중심을 기준으로 그 반대쪽이 위로 들린다. 미사일의 날개 중 일부는 미사일이 원하는 만큼 몸통과 별도로 각도가 돌아간다. 이렇게 돌아가는 날개를 흔히 조종날개라 하는데, 이것이 움직이면 미사일 자체는 바람 방향에 맞춰 똑바로 날아가는 상태라도 조종날개에는 받음각이 생기고 결과적으로 여기서 양력이 생긴다. 이 조종날개에서 생긴 양력 탓에 미사일의 머리, 혹은 꼬리의 방향이 돌아가며, 그 후에는 앞에서 설명한 바와 같이 다른 날개, 혹은 동체 일부 등에서도 양력이 생겨서 결과적으로 미사일의 비행 방향 자체가 바뀌게 된다.

꼬리날개

꼬리날개tail fin는 이름 그대로 꼬리에 있는 날개다. 대부분의 미사일에는 꼬리날개가 있는데, 이것의 역할은 마치 풍향계나 화살의 꼬리깃과도 같다. 미사일의 꼬리날개는 미사일 머리 방향이 제멋대로 틀어지지 않고 원래 날아가던 방향과 일치하도록 돕는다. 만약 옆바람이 불었다든지 해서 미사일의 머리 방향이 다른 곳으로 틀어지려고 하면, 꼬리날개에서

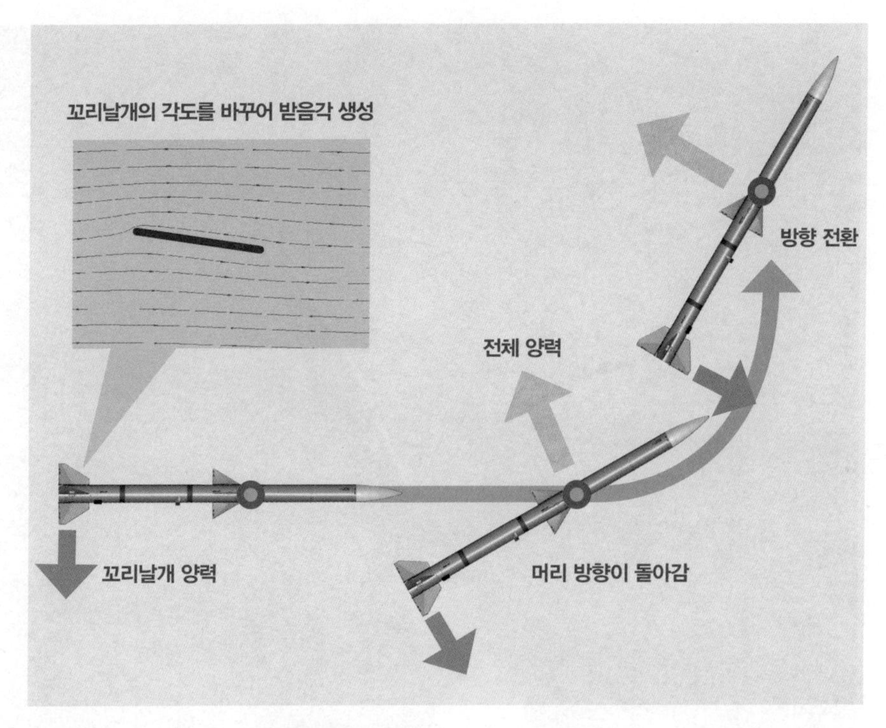

꼬리날개에서 발생한 양력과 비행 방향 전환

받음각이 생겨서 미사일의 머리를 다시 돌려놓는 방향으로 양력을 만든다. 머리 방향이 원래의 비행 방향과 일치되었다면 꼬리날개에 받음각이 없어지므로 미사일은 그 이상 머리가 돌아가지 않고 비행 방향과 머리 방향이 일치한 상태를 유지한다. 이렇게 미사일의 머리 방향이 바람 방향과 일치되는 성질을 안정성stability이라고 부른다.

꼬리날개는 때때로 그 자체가 각도가 변하는 조종날개로 쓰이기도 한다. 조종날개 형태의 꼬리날개를 쓰게 되면 로켓의 노즐 목 부분이 오목하게 들어감에 따라 생기는 그 주변 공간처럼 어차피 거의 쓰지 않게 되는 빈 공간을 활용하여 날개를 움직이기 위한 구동장치를 넣을 수 있어 공간 활용 면에서 유리하다. 또한 미사일이 이미 높은 받음각을 유지한

꼬리날개 모습이 잘 보이는 ATACMS(전술지대지미사일) 〈http://fas.org〉

MICA 공대공미사일의 뒷모습. 작은 은색 날개 부분이 추진기관 분사 방향 제어용 장치인 제트 베인(Jet Vane) 〈http://alternathistory.com〉

상태에서 더욱 받음각을 높여야 할 때 꼬리날개는 미사일 자체의 받음각과 반대 각도로 움직이므로 결과적으로 꼬리날개의 받음각은 줄어들게 된다. 날개는 지나치게 높은 받음각을 갖게 되면 도리어 양력을 만들지 못하는 실속 상태에 빠지게 되지만, 꼬리날개는 이런 문제점이 줄어드는 셈이다. 더불어 꼬리날개의 받음각이 더 작다는 것은 여기에 걸리는 공기의 힘 역시 상대적으로 더 약하다는 소리다. 이 힘을 이기면서 날개를 움직여야 하는 구동장치에 걸리는 부하 역시 줄어들게 된다. 이러한 이유들 때문에 최근에는 급선회를 하는 고성능 공대공미사일 중에서도 꼬리날개를 쓰는 미사일이 늘어나고 있다. 특히 일부 미사일은 급격한 선회를 위해 추진기관의 분사 방향 자체를 바꾸는 장치를 달기도 한다. 이를 추력편향장치라 부르는데 이 장치는 분사구, 즉 미사일의 꼬리 쪽에 있으므로 꼬리날개와 가깝다. 그래서 추력편향장치를 꼬리날개와 기계적으로 연동시켜 꼬리날개를 움직이는 것만으로 추력편향장치까지 움직이게 하기 쉽다. 이렇게 설계된 미사일은 조종날개와 추력편향장치를 위해 각각의 구동장치를 따로 갖출 필요 없이, 한 세트의 구동장치만으로 둘 모두를 조종할 수 있다. 그래서 추력편향장치를 사용하는 미사일이 꼬리날개를 조종날개로 사용하면 그 안에 들어가야 하는 구동장치 수를 줄여 전체적인 미사일의 무게, 크기, 비용을 줄이는 데 유리하다.

하지만 꼬리날개를 조종날개로 쓸 때는 몇 가지 고려해야 할 점이 있다. 먼저 미사일이 선회할 때, 꼬리날개를 사용하게 되면 정작 다른 날개들과 반대 방향으로 양력을 만들어야 미사일의 머리 방향을 선회하려는 방향으로 틀어줄 수 있다. 이는 미사일이 선회하는 데 구심력 역할을 해야 하는 미사일 전체 관점에서의 양력 생성을 방해하는 셈이다. 다행히 꼬리날개는 대체로 무게중심에서 멀리 있으므로, 작은 힘만으로도 미사일의 머리 방향을 크게 틀어놓을 수 있다. 시소를 움직일 때 받침점에서 멀리 떨어져 있으면 작은 힘으로도 시소를 움직일 수 있는 것과 같은 이치다. 한편 미사일의 허리 부근부터 꼬리 끝까지의 공간은 전부 로켓이 차지한다. 그래서 미사일 꼬리 부분의 구동장치와, 미사일 앞부분에 있는 제어용 컴퓨터가 신호를 주고받는 배선을 연결하려면 로켓을 피해서 미사일 외부에 케이블 덕트cable duct를 설치해야 한다(케이블 덕트에 대한 상세 내용은 9장 참조). 보통 이것은 추가적인 공기저항을 만든다.

중앙날개

중앙날개는 미사일의 무게중심 근처에 있으며 대체로 비행기의 주날개와 하는 역할이 거의 같다. 중앙날개는 미사일이 순항비행이나 고속 활

중앙날개 조종 방식을 사용하는 AGM-88 미사일(빨간색 점선 부분) 〈Public Domain〉

공비행을 할 때 양력을 만들어 비행거리를 늘려주며, 선회 시에는 더 많은 양력을 만들어 미사일의 선회 성능을 좋게 해준다. 일부 미사일은 중앙날개의 면적을 넓히기 위해 앞뒤로 긴 형태로 만들기도 한다. 이에 대해서는 8장에서 좀 더 상세히 설명한다. 속도가 느린 미사일들은 공기효율을 우선시하여 긴 중앙날개를 사용하기도 하는데, 이 경우에는 미사일 발사대 등의 공간효율을 높이기 위해 중앙날개가 접혀 있다가 발사 후 튀어나오도록 되어 있다. 한편 미사일의 종류에 따라서는 중앙날개가 없기도 하며 이런 경우에는 꼬리날개 및 뒤에 설명할 카나드canard가 어느 정도 중앙날개의 역할을 대신한다.

중앙날개 역시 조종날개로 쓸 수 있다. 꼬리날개가 조종날개 역할을 하면 앞서 본 바와 같이 미사일 선회를 위해 일단 꼬리날개가 움직여 미사일의 꼬리 방향을 바꿈으로써 미사일의 머리가 한쪽으로 돌아가게 만들고, 그래서 미사일 전체 받음각이 커지면 전체 양력도 커지는 과정을 거쳐야 미사일을 선회시킬 수 있다. 그러나 무게중심 부근에 있는 중앙날개가 조종날개 역할을 하면 무게중심에 바로 양력이 작용하여 미사일이 한쪽 방향으로 움직여 선회할 수 있다. 그래서 미사일은 중앙날개를 조종날개로 사용할 때 반응속도가 더 빨라진다. 물론 조종날개로 꼬리날개를 쓸 때와 중앙날개를 쓸 때의 반응속도 차이는 채 1초가 안 된다. 그러나 0.1초, 때로는 0.01초로 성공과 실패가 판가름 나기도 하는 미사일로서는 이러한 반응성 향상은 중요한 장점이다.

하지만 이러한 장점에도 불구하고 현재는 중앙날개가 있는 미사일 중에도 중앙날개를 조종날개로 쓰는 미사일은 더 이상 등장하지 않고 있다. 중앙날개가 빠른 반응성을 갖게 되는 것은 무게중심 근처에 있기 때문인데, 정작 미사일의 무게중심 위치는 비행 중에 크게 변한다는 문제가 있다. 미사일 전체의 무게 중 로켓 연료가 차지하는 무게가 상당하다 보니 미사일이 발사된 직후와 로켓 연료를 다 소모한 이후 미사일의 무게중심 위치는 많이 달라진다. 그렇기 때문에 실제로는 어느 한 무게중심 위치에만 맞춰서 중앙날개의 위치를 결정하면 무게중심 위치가 바뀐 상황에서는 미사일의 반응성이 상대적으로 떨어지기 마련이다.

또한 미사일은 중앙날개가 있다고 해도 안정성을 위해서는 꼬리날개가 필요한데, 중앙날개가 움직이면 꼬리날개에 안 좋은 영향을 미친다. 미사일을 특정 방향으로 선회시키기 위해 조종날개가 움직이게 되면 양력을 만드는 것과 동시에 공기의 흐름을 흐트러뜨리는 후류를 만든다. 중앙날개가 조종날개인 경우에는 이 후류가 뒤쪽에 있는 꼬리날개에 영향을 준다. 그러면 꼬리날개에서는 공기 흐름의 불균형으로 인해 미사일을 마치 드릴이나 드라이버처럼 한쪽으로 돌리려는 힘을 만들려고 한다.

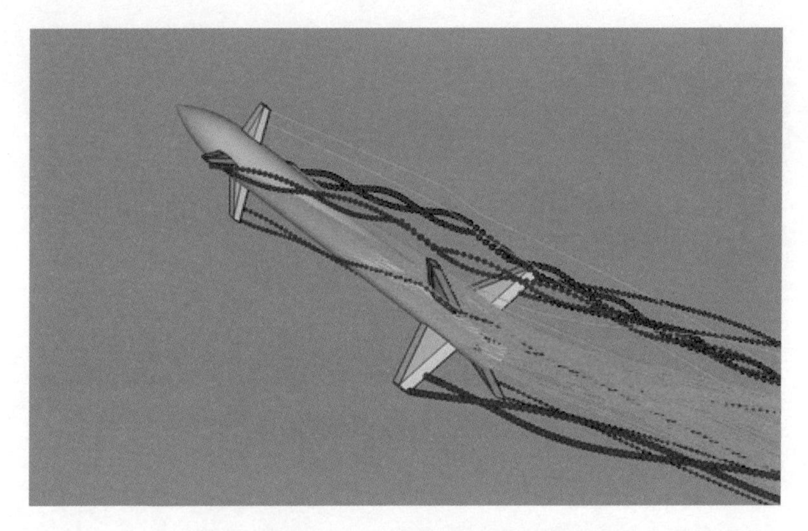

앞쪽 날개에서 발생한 후류가 뒤쪽 날개에 미치는 영향을 컴퓨터로 해석한 그림(단, 그림 속의 미사일은 중앙날개 대신 카나드 사용) 〈http://www.nearinc.com〉

이를 유도 롤링Induced Rolling이라고 하는데, 미사일이 이렇게 제멋대로 돌아가려고 하면 미사일 앞에 달린 탐색기가 표적을 정밀하게 추적하기 어려워질 뿐만 아니라 미사일의 정확한 선회비행 역시 어려워진다. 이러한 단점들 때문에 현재는 중앙날개를 달고는 있어도 이를 조종날개로 쓰는 미사일은 더 이상 등장하지 않는 상황이다.

카나드

카나드canard는 귀날개, 혹은 전방날개라고도 부르는데 미사일의 무게중심 앞쪽, 즉 머리 부분에 있는 날개를 말한다. 이것은 꼬리날개와 반대로 미사일의 안정성을 떨어뜨리는 역할을 한다. 만약 미사일 머리 방향이 조금 틀어져서 카나드에 받음각이 생기면, 카나드에서 생긴 양력은 미사일의 머리 방향을 더 크게 틀어버리는 쪽으로 작용한다. 하지만 이 이야

카나드를 사용하는 파이선 5(Python 5) 미사일 〈http://www.ausairpower.net〉

기는 바꿔 말하면, 미사일의 머리 방향을 일부러 한쪽 방향으로 틀어야 하는 급선회 시 카나드가 미사일의 머리가 더 빨리 돌아가도록 도울 수 있다는 의미도 되므로 미사일의 기동성 향상을 위해 일부러 카나드를 다는 경우도 있다. 더불어 중앙날개가 없는 미사일의 경우 카나드와 꼬리날개가 분담하여 양력을 만들어서 미사일이 고도를 유지하거나 활공하는 데 도움을 준다. 카나드 역시 조종날개로 사용 가능하며, 그럴 경우 원래 카나드가 갖는 불안정성 덕분에 미사일의 머리 방향을 더 급격히 트는 데 도움이 된다. 또한 대체로 미사일의 유도조종장치는 미사일의 머리 부근에 있는데, 마찬가지로 미사일의 앞쪽에 있는 카나드를 조종날개로 사용하면 이를 움직이기 위한 구동장치 또한 미사일 머리 부근에 배치된다. 이럴 경우 둘 사이를 연결하는 배선을 짧게 할 수 있는 것은 물론, 미사일 외부로 돌출되는 케이블 덕트도 필요 없다. 한편 소형 미사일의 경우에는 로켓의 노즐 주변 빈 공간이 너무 좁아 이 부분에 구동장치를 넣을 여유가 없다. 그래서 소형 미사일은 꼬리 조종날개 대신 카나드 조종날개를 사용하는 경우가 많다.

하지만 카나드를 조종날개로 사용할 때도 역시 몇 가지 주의가 필요하다. 일단 미사일이 높은 받음각을 갖고 선회를 할 때, 카나드 조종날개는 미사일의 받음각을 유지하기 위해 미사일 자체 받음각보다 더 큰 받음각을 가져야 한다. 그렇기 때문에 더 많은 공기의 힘을 이겨내기 위해 카나드 조종날개는 꼬리조종날개보다 상대적으로 더 강한 구동장치가 필요하다. 또 지나치게 큰 받음각이 생기게 되면 카나드가 더 이상 양력을 만들지 못하는 실속 상황에 빠진다. 이러한 문제를 막기 위해 아예 카나드가 일렬로 2개 배치된 미사일도 있는데, 이렇게 하면 앞쪽 카나드가 공기 흐름을 어느 정도 정렬시켜주어 뒤쪽 카나드의 받음각이 지나치게 커지는 문제를 막아준다. 그래서 이렇게 앞뒤로 카나드가 있는 경우 보통 앞쪽 카나드는 고정날개, 뒤쪽 카나드는 조종날개가 되도록 설계된다. 물론 이런 식의 설계는 미사일의 기동성을 좋게 해주지만 대신 많은 카나드를 달아야 해서 공기저항이 커지는 문제가 있다.

또한 카나드는 선회 성능을 좋게 만든다고는 해도 어쨌거나 안정성을 떨어뜨리는 역할을 하게 되므로, 거기에 맞춰 꼬리날개를 설계해야만 미사일이 지나치게 불안정해져서 똑바로 비행하지 못하는 사태를 막을 수 있다. 한편 카나드는 중앙날개에 비하면 꼬리날개로부터 멀리 떨어져 있기는 하지만, 역시 후류를 만든다. 그렇다 보니 중앙날개를 조종날개로 쓸 때보다 덜하기는 하지만 마찬가지로 미사일이 원치 않음에도 불구하고 돌아가버리는 유도 롤링 현상을 만들 수 있다.

이렇듯 미사일의 날개는 그 위치에 따라 하는 역할이 비슷하면서도 다른 한편, 조종날개를 어디에 두나에 따라 미사일의 비행 성능은 물론 내부 공간 배치나 배선의 경로, 미사일의 유도 롤링 같은 추가로 고려해야 할 부분 등이 모두 달라진다. 그러므로 어떠한 날개 배치를 쓰고 어느 날개를 조종날개로 삼아야 할지는 그 미사일이 내야 하는 성능이나 크기, 무게 등에 따라 설계자들이 고민해야 할 몫이다.

R-77 격자날개

AIM-9M 이중삼각날개

MICA 끝단 절단형 날개

CHAPTER 08

날개 2:

미사일 날개의 모양과 배치

AGM-88 HARM 이중쐐기꼴 날개 단면

R-27 역사다리꼴 날개

BGM-109 Tomahawk 유선형 날개 단면, 테이퍼 날개

AIM-9P 이중 잘린 삼각날개

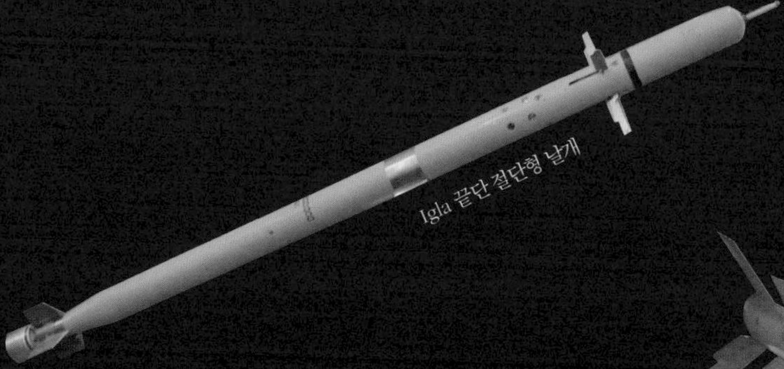

Igla 끝단 절단형 날개

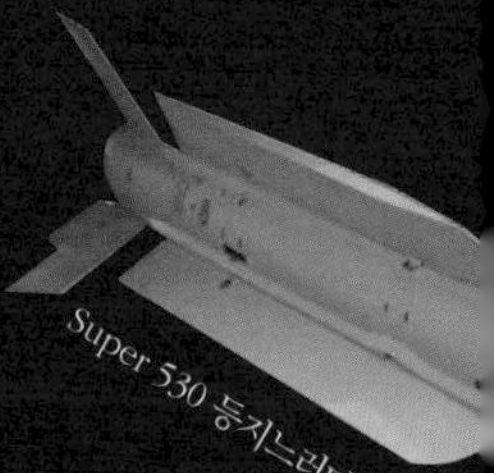

Super 530 등지느러미 날개

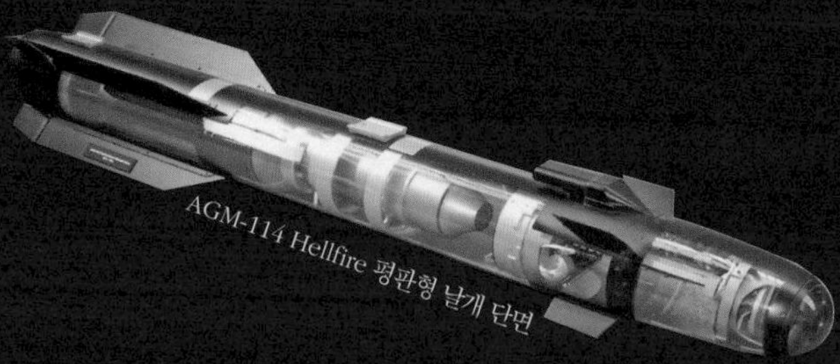

AGM-114 Hellfire 평판형 날개 단면

MISSILE FIN

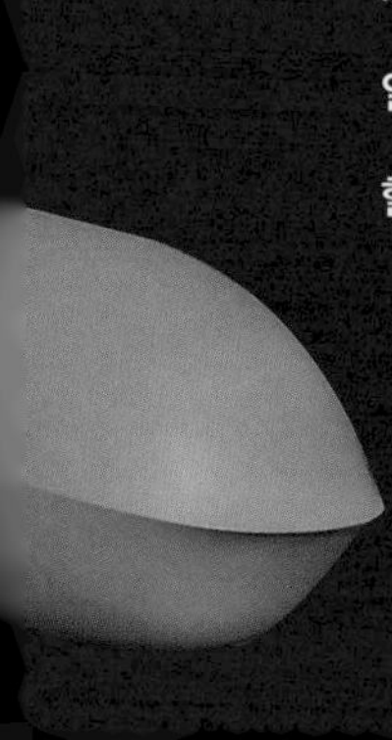

●●● 미사일 날개는 그 앞뒤 위치뿐만 아니라 모양도 중요하다. 삼각형, 사각형, 사다리꼴 등 다양한 모양의 미사일 날개는 제각각 다 그 특징이 있다. 또한 미사일 날개를 한 부분에 3장 배치할 것인가, 4장 배치할 것인가, 十자형으로 배치할 것인가, X자형으로 배치할 것인가에 따라 미사일의 성능과 특성이 다 달라지므로 미사일 개발자들은 미사일 날개의 모양과 배치를 어떻게 할 것인가를 놓고 깊은 고민을 할 수밖에 없다. ●●●

날개의 단면 형상

일반 항공기의 날개 단면airfoil은 대부분 유선형에 가깝다. 그러나 미사일, 특히 초음속 미사일의 날개는 대부분 앞쪽이 칼날처럼 날카로운 쐐기꼴이거나, 혹은 앞뒤 모두 날카로운 이중쐐기꼴인 경우가 많다.

미사일에 쐐기꼴 날개를 사용하는 가장 큰 이유는 대부분의 미사일이 소리의 속도인 음속 이상, 즉 초음속의 속도로 비행하기 때문이다. 초음속으로 비행하는 물체 주변에는 충격파(압축 충격파)라는 것이 생기는데, 이것의 영향을 적게 받으려면 앞부분이 뾰족해야 한다.

충격파란 배가 물 위를 항해해나가면서 뒤로 남기는 V자 물결과 비슷하다. 물 위에 떠 있는 무언가가 움직이기 시작하면 물결이 일게 되고 이 물결은 점점 주변으로 퍼져나간다. 이것은 공기 중에서도 마찬가지이

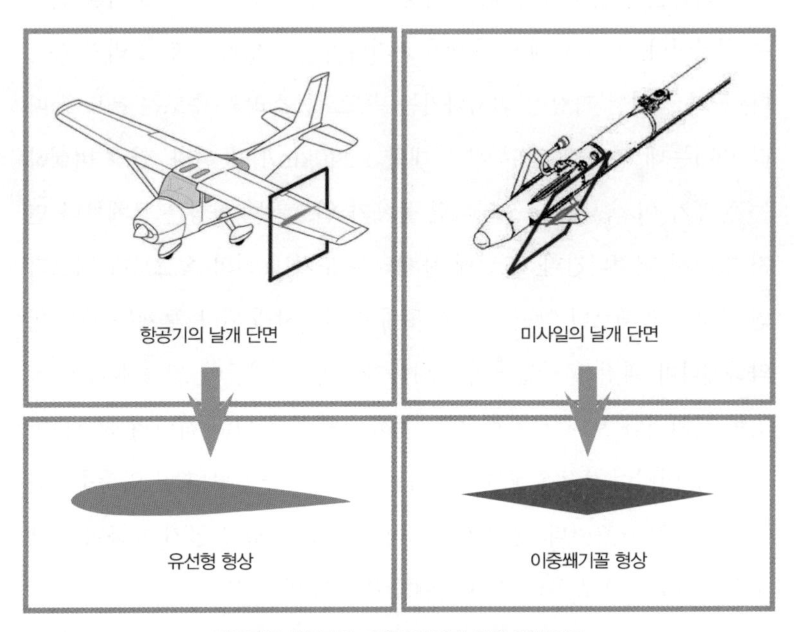

일반적인 항공기와 미사일의 날개 단면 형상 비교

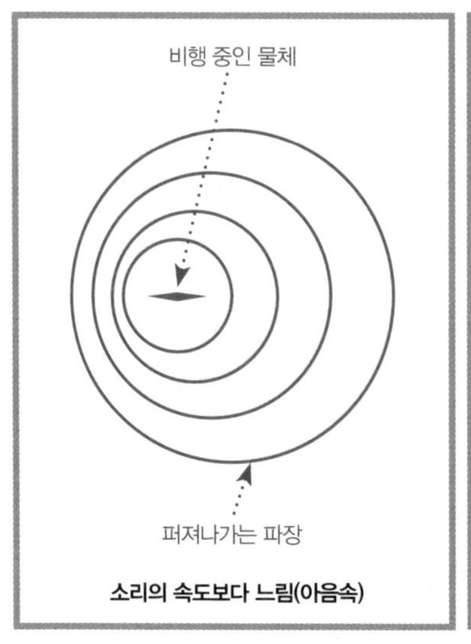

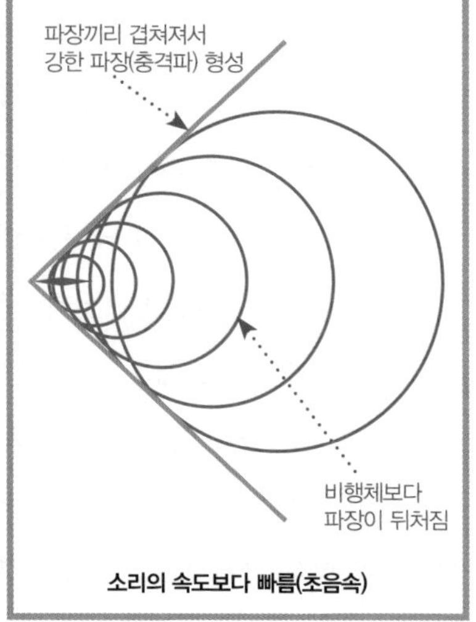

공기 중의 파장과 충격파

며 물결처럼 물체 주변의 작은 공기의 파장이 사방으로 퍼져나간다. 사실 소리라는 것은 바로 이러한 파장이 만드는 진동이 우리 고막을 흔드는 현상이다. 공기 중에서 파장이 퍼져나가는 속도가 바로 소리의 속도다. 공기 중에서 파장이 퍼져나가는 속도, 즉 소리의 속도는 온도에 따라 변하는데 섭씨 20도일 경우 대략 1,240km/h가 된다. 만약 비행하는 물체가 이 속도보다 느리다면 물체가 일으키는 파장은 물체보다 먼저 앞서서 퍼져나간다. 그런데 물체의 속도가 소리의 속도보다 빠르다면 파장이 물체보다 앞서 나가지 못하고 뒤처지게 된다. 물체는 계속 미약하게나마 파장을 만들어내며 나아가는데 그 진동이 계속 물체에 끌리듯 뒤처지다 보니 진동과 진동이 서로 중첩이 되어 하나의 큰 파wave가 된다. 이것이 초음속에서 발생하는 충격파Shock Wave, 혹은 압축충격파Compression Shock Wave다. 충격파는 물체가 가만히 있고 공기 흐름이 물체 주변을 초음속으로 흘러 지나갈 때도 똑같이 발생한다.

충격파는 일단 초음속으로 가속된 공기 흐름이 더 좁아진 통로나 혹

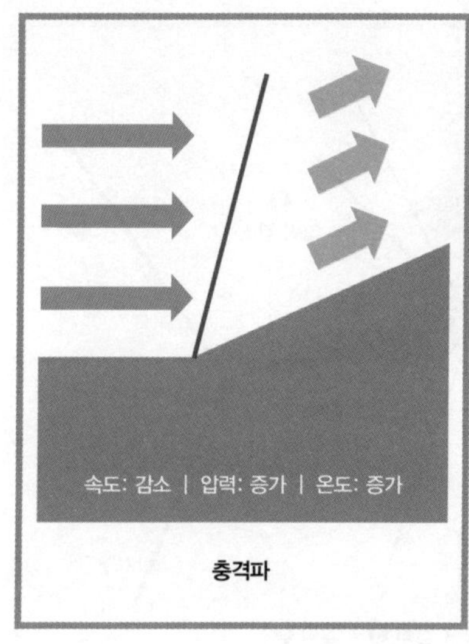

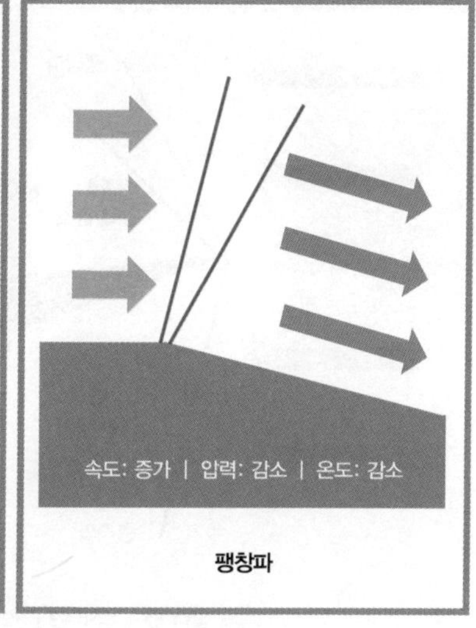

초음속 흐름의 충격파와 팽창파 차이

은 통로 역할을 하는 물체 주변을 지날 때도 생기는데, 충격파를 지난 공기 흐름은 한순간에 속도가 느려지며 온도와 압력은 올라간다. 그리고 이 충격파는 크게 그 각도에 따라 수직충격파와 경사충격파로 나눌 수 있는데, 수직충격파를 지난 공기는 이러한 현상이 더욱 심해진다. 충격파의 순간적인 압력 변화는 미사일의 항력, 즉 공기저항을 크게 늘리기 때문에 가급적 이 압력 변화 현상을 줄일 필요가 있다. 충격파의 각도는 보통 비행속도와 물체 앞부분의 뾰족한 정도에 따라 달라지고, 특히 경사충격파를 만들려면 물체 앞부분이 뾰족해야 한다. 초음속으로 비행하는 미사일 날개 앞부분이 날카로운 것도 이 때문이다. 날개 앞에서 생긴 충격파가 경사충격파가 되어야 날개 주변의 압력 변화가 덜 급격해지고 결과적으로 날개가 받는 공기저항이 줄어든다.

한편 초음속 공기 흐름이 갑자기 더 넓은 공간을 지나가게 되면 팽창파(팽창충격파)가 생긴다. 팽창파를 지난 공기는 충격파를 지난 경우와 반대로, 순간적으로 공기 흐름 속도가 빨라지고 압력과 온도는 내려간다.

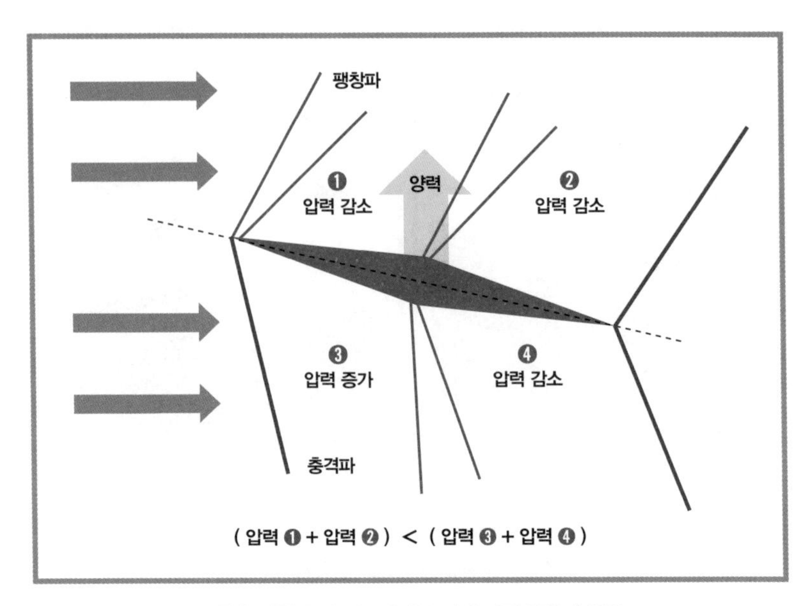

초음속 비행 중인 이중쐐기꼴 날개 단면 주위의 압력

그런데 날개에서 위로 향하는 힘, 즉 양력을 만들기 위해서는 날개 위쪽의 압력이 낮아야 한다. 초음속 미사일은 날개 단면 모양으로 다이아몬드꼴이나 앞뒤가 모두 뾰족한 이중쐐기꼴을 사용함으로써 날개 주변의 팽창파를 적절하게 만들어 날개 윗면의 압력을 더 낮출 수 있다.

다만 쐐기꼴이나 이중쐐기꼴 날개를 갖고 있는 미사일이라고 무조건 초음속 미사일인 것은 아니다. 마하 0.8 미만의, 충격파나 팽창파가 거의 생기지 않는 속도로 비행하는 미사일 중에도 쐐기꼴 단면 모양 날개를 쓰는 경우가 많다. 원래는 이 정도 속도라면 일반 비행기의 날개처럼 유선형 날개를 쓰는 것이 더 효율적이지만, 유선형 날개는 상대적으로 제작하기가 더 어렵다. 어차피 미사일은 1회용 무기이므로 지나치게 제작에 돈을 쓸 필요가 없고, 또 비행하는 시간이 보통 1분 이상을 넘지 않기 때문에 비효율적인 날개의 영향을 받는 시간 역시 짧으므로 약간의 성능 저하를 감수하더라도 더 쉽고 싸게 만들 수 있는 날개가 유리하다. 심지어 초음속 미사일이건 아니건 간에 제작비용을 싸게 만드는 것을 우선시하여 아예 쐐기꼴도 아니고 밋밋한 평판 모양의 날개를 단 미사일들도 있다.

다만 장시간, 그러니까 짧게는 30분에서 길게는 1, 2시간가량을 마하 0.8 정도의 음속 미만의 속도로 날아가는 장거리 순항미사일들은 날개의 효율에 따라 사거리가 크게 바뀌는 관계로 일반 비행기의 날개처럼 유선형 날개 단면을 쓰는 경우가 많다.

날개의 평면 형상

미사일의 날개는 그 단면 형상만큼이나 평면 형상도 다양하다. 미사일 날개를 평면 형상에 따라 분류해보면 크게 세 가지로 나눌 수 있다. 삼각날개와 사각날개는 각각 이름 그대로의 형상을 하고 있다. 잘린 삼각날개Cropped Delta 혹은 Clipped Delta는 삼각날개의 일종으로 분류하기도 하며 날개 바깥쪽 일반 삼각날개 끝부분과 달리 뾰족하지 않고 잘린 것처럼 생겼다. 자료에 따라서는 이를 사다리꼴 날개라고도 부르는데, 이것은 사각날개의 변종으로 분류되는 테이퍼 날개Tapered Wing의 별칭이기도 하기 때문에 혼동의 우려가 있어서 이 책에서는 잘린 삼각날개라고 지칭한다.

날개의 앞쪽 모서리가 뒤로 젖혀진 정도를 후퇴각이라고 부르는데 보통 삼각날개Delta Fin은 큰 후퇴각을 갖는다. 일반적으로 이 후퇴각이 클수록 초음속에서의 공기저항이 줄어들기 때문에 초음속 미사일은 삼각날개를 많이 사용한다. 반면 음속 이하의 느린 속도에서는 사각날개, 특히 일반 여객기의 날개처럼 좌우로 긴 사각날개가 효율 면에서 유리하다. 그렇기 때문에 장거리 순항미사일이나 활공형 유도무기는 긴 사각날개

AGM-88 HARM

이중쐐기꼴(마하 2, 중거리)

BGM-109 토마호크

유선형(마하 0.8, 장거리)

AGM-114 헬파이어

평판형(마하 1.2, 단거리)

미사일의 다양한 날개 단면 형상

를 쓰는 경우가 많다.

한편 양력은 이를 만드는 부분이 넓을수록 더 많이 생긴다. 그러므로 날개 바깥쪽 끝부분이 넓다면 그 부분은 날개 안쪽 뿌리 부분보다 더 많은 양력을 만든다. 문제는 날개가 안쪽, 즉 동체 쪽 방향 한쪽만 붙어 있는 구조물이라는 점이다. 이를 외팔보 구조물이라고 부르는데, 사람이

	삼각날개 (Delta Fin)	잘린 삼각날개 (Cropped Delta)	사각날개 (Rectangular)
형상			
초음속항력 (공기저항)	작음	보통	큼
저속비행효율	나쁨	보통	좋음
구조 강도	좋음	보통	나쁨
압력 중심 변화 정도	별로 없음	조금 있음	보통 있음
공간효율	나쁨	보통	좋음

날개 평면 형상별 특징

한쪽 팔을 수평으로 쭉 뻗고 날개처럼 버티고 있는 것과 같다. 사람이 한쪽 팔만 수평으로 들고 있는 상태에서 무거운 짐을 팔에 걸친다고 생각했을 때, 짐을 어깨 가까운 곳에 걸어놓는 것보다는 손끝에 걸어놓았을 때 더 무겁게 느껴질 것이다. 날개의 경우도 비슷하다. 날개 바깥쪽에서 많은 양력이 생기면 날개가 위로 꺾이려는 경향이 강해진다. 바꿔 이야기하면 날개 바깥쪽이 좁으면 좁을수록 날개가 위로 꺾이려는 경향이 작아지므로 구조적인 강도 측면에서 유리하다. 이 때문에 좌우로 폭이 긴 사각형 날개를 쓰는 미사일 중에는 일부러 바깥쪽으로 갈수록 폭을 좁게 만들어 구조적인 문제를 약간이나마 해결하는 경우가 많다. 이러한 날개를 테이퍼 날개Tapered Wing라고 부른다.

모든 무게를 합친 중심점을 무게중심이라고 하듯, 모든 양력(더 정확히는 모든 공기에 의한 힘)을 합친 중심점을 압력중심이라고 부른다. 날개는 비행속도나 받음각이 변함에 따라 압력중심이 변한다. 미사일의 자세는 무게중심과 압력중심의 상대적인 위치에 따라 결정되므로 압력중심 변화가 적을수록 의도치 않게 미사일 자체가 바뀌는 일이 없으므로 미사일의 조종이 더 쉬워진다. 삼각날개는 압력중심의 변화가 작다는 점에서 다른 날개 모양보다 유리하다.

공간효율은 정해진 공간 내에서 얼마나 날개가 많은 공간을 활용할 수 있는가를 의미한다. 만약 삼각날개와 사각날개가 서로 앞뒤 길이 및 좌우 폭이 동일하여 똑같은 공간을 차지한다고 하더라도 삼각날개의 넓이는 사각날개의 것과 비교 시 절반밖에 되지 않는다. 날개의 넓이가 날개로 만들 수 있는 양력의 양과 직결되기 때문에 설계자들은 초음속에서의 효율이 나쁘더라도 공간을 최대한 활용할 필요가 있다면 초음속 미사일에 삼각날개 대신 사각날개를 달기도 한다. 특히 미사일이 작은 전투기나 군함의 좁은 발사관에 탑재되는 경우 그 날개는 공간의 제약 탓에 좌우 폭을 최대한 줄여야 하는데, 그럼에도 불구하고 많은 양력을 만들기 위해 날개의 넓이는 최대한 넓혀야 하는 경우도 있다. 이런 미사일 날개는 결과적으로 앞뒤로 매우 길고 좌우 폭은 좁은 형태가 되기도 하는데, 이러한 날개를 스트레이크Strake 형상 날개, 또는 등지느러미 날개Dorsal Fin라고 부른다.

위의 날개 말고도 몇 가지 특이한 날개들도 존재한다. 후퇴각이 중간에 한 번 변하는 이중삼각날개Double Delta나 잘린 이중삼각날개Double Cropped Delta, 날개 끝부분을 잘라 내버린 날개Tip Cut Fin, 역사다리꼴 날개Reverse Trapezoidal Fin, 혹은 Butterfly Fin, 격자날개Lattice Fin 등이 그것인데, 보통 압력중심 변화량을 줄이거나 특정 상황에서의 조종효율 문제 등을 해결하기 위해 이런 독특한 모양이 되었다.

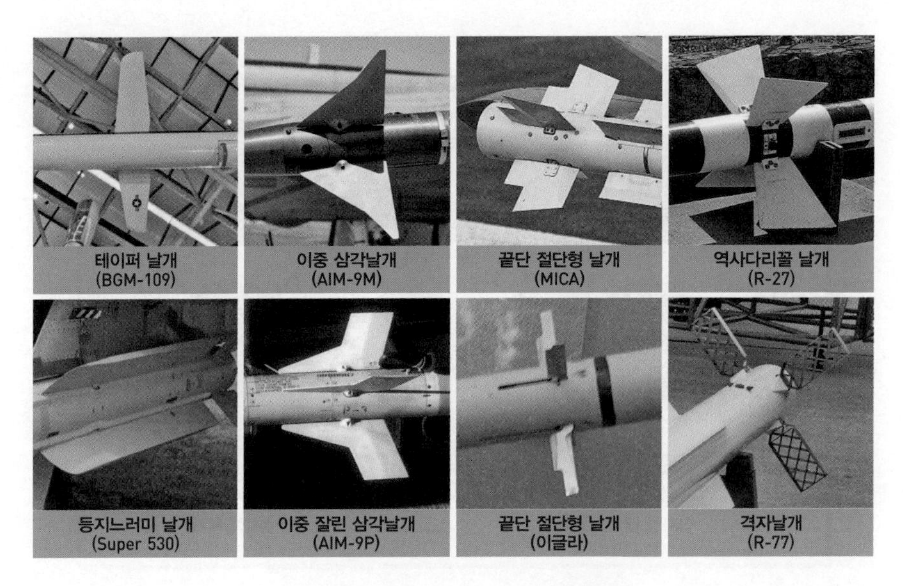

실제 미사일들의 여러 가지 날개 평면 형상

날개의 배치

미사일의 날개는 정면에서 보았을 때 십자형(十)인 경우가 많다. 비행기의 주날개가 좌우로 하나씩 있는 일자형인 것과 대조적인데, 이는 미사일이 대부분 어느 쪽으로도 급격하게 방향을 틀 수 있어야 하기 때문이다. 하지만 실제로는 미사일에 따라 날개의 배치에도 여러 종류가 있다. 가장 흔한 것은 십자형 배치이지만, 이것도 엄밀하게 따지자면 십자형과 X자형 두 가지 종류가 있다. 여기에는 미사일을 어느 한 방향으로 조종하려고 할 때 날개를 한 쌍만 움직이는가, 두 쌍 모두 움직이는가 하는 것과 같은 차이가 있다.

속도는 느리지만 장시간 비행해야 하는 순항미사일류는 일반 여객기와 마찬가지로 한 쌍의 긴 날개를 미사일 중앙 부근에 일자로 배치하는 경우가 많다. 좌우로 긴 날개는 마하 1 미만의 속도에서 효율이 좋기 때

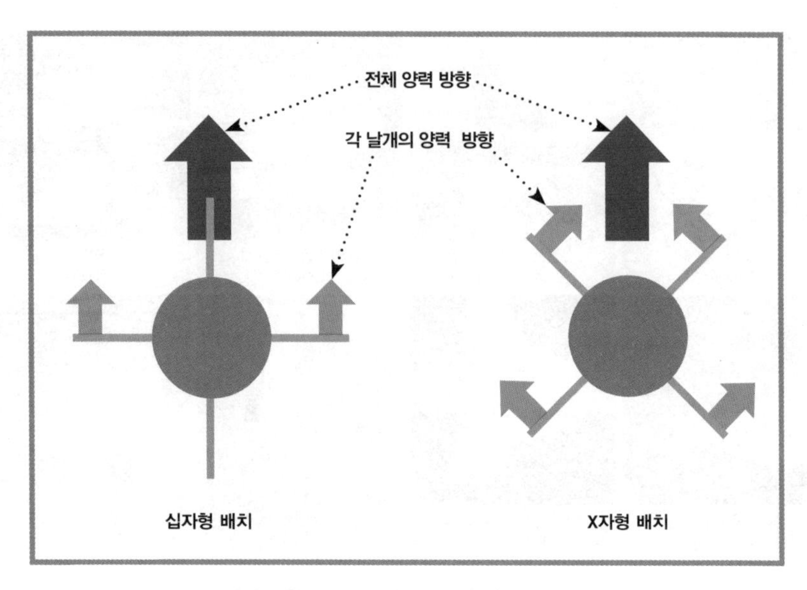

십자형과 X자형 날개 배치에 따른 전체 양력 발생 방향

문이다. 또한 순항미사일은 고정된 표적이나 느리게 움직이는 표적을 공격하기 위해 만들어진 만큼 갑작스럽게 상하로 급기동을 할 일이 없으므로 굳이 십자나 X자 배치가 필요 없다. 다만 좌우로 긴 날개는 공간이 좁은 발사관이나 전투기의 발사대에 미사일을 두기 어려우므로 접는 구조가 필요한데, 긴 날개일수록 접는 구조 또한 복잡해진다. 그래서 일부 사거리 150km 전후의 중거리 순항미사일은 접이구조를 사용하지 않거나 이를 단순화하기 위해 순항미사일인데도 십자형이나 X자형 날개를 사용한다.

일반적으로 비행기는 한 쌍의 수평꼬리날개와 하나의 수직꼬리날개, 이렇게 3장의 꼬리날개를 갖는데, 미사일도 마찬가지로 3장의 날개만 사용하는 경우가 종종 있다. 또한 6장 이상의 많은 꼬리날개를 사용하는 미사일도 있는데, 이러한 것들은 보통 좁은 공간 안에 미사일을 넣어야 하다 보니 한 장 한 장의 꼬리날개 크기가 제한되어서 대신 여러 장의

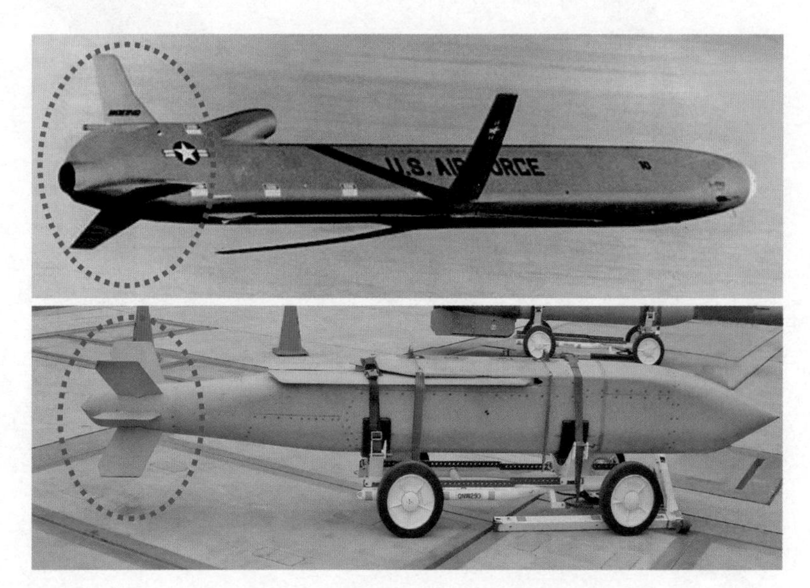

3장 꼬리날개(위, AGM-86)와 6장 꼬리날개(아래, AGM-154)

날개를 단 것이다.

이처럼 미사일 날개의 모양과 배치가 다양한 것은 미사일 개발자들이 머리를 맞대고 수십, 수백 번 고민해서 이 부분을 만들기 때문이다. 그만큼 미사일에 있어 날개는 매우 중요한 부분이다. 미사일은 날개의 모양에 따라 미사일의 기동성, 안정성은 물론 사거리, 비행속도 등이 천차만별로 바뀐다. 그렇다고 무조건 날개 모양을 모든 성능이 최고인 모양으로 만들 수 있느냐 하면 그렇지도 않다. 왜냐하면 미사일 개발자들은 미사일에 탑재되는 날개 구동용 작동장치의 한계, 날개 자체의 구조적인 강도, 날개의 비행 중 떨림 현상, 날개가 차지할 수 있는 공간 등 수많은 제약사항을 고려해야 하기 때문이다. 사정이 이렇다 보니 똑같은 공대공 미사일, 똑같은 함대함미사일이어도 각 나라, 각 시대, 각 사거리마다 미사일의 날개 모양이 전부 제각각이다.

MISSILE
AIRFRAME
DUMMY

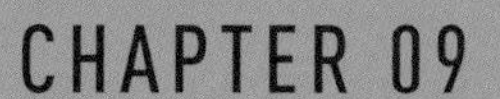

기체

●●● 미사일은 표적을 쫓아가기 위해 중력의 40~50배나 되는 원심력을 이겨내면서 급기동을 해야 한다. 또한 기체 표면 온도가 수백 도 이상 달아오를 정도로 고속으로 비행할 수 있어야 한다. 이 때문에 미사일의 몸체와 뼈대에 해당하는 기체는 매우 튼튼하면서도 가볍게 만들어야 한다. ●●●

가벼우면서도 튼튼한 미사일의 동체

미사일을 이루는 단단한 구성품 부분은 보통 기체라고 부르며, 기체는 다시 크게 동체와 날개로 구분할 수 있다.

미사일의 몸통에 해당하는 동체 부분은 보통 알루미늄 합금으로 만든다. 알루미늄은 금속 중에서도 상당히 가벼운 편이면서도 무게에 비하면 튼튼한 편이며, 녹이 슬거나 하는 부식 문제도 별로 없다. 이 때문에 미사일뿐만 아니라 비행기나 헬리콥터와 같이 날아다니는 물체에 자주 쓰인다. 알루미늄 합금은 용도에 따라 종류가 상당히 많은데, 미사일 몸통에 주로 쓰이는 것은 알루미늄 합급 표시 번호상 AL20XX 및 AL70XX 계열인데, 각각 초超두랄루민super duralumin, 초초超超두랄루민extra super duralumin이라 부르는 알루미늄 합금이다.

일반적으로 비행기나 헬리콥터는 동체 안쪽에 뼈대 구조물과 바깥쪽 표피skin를 이루는 금속판이 서로가 서로를 지지하는 구조를 사용한다. 이를 세미-모노코크semi-monocoque 구조라 부른다. 반면 미사일은, 일부 대형 순항미사일 및 탄도미사일을 제외하면, 내부에 별도의 뼈대 구조물을 세우기 어렵다. 미사일은 크기가 상당히 작은 편인 데다가 내부에 전자장비와 탄두, 추진기관 등이 빼곡하게 들어차 있기 때문에 공간상 여유가 거의 없기 때문이다. 이 때문에 미사일은 표피 쪽 구조물만으로 모든 힘을 지탱하는 경우가 많으며, 이러한 구조물은 모노코크monocoque 구조라 한다. 모노코크란 '껍질'을 뜻하는 코크coque에서 비롯된 말로, 껍질만으로 구성된 형태라는 의미다. 다만 대형 미사일들은 모노코크 구조만으로 동체를 제작하면 큰 힘을 감당하기 어렵기 때문에 세미-모노코크 구조로 제작하기도 한다. 어차피 공간상 여유가 있기 때문에 뼈대 구조물을 세워도 큰 문제가 없기 때문이다. 이 뼈대 구조물은 단순히 힘을 버

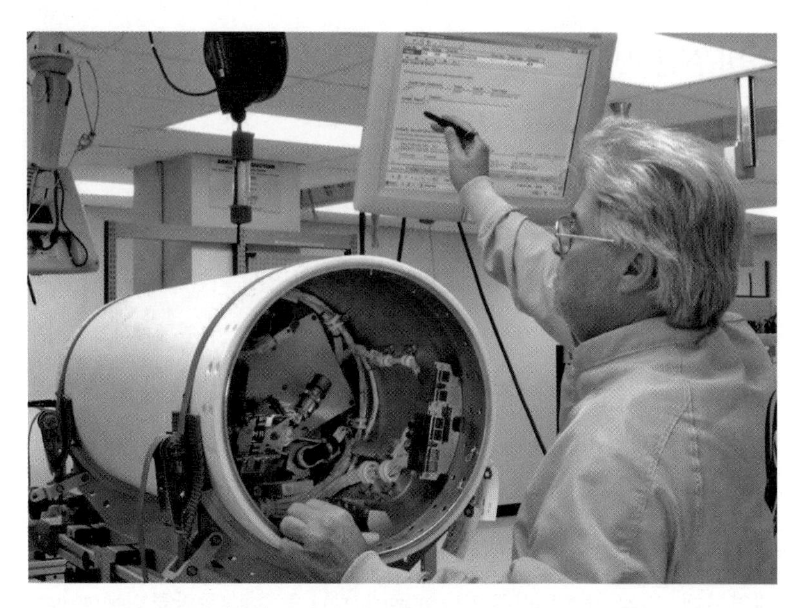

모노코크 구조인 애로우(Arrow) 미사일의 동체 〈http://media.defenceindustrydaily.com〉

세미-모노코크 구조인 토마호크 미사일의 동체 〈http://jcmcorp.com〉

티는 역할을 할 뿐만 아니라 내부의 장비를 조립하는 고정대 역할을 하기도 하며, 제트엔진을 사용하는 순항미사일의 경우 연료통 칸막이 역할을 겸하기도 한다.

대다수의 미사일 동체는 원통형이며, 기체 내부는 다른 장비들이 들어가야 하므로 기체 자체는 속이 빈 모양, 즉 원형 튜브 모양이다. 그래서 동체를 제작할 때는 알루미늄 원자재를 단조나 기타 다양한 방법으로 일단 원형 튜브 모양으로 만든 다음, 바깥과 안쪽을 원하는 모양으로 깎아내고 기타 나사 등을 박기 위한 구멍을 내는 식으로 가공을 한다. 보통 오차 범위 0.1~0.2mm 정도의 정밀도로 가공하지만, 필요한 경우 훨씬 정밀한 가공을 하기도 한다. 물론 정밀하게 가공한다는 것은 그만큼 가공비용이 비싸지고 불량품이 생기기 쉽다는 의미이므로 무조건 정밀하게 가공하는 것만이 좋은 것은 아니다.

미사일 동체 바깥 표면은 대체로 튀어나온 곳 없이 매끈한 원통형으로 가공되지만, 안쪽에는 여기저기 돌기물이 튀어나온 모양으로 가공된다. 보통 이런 돌기물들은 미사일 내부의 다른 전자장비나 구성품들이 조립되는 자리다. 미사일의 내부 구성품들은 보통 외부에서 나사를 이용하여 고정하는데, 조립 후에는 나사 머리가 튀어나오지 않도록 접시머리 모양 나사가 많이 쓰인다. 이외에도 미사일이 급기동할 때 특히 힘이 많이 걸리는 부분이나, 구동장치처럼 큰 힘을 내는 구성품이 조립되는 부분 등은 일부러 동체 두께를 더 두껍게 가공해서 좀 더 튼튼하게 만든다.

철강 계열 금속과 달리 알루미늄은 눈에 보이는 녹이 슬거나 하지는 않지만 표면이 부식될 수 있다. 그래서 도금 처리를 해야 하는데 보통 크로메이트 계열 도금을 많이 한다. 이 도금 처리를 하고 나면 보통 황금색 비슷한 노란색 계열 광택이 난다. 크로메이트 계열 도금을 하는 이유는 그 도음된 표면에 전류가 잘 흐르기 때문이다. 미사일 내부의 전자장비

플로우-포밍(Flow-Forming) 공법으로 제작된 미사일 동체 〈http://www.roxelgroup.com〉

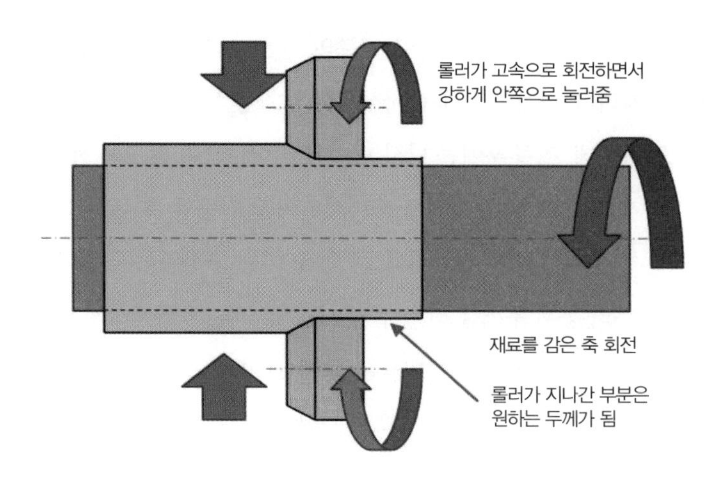

미사일 동체 제작에 쓰이는 공법 중 하나인 플로우-포밍 공법 〈http://www.roxelgroup.com〉

GMLRS 미사일의 금속 부품을 절삭가공(깎아서 모양을 만듦)하여 생산하는 모습. 회전축에 재료를 단단하게 물리고 고속으로 회전시키는 동시에 위쪽에서 금속을 깎아낼 공구를 아래로 내려 바깥 모양을 잡음. 〈http://www.klune.com〉

의 접지와 전자파 차단 등을 위해서는 껍데기에 해당하는 동체 부분 표면이 전류가 잘 흐를수록 유리하다.

미사일 동체 구성품 중 로켓 몸체 쪽은 알루미늄을 사용하기 어렵다. 알루미늄은 높은 온도에 약하기 때문이다. 보통 이 부분은 철강 계열 중에서도 특별히 튼튼한 말레이징강 계열을 사용한다. 다만 이렇게 튼튼한 금속은 속을 파내듯 깎아내는 식으로 가공하기 어렵기 때문에 기본적인 모양을 잡고 나서 고속으로 회전하는 롤러와 모양을 잡는 틀을 이용하여 모양을 뽑아내거나, 아니면 금속판을 원통형으로 둥글게 만 다음 이음새 부분을 용접하여 튜브 형태로 만든다.

또한 앞서 4장 로켓에 대한 설명에서 본 바와 같이 로켓 몸체를 복합재로 제작하기도 하는데, 이렇게 만들면 로켓 몸체를 훨씬 가볍게 만들 수 있다. 다만 복합재는 가격이 비싸고, 내부에 다른 구성품들이 조립되도록 정밀하게 만들려면 여러 어려움이 있기 때문에 아직 로켓 몸체 이

케이블 덕트(사진상 오른쪽 방향 동체에서 튀어나온 앞뒤로 긴 부분. 빨간색 점선 표시)가 튀어나와 있는 AIM-120 미사일 〈Public Domain〉

외의 동체 쪽 구성품 재료로는 잘 쓰이지 않는다.

한편 로켓 몸체 안쪽으로는 추진기관이 꽉 들어차 있다 보니 전선이 지나갈 수 없다. 그래서 로켓 뒤쪽에 있는 안테나나 작동기와 미사일 앞쪽 전자장치를 연결하는 전선이 지나갈 통로를 로켓 몸체 바깥쪽에 만들어줘야 한다. 이 부분은 보통 케이블 덕트cable duct라고 부르며 저속 미사일이라면 알루미늄을, 고속 미사일이라면 공기마찰에 의해 생기는 고온에도 잘 견디는 복합재를 사용하여 만든다.

또 일부 미사일은 비행 중 부스터나 로켓 부분, 혹은 미사일 앞쪽을 보호하던 덮개 등을 분리한다. 보통 이런 부분은 내부에 소량의 폭약이 들어 있는 폭발 볼트를 사용한다. 폭발 볼트는 전기 신호가 들어오면 내부 폭약이 터지는데, 이때의 충격으로 볼트의 정해진 부분이 정확히 절단

되게 되어 있다. 다만 이때의 충격이 큰 편이기 때문에 사용에 주의가 필요하다.

좀 더 충격이 덜한 분리 볼트라는 구조물도 있다. 분리 볼트는 이름 그대로 볼트의 머리 부분과 몸통 부분이 따로 분리되는 구조다. 이것도 화약의 힘을 이용하지만 폭발 볼트보다 훨씬 적은 양의 화약을 사용하며, 깨지는 방식이 아니라 화약의 힘에 의해 볼트 내부에서 머리와 몸통을 단단하게 잡고 있던 부분이 풀려서 분리되는 방식이다. 폭발 볼트보다 충격이 덜 하지만, 평소 버틸 수 있는 힘이 더 약하다는 단점이 있다.

또는 동체 특정 부분을 일부러 약간 약하게 만들고 그 안쪽에 폭약이 들어 있는 띠를 둘러놓기도 한다. 이것은 폭발 충격이 꽤 크지만, 폭발·분리 볼트 몇 개만으로 버틸 수 없는 구조물을 떼어내야 할 때 유용하다. 이 방식은 보통 대형 탄도미사일이 다 쓴 로켓 부분을 분리해낼 때 사용한다.

큰 힘을 견뎌야 하는 날개

미사일의 날개는 급기동을 할 때 굉장히 큰 힘을 받는다. 적 항공기를 쫓아가는 대공미사일 같은 부류는 급기동을 하게 되면 중력의 30~50배 가까운 원심력을 받는다. 그리고 그러한 원심력을 받도록 선회를 하려면 미사일이 원 밖으로 튕겨나가지 않도록 구심력을 만들어야 하는데, 그 구심력은 대부분 날개에서 나온다. 즉, 날개는 급기동 중 미사일 전체 무게의 30~50배 가까운 양력을 만들어내야 한다는 소리다.

미사일 날개는 이렇게 큰 힘을 내야 함에도 그 모양은 얇은 판 구조다. 그래서 미사일 날개가 휘어지지 않도록 만드는 것이 관건이다. 또 날개

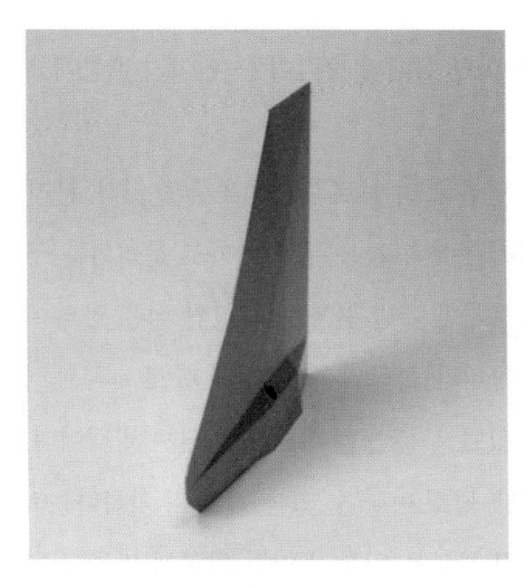

티타늄으로 제작된 AIM-9X 미사일의 꼬리날개
〈http://r2.aviationpros.com〉

는 보통 동체 부분에 나사, 리베팅riveting 혹은 용접 가공을 통해 동체와 단단히 조립되는 편이지만, 움직이는 조종날개의 경우에는 하나의 회전 축에만 고정되어야 하므로 날개와 축이 연결되는 부분을 특별히 더 튼튼하게 만들어야 한다.

일반적으로 마하 2~3 미만의 속도로 비행하는 미사일이라면 알루미늄 판재를 속을 따로 파내거나 하지 않고 그대로 가공하여 만든다. 그러나 마하 2~3 미만이라 하더라도 날개에 받는 힘이 지나치게 강할 경우, 그러면서도 날개 두께는 최대한 얇게 제작해야 할 경우에는 알루미늄 대신 티타늄을 사용하여 날개를 제작한다. 다만 티타늄은 대체로 알루미늄보다 소재 자체도 비쌀뿐더러 정밀하게 모양을 만들기 위해 가공하는 비용 역시 알루미늄을 쓸 때보다 더 비싸다.

티타늄 대신 철강 계열을 날개 소재로 쓰는 경우도 있다. 철강 계열은 티타늄보다 상대적으로 재료비가 쌀 뿐만 아니라 무게를 고려하지 않는다면 티타늄보다 더 튼튼하다. 또 비행속도가 상당히 빨라서 날개 표면 온도가 1,000도 이상 올라가게 된다면, 티타늄은 물질 특성이 급격히 변하여 강도가 크게 떨어지는 경향이 있다. 그래서 1,000도 이상의 온도에서는 티타늄보다 철강 계열이 구조물용 재료로 더 적합하다.

다만 티타늄이나 철강 계열 날개를 쓰는 경우에는 알루미늄에 비해 무게가 상당히 무거워질 수밖에 없다. 이 때문에 일단 속을 파내서 뼈대 구조를 만든 다음, 날개 외피 구조물을 별도로 부착하기도 한다. 그러나 중소형 미사일이나 고속으로 비행하는 미사일은 순항미사일의 대형 날개와 달리 워낙 얇은 모양이기 때문에 나사나 리벳rivet 등을 박을 공간이 없다. 그래서 날개 뼈대와 외피 구조물을 용접한다. 일반적으로 철강은 일반 환경에서도 용접이 되는 반면, 티타늄은 진공 상태에서 용접해야 하기 때문에 티타늄 날개를 제작할 때 재료 자체의 값이 비싼 점을 빼더라도 전체 제작비용이 더 비싸진다.

날개가 상대적으로 큰 순항미사일 종류는 탄소섬유 계열 복합재를 사용하여 가벼운 날개를 만들기도 한다. 순항미사일은 급기동을 하는 경우가 거의 없는 반면, 날개가 비교적 두꺼워도 비행 성능에 별 영향이 없기 때문에 굳이 금속재를 사용하여 엄청 단단하게 만들 필요가 없다. 이러한 섬유 계열 복합재는 재료를 틀 위에다가 놓고 열을 가하여 굳히는 방식이기 때문에 날개처럼 복잡한 유선형 모양을 만들기 유리하다는 장점도 있다.

금속 이외의 구조물들

미사일의 기체 구성품은 알루미늄을 비롯한 금속 계열로 많이 제작되지만, 일부 구성품은 금속 대신 다른 재료로 제작되기도 한다.

대표적으로 레이더와 안테나 등을 보호하는 구성품들이다. 미사일의 레이더 탐색기를 보호하는 구조물을 보통 레이돔radome이라 부르는데, 이 부분은 금속을 사용할 수 없다. 레이더 탐색기가 전파를 내보내거나 받아들여야 하는데, 금속 구조물은 전파를 막아버리기 때문이다. 하지만 이 부분은 미사일이 고속비행 시 큰 압력을 받으며, 온도 또한 굉장히 올라가는 부분이기 때문에 아무 소재나 사용할 수 없다.

전통적으로 많이 써온 레이돔 소재는 세라믹 계열이다. 세라믹은 고온에서도 튼튼한 강도를 유지하는 편인 데다가 섭씨 1,000도가 넘는 높은 온도에서 거의 팽창하거나 모양이 변하거나 하지 않는다. 게다가 전파도 잘 통과하는 편이다. 하지만 세라믹은 일종의 도자기이므로 쉽게 깨지는 성질이 있다. 즉, 고르게 힘을 받는 상황에서는 잘 버티지만, 좁은 면적에 힘을 받는 상황(이를테면 강한 힘으로 망치 같은 것으로 내리친다거나)에서는 깨져버린다. 이 때문에 제작할 때나 조립할 때, 그리고 군에서 정비할 때 상당히 조심해서 다뤄야 한다. 보통 정밀한 모양을 만들기 위해 일정한 모양으로 먼저 성형한 다음 추가로 표면을 깎아내는데, 이때 너무 큰 힘을 받아 깨지지 않도록 천천히 깎아내야 해서 제작 시간이 오래 걸리는 편이다.

유리섬유 등을 이용한 복합재도 레이돔으로 쓸 수 있는 소재 중 하나다. 이러한 복합재들은 세라믹보다 더 가볍고 제작비용도 상대적으로 저렴한 편이다. 다만 일반적으로 세라믹 계열보다 강한 압력이나 높은 온도에는 더 약한 편이므로 주로 마하 2~3 미만의 저속으로 비행하는 미사일의 레이돔으로 쓰인다.

낮은 고도에서도 마하 3, 4 이상으로 비행하는 지대공·함대공미사일은 기체 표면 온도가 수백 도 이상 달궈지기 때문에 동체의 금속 구조물을 보호하기 위해 별도의 복합재 외피를 한 겹 더 둘러싸기도 한다. 전투

유리섬유 계열 복합재로 제작된 미사일 레이돔 〈http://www.baesystems.com〉

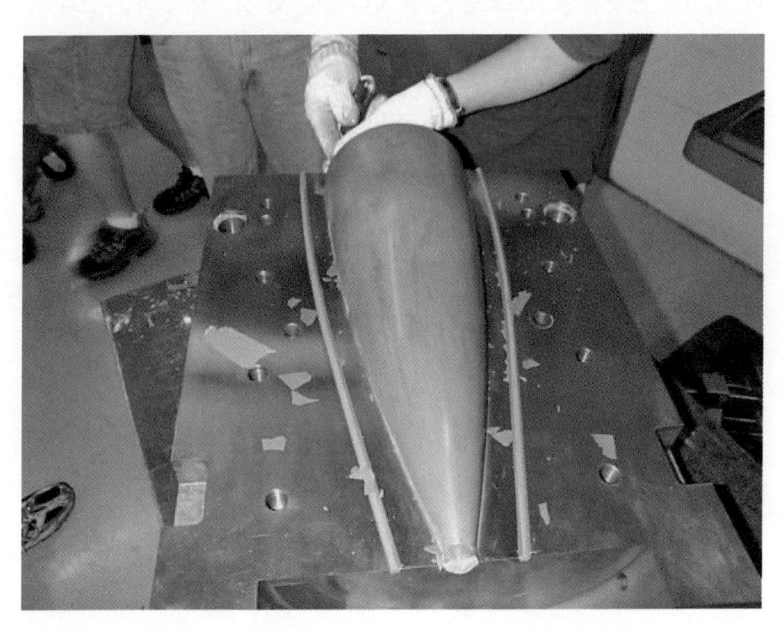

복합재 레이돔을 제작 후 모형을 잡는 틀에서 떼어내는 모습 〈http://www.atcmaterials.com〉

기들이 발사하는 공대공미사일들은 보통 고도 5~10km 이상에서 발사되기 때문에 공기밀도가 희박하여 온도 문제가 덜한 편이다. 그러나 지대공·함대공미사일은 공기가 더 진한 지상에서부터 마하 3, 4로 가속되기 때문에 기체 표면이 순식간에 수백 도로 달궈진다. 이렇게 높은 온도가 되면 금속 구조물이라 하더라도 견디기 어렵다. 또 수백 도의 온도를 금속 구조물 자체는 견디더라도 내부로 열이 전달되어 내부 전자장비들이 버틸 수 없게 된다. 이를 막기 위해 미사일 외피에는 단열용 복합재를 두르는데, 대표적인 것으로 실리콘 계열 섬유를 다른 플라스틱 소재로 굳힌 실리콘 강화 섬유 복합재가 있다.

이외에도 여러 가지 단열 소재가 있으나, 특이한 것으로 코르크가 있다. 미사일 단열재용 코르크는 방부 처리 등을 한 것으로 실리콘 강화 섬유보다도 훨씬 가벼우며, 가격도 싼 편이다. 코르크는 높은 온도와 빠른 속도에서 바깥 부분이 일종의 숯이 되는 탄화 현상이 생기는데, 이 숯이 된 가장 바깥쪽이 열을 상당 부분 막아준다. 그리고 빠른 속도로 인해 이 숯층이 조금씩 깎여나가는데, 이때 숯이 열을 머금고 깎여나가기 때문에 결과적으로 표면 온도가 올라가는 것을 막아준다. 미사일 단열재용 코르크라고는 해도 그 기본적인 특성은 일반 코르크와 다를 바 없다. 그래서 굉장히 무르기 때문에 조립이나 취급 중에 실수하면 코르크 부분이 망가지기 쉽고 모서리 부분이 부스러질 수 있다. 또 제작 전에 아무리 잘 건조시켜도 습기를 머금고 있다가 나중에 더 건조한 상황에서 곳곳이 약간씩 갈라지는 현상이 생길 수 있다.

기체의 최종 조립 과정

제작된 동체는 내부에 각종 구성품이 채워진 다음 최종 조립되어 완성된 미사일을 이룬다. 미사일 동체는 대체로 튜브 구조로 제작되는데, 하나의 몸체로 길게 만들면 내부의 구성품과 전선류를 사람이 조립할 수 없기 때문에 보통 몇 개의 동체로 분할되어 있다.

동체끼리 조립할 때 가장 많이 쓰는 방법은 나사를 이용한 조립이다. 보통 나사에 풀림 방지용 접착제 등을 바르고 바깥에서 작업자가 조립한다. 자동차나 다른 민간용품은 컨베이어 벨트와 로봇팔 등을 이용하여 자동화된 조립 공정을 갖추기도 하지만, 미사일은 대부분의 조립 작업을 사람이 직접 한다. 몇 만 대씩 생산되는 민간용품과 달리 미사일은 보통 많아야 몇 백에서 몇 천 발을 만들기 때문에 전용 생산 라인을 갖추는 비용에 비해서 얻는 이점이 없기 때문이다.

일부 소형 미사일은 나사 대신 클램프 링clamp ring 구조를 사용한다. 클램프 링 구조는 두 동체가 앞뒤로 만나는 지점 바깥 둘레에 홈을 판 다음, 이 홈에 맞물려 클램프 역할을 하는 링으로 바깥쪽을 감싸서 두 동체가 서로 고정되도록 하는 방식이다. 클램프 링 구조는 내부에 나사가 자리잡기 위한 나사홈(태핑)을 따로 팔 필요가 없고 클램프 링을 잡아주는 나사 한 개만 풀면 쉽게 분해할 수 있다. 그러나 미사일 표면을 매끈하게 만들기 어렵고, 일정 수준 이상의 힘을 견딜 수 없기 때문에 현재는 많이 쓰이는 방법은 아니다.

미사일의 조립이 끝나면 도색 작업을 한다. 현재 많이 쓰이는 도색 방식은 밑도장(프라이머)을 먼저 칠하고, 위에 다시 별도의 색이 나는 도장을 칠하는 것이다. 밑도장은 나중에 칠이 쉽게 벗겨지는 것을 막기 위해 바깥쪽 도장을 칠하기 전에 먼저 칠하는 것으로 누런 빛이 도는 밑도장

밑도장만 칠한 상태인 토마호크 미사일의 날개 〈http://jcmcorp.com〉

미사일의 일련번호와 각종 취급에 필요한 정보가 빼곡이 적혀 있는 AIM-120. 갈색 줄은 로켓이, 노란 줄은 탄두가 실제로 작동하는 실탄임을 의미한다. 〈http://1.bp.blogspot.com〉

도료를 많이 사용한다. 이 누런 빛의 정체는 크롬 계열 성분으로 알루미늄의 부식을 방지하는 효과가 있다. 최근에는 작업자 몸에 덜 해로운 크롬 성분으로 교체되어 청록색 계열 프라이머를 사용하기도 한다. 바깥쪽 도장은 보통 우레탄 계열 페인트를 많이 쓰는데, 흰색이나 회색 계열 도장이 주를 이룬다. 보통 미사일이 외부에 드러나 있지 않은 미사일들(발사 전에 발사관 안에 들어가 있는 것들)은 흰색 계열을, 그렇지 않고 평소에도 미사일이 외부에 노출되는 미사일은 위장색을 칠하거나 회색을 칠하여 적의 눈에 잘 보이지 않도록 한다. 한편 미사일 외부에는 미사일 자체의 일련번호, 모델 명칭, 정비나 취급 시 필요한 데이터 정보나 무게중심 위치 등에 대한 기호와 글자가 빼곡하게 적혀 있다.

MISSILE GUIDANCE & DRIVING DEVICES

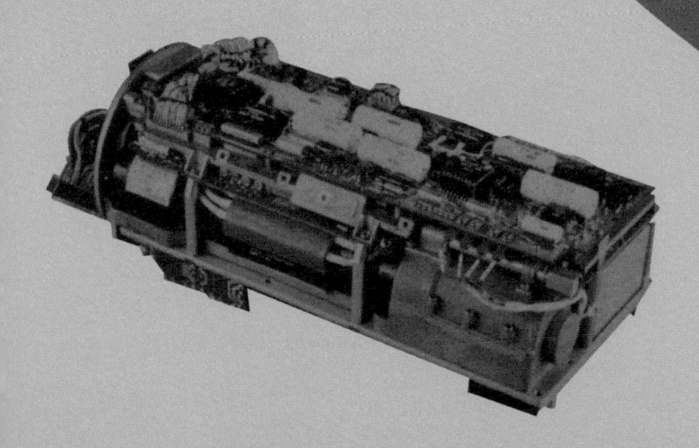

CHAPTER 10

유도장치와 구동장치

●●● 미사일은 표적을 쫓아가기 위해 여러 가지 전자장치를 갖추고 있다. 그중에서도 현재 미사일의 자세와 상태, 그리고 표적의 위치와 움직임을 종합하여 어떻게 쫓아갈지 결정하는 것이 유도장치다. 그렇게 유도장치가 미사일이 어떻게 움직일지 결정하면 구동장치를 이용하여 날개 및 다양한 작동장치를 움직여 미사일이 실제로 방향을 바꾸게 만든다. ●●●

미사일 속의 컴퓨터, 유도장치

현재 대부분의 미사일은 미사일 속의 컴퓨터라 할 수 있는 유도장치를 갖추고 있다. 이 유도장치는 미사일 유도 방식에 따라 조금씩 다르기는 하지만 기본적으로 외부의 정보를 각종 센서를 이용하여 확인한 다음 미사일이 어떤 경로로 날아가야 할지 결정하는 역할을 한다. 미사일 자신은 물론 경우에 따라 표적도 끊임없이 움직이고 있으므로 이 계산 과정은 미사일 유도장치가 작동한 순간부터 실시간으로 계속 이어진다.

유도장치 내부에는 크게 컴퓨터의 CPU에 해당하는 부분을 비롯한 여러 전자부품들과, 이것들을 전기적으로 연결하여 실제 회로를 만들어주는 인쇄회로기판PCB이 들어 있다. 보통 미사일 내부 공간은 비좁기 때문에 하나의 큰 인쇄회로기판을 사용하지 못하고 여러 장의 인쇄회로기판을 기능별로, 혹은 부품 크기에 맞춰 만든다. 이 때문에 마치 컴퓨터의 마더보드처럼 각 인쇄회로기판끼리 연결해주는 별도의 회로기판이 또 필요하다.

보통 CPU의 속도를 동작속도, 즉 몇 GHz인가 등으로 표현하는데, 미사일 속에 들어가는 CPU의 속도는 일반 개인용 컴퓨터와 비교하면 그렇게 빠른 편은 아니다. 하지만 어차피 미사일 속 CPU는 실시간으로 물리적·공학적 계산을 할 뿐 용량 부담이 큰 그래픽 처리를 한다거나, 여러 소프트웨어를 동시에 돌린다거나 하는 일이 없기 때문에 이 정도 속도로도 성능에 별 영향은 없다. 대신 미사일의 CPU는 여러 험한 환경에서도 정상작동해야 한다. 미사일 내부의 비좁은 공간 탓에 미사일용 CPU는 냉각팬이나 큰 방열판을 달 수 없음에도 낮게는 영하 30도, 높게는 영상 50도 이상의 온도를 버텨야 한다. 또한 실내에 가만히 놓여 있는 일반 컴퓨터의 CPU와 달리 미사일의 CPU는 미사일 급기동 중 반

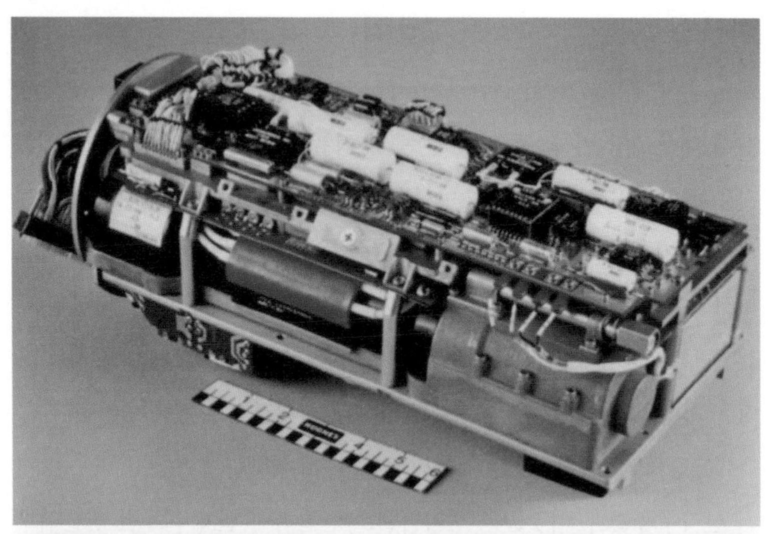

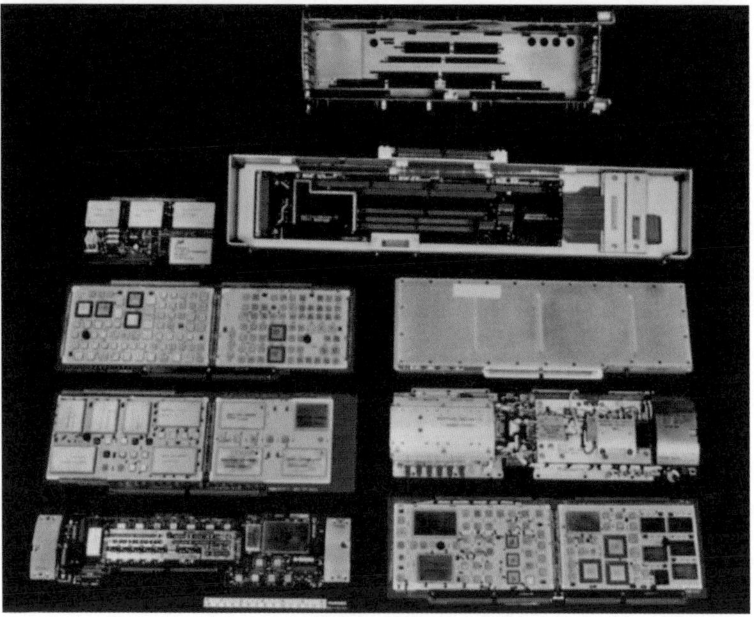

AIM-120A 미사일의 유도장치(위)와 그 속에 들어 있는 회로기판들(아래) <http://www.ausairpower.net>

는 큰 원심력과 진동, 충격에도 견뎌야 한다.

미사일 유도장치는 CPU 이외에 FPGAFiled Programmable Gate Array라는 칩을 함께 사용하는데, 이것은 여러 신호가 오가는 것을 사용자가 임의로 수정할 수 있게 만든 일종의 가변형 회로다. FPGA는 일반적으로 전용 회로보다는 처리 속도가 느리지만, 나중에 프로그램만 바꾸면 그 회로 자체를 쉽게 수정할 수 있기 때문에 미사일 개발 과정에서 오류를 바로잡기 좋다. 또한 개발이 끝나고 군에 전력화된 뒤에도 추가로 기능을 넣거나 나중에 뒤늦게 발견된 오류를 수정할 수 있어서 현재 미사일에 많이 쓰이는 추세다.

한편 유도장치는 굉장히 다양한 장치들과 맞물려야 한다. 이를테면 탐색기, 구동장치, 관성측정장치, 데이터 지령 송수신 장치나 근접신관 장치 등과 맞물려서 이것들이 보내오는 정보를 토대로 유도에 필요한 계산을 해야 하거나 미사일이 계산 결과대로 움직이도록 신호를 보낸다. 이 때문에 유도조종장치에는 신호의 입출력을 전담하는 회로기판이 따로 들어가는 경우가 많으며, 이 회로기판에는 여러 컨넥터가 빼곡하게 들어가 있다.

이 컨넥터들은 보통 군 규격으로 만들어지는데, 높거나 낮은 온도와 강한 진동 및 충격에도 잘 버텨야 하며 특히 외부의 전자파 간섭에 의해 전기 신호에 잡음이 끼거나 하는 것을 막아줘야 한다. 이렇게 미사일에 들어가는 컨넥터들은 높은 성능이 필요하지만 정작 군용이나 일부 험한 산업 현장 또는 특별히 안전이 요구되는 항공기용 부품 외에는 이러한 컨넥터를 쓰는 곳이 없다 보니 대체로 소량 생산된다. 이 때문에 손가락 한두 마디만한 작은 크기인 데다가, 연결 기능 이외에는 별 다른 기능이 없는 컨넥터인데도 이것의 1개당 가격이 10~20만 원이 넘는 경우가 흔하다.

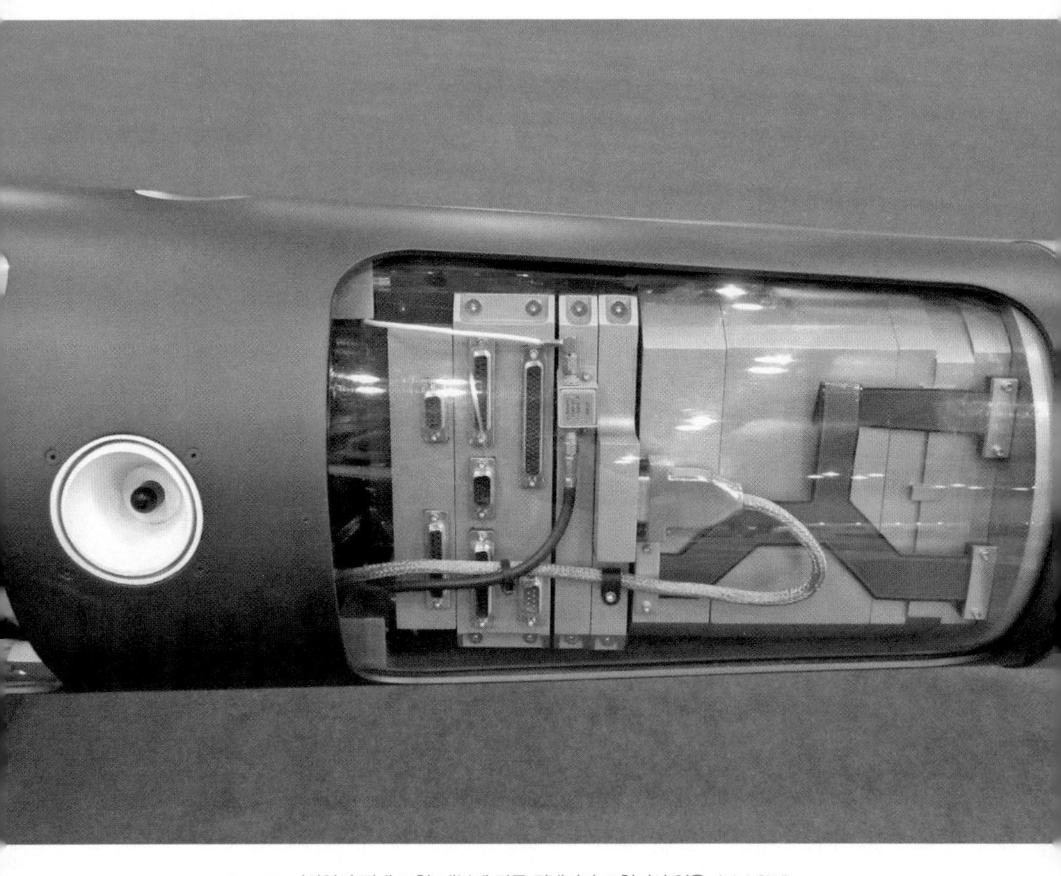

THAAD 미사일의 절개 모형. 내부에 각종 컨넥터가 표현되어 있음. 〈저자 촬영〉

유도장치에서 또 한 가지 중요한 것은 전자파 간섭 문제다. 일상생활에서 전자파 때문에 불편을 겪을 만한 일이라고는 헤어드라이어기를 켰을 때 구형 아날로그 TV나 라디오 같은 것에 잡음이 끼는 정도뿐이다. 하지만 0.1초, 0.01초 차이로 성능이 판가름 나는 미사일에서는 전자파 간섭 때문에 아주 잠깐이라도 신호에 일정 수준 이상의 큰 잡음이 끼거나 해서는 안 된다. 이 때문에 기본적으로—다른 일상생활의 전자장치도 비슷하지만— 전자장치들은 접지를 시켜서 잡음 신호가 내부에 영향을 주지 못하도록 한다. 다만 미사일은 허공에 날아가는 도중에는 땅에 접지시킬 수 없으므로 미사일 동체와 접지되도록 전기적으로 연결된다. 이때 유도장치와 동체 사이에 별도의 접지선을 물리거나 하는 것은 아니다. 유도장치를 감싸는 케이스에 전기가 잘 통하는 크로메이트 계열 도금 처리를 하여 케이스 내부의 회로기판에서 동체까지 전기적으로 연결되도록 만든다. 또 유도장치에서 뻗어나와 각종 센서와 구동장치에 연결되는 복잡한 배선들은 단순 고무재질 피복으로 감싸는 것이 아니라 전자파 간섭을 차단하기 위해 내부에 추가로 전기가 통하는 속껍질을 한 번 더 둘러싸는 식으로 전자파 간섭 방지 처리가 되어 있다. 회로기판 자체에서도 외부의 잡음 등이 영향을 주지 않도록 여러 전기소자 등을 이용, 잡음을 제거해주는 일종의 필터 기능이 들어가 있다.

미사일의 전력공급장치

미사일의 유도장치는 결국 전기장치이므로 작동하려면 전력 공급이 필요하다. 미사일에 일반적인 전지는 쓰기 어려운데, 방전의 위험 때문이다. 미사일은 보관 상태로 10년 이상 가만히 있다가도 필요하면 그 즉시 발사되어야 하는데, 일반 전지는 보관 상태에서 방전되어버릴 수 있기 때문에 미사일에 쓰기 어렵다. 이 때문에 구형 미사일은 그 내부에 전기를 만드는 전력장치를 두었다. 전력장치의 동력은 보통 별도의 고체연료 같은 것이며 이 연료는 외부 신호에 의해 일단 불이 붙으면 고온·고압의 가스를 내면서 타들어간다. 그리고 이 가스는 일종의 발전기를 돌려 전기를 만들었다. 하지만 이 방식은 열이 지나치게 많이 발생해서 주변 장비에 영향을 주지 않도록 신경 써야 했으며, 발전기를 돌린 가스가 미사일 바깥쪽으로 잘 빠져나가도록 배출구도 따로 마련해줘야 했다. 그래서 현재는 그리 자주 쓰이는 방식은 아니다.

현재 미사일이 많이 쓰는 전력발생장치는 열전지다. 전지가 전기를 만들기 위해서는 음극과 양극 역할을 하는 소재 사이에 이온을 옮겨주는 액체 형태의 전해질이 필요하다. 그런데 열전지는 이 전해질이 평소 고체 상태를 유지하기 때문에 전력을 만들어내거나 하지 않고 방전되지도 않는다. 그러나 전기가 필요한 순간 열전지 내부에 있는 일종의 소형 폭약인 착화기를 터뜨리면 그 열로 인해 전해질이 화학반응을 하며 높은 온도를 내면서 녹아내리고 전기를 만들어내기 시작한다. 이처럼 열전지는 평소 방전 문제가 없으며, 최대 10년 이상 보관 상태를 유지할 수 있다. 다만 열전지는 작동 과정에서 높은 열이 나기 때문에 이를 미사일 내부에 배치할 때 주변 전자장치나 전기배선에 영향을 주지 않도록 위치에 신경써야 한다. 또 착화기를 터뜨리기 위해 처음 한 번은 외부에서 전기 신호를 줘야 한다. 마지막으로 열전지는 실제 작동시키기 전까지는 제대로 전력을 만들어내는지 아닌지 확인할 수 없는 반면, 일단 한 번 작동시키면 중단시키거나 되돌릴 수 없는 일회용이기 때문에 실제로 써보기 전까지는 불량품인지 아닌지 확인할 방법이 없다. 그래서 보통 여러 개를 동시에 만들어 샘플 검사를 해서 신뢰성을 입증해야 한다.

유도장치의 소프트웨어

개인용 컴퓨터에는 윈도우나 리눅스 같은 운영 소프트웨어가 있어야 하며, 이것이 없으면 일반 프로그램을 메모리나 디스크에 저장해봐야 쓸 수가 없다. 아니, 운영체제가 없으면 그 저장이라는 과정 자체가 거의 불가능하다. 유도장치도 일종의 컴퓨터이기 때문에 각종 계산을 위한 소프트웨어뿐만 아니라 그 소프트웨어들이 유도조종장치의 CPU나 메모리를 이용하여 계산하고 신호를 내보내거나 받아들이도록 하는 운영용 소프트웨어가 들어간다. 다만 개인용 컴퓨터의 운영 소프트웨어는 사람이 프로그램을 사용하고 상태를 확인하기 위해 모니터로 내용을 보여주고, 키보드나 마우스로 입력을 받아야 한다.

하지만 미사일의 운영 소프트웨어는 이러한 과정이 필요 없다. 대신 다양한 계산용 프로그램들이 거의 동시에 실시간으로 돌아가야 한다. 이 때문에 일종의 제한 시간을 정해놓고 각 프로그램이 CPU와 메모리를 이용하여 계산을 하고, 만약 제한 시간 내에 계산을 다 못 할 경우 우선순위가 더 높은 프로그램이 먼저 계산 과정을 수행하도록 하는 등의 일을 해야 한다.

이 때문에 미사일은 실시간 운영 체제RTOS, Real Time Operating System라는 부류의 운영 소프트웨어를 사용한다. 과거에는 미사일이나 개발사별로 별도의 운영 체제를 사용하기도 했으나, 현재는 상용화된 실시간 운영 체제를 구매하여 그대로, 혹은 필요에 맞춰 약간 변형하여 사용한다. 다만 운영 소프트웨어 이외에 실제 유도 과정을 계산하는 소프트웨어는

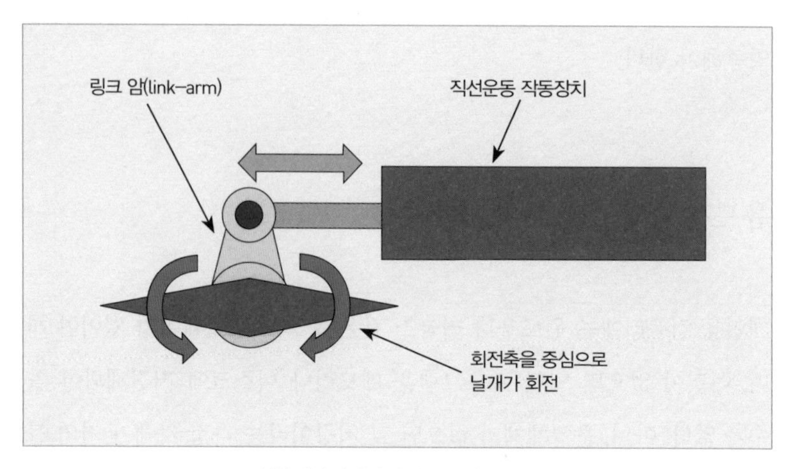

일반적인 미사일 날개 구동장치 구성

보통 필요에 맞춰 개발자들이 직접 작성한다. 예전에는 국방규격 소프트웨어인 ADA나 실행 속도가 매우 빠른 어셈블리어 등을 사용했지만, 현재는 적당히 동작 속도가 빠르면서도 프로그램 작성이 쉬운 C언어 계열이 널리 쓰이는 추세다.

미사일을 움직이는 힘, 구동장치

유도장치가 미사일의 비행경로를 결정했다면, 조종날개나 기타 장치를 움직여 미사일의 비행경로를 바꿔야 한다. 이 역할은 미사일의 구동장치가 맡는다. 보통 미사일의 비행경로 변경은 조종날개를 이용하는데, 날개를 움직이는 힘을 무엇으로 만들어내는가가 관건이다. 현재 대형 미사일 종류에는 유압장치가, 소형 미사일 종류에는 전기모터가 많이 쓰인다.

유압장치는 보통 압축성이 거의 없는 기름인 작동유라는 것에 높은 압력을 가하는 방식이다. 비행기나 공사용 중장비 등에도 많이 쓰이며

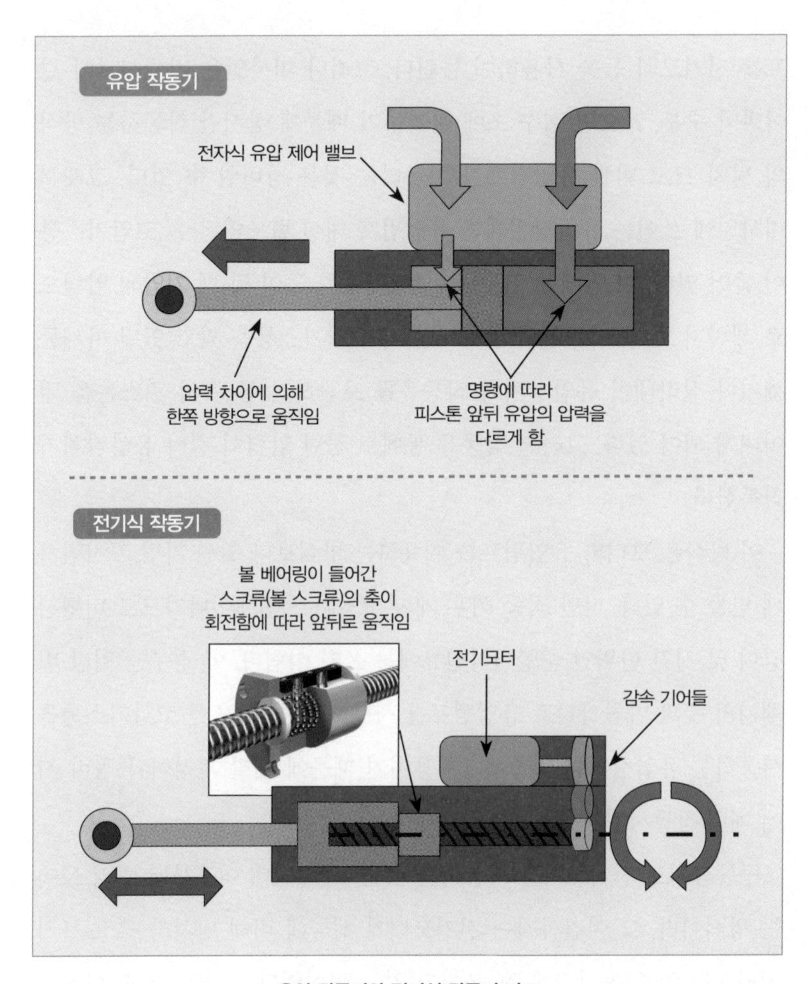

유압 작동기와 전기식 작동기 비교

자동차의 파워 핸들도 일종의 유압을 이용한 장치다. 보통 유압장치는 높은 압력의 작동유가 피스톤을 밀어내서 힘을 내는 방식이며, 그 피스톤에 들어가는 유압의 양은 별도의 전기제어식 밸브로 조절된다. 이 밸브는 피스톤 앞뒤로 작동유가 들어가는 양을 달리하여 피스톤의 힘뿐만 아니라 움직이는 방향까지도 조절해준다.

비행기나 중장비들의 유압장치는 작동유에 압력을 걸어주는 유압펌프를 전기모터 등을 사용하여 돌린다. 그러나 미사일은 비행시간이 길어봐야 수분, 짧으면 십수 초에 불과하기 때문에 장시간 작동하는 방식의 덩치 크고 비싼 유압펌프를 사용하는 것은 낭비일 수 있다. 그래서 미사일에 쓰이는 유압장치에는 유압펌프 대신 별도의 작은 고압가스통이 들어 있다. 이 안에는 질소나 아르곤, 헬륨 등이 몇 백 기압의 압력으로 채워져 있다. 미사일이 발사되면 이 고압가스통을 막고 있던 마개를 깨거나 잘라내어 유압장치의 작동유를 보관하는 통 속의 피스톤을 밀어내게 되어 있다. 그러면 작동유 통에도 강한 압력이 걸려 유압장치가 작동한다.

이 방식은 모터와 유압펌프를 이용하는 방식보다 훨씬 가볍고 저렴하게 만들 수 있다. 다만 작동 이후 계속 고압가스가 새어나가므로 비행시간이 몇 시간 단위인 순항미사일류에는 쓰기 어렵다. 이 경우는 일반 비행기의 것과 마찬가지로 유압펌프를 사용해야 한다. 또한 고압가스통을 사용하는 유압장치는 일종의 1회용이기 때문에 개발 과정이나 정비 시에 매번 작동시킬 수 없다.

구동장치로 전기모터를 사용하는 것은 1990년대 이후부터 널리 쓰이는 방식이다. 그 이전까지는 전기모터가 성능에 비해 덩치가 크고 무거워서 미사일 구동장치에 잘 쓰이지 않는 편이었다. 그러나 기술 발전에 힘입어 현재는 전기모터 방식이 유압장치보다 전체 구동장치를 소형화하기 좋으며, 내부에 복잡하고 무거운 고압 유압배관 등을 설치할 필요가 없기 때문에 전체 미사일 설계 관점에서도 유리하다. 더불어 반응 속도가 매우 빠르기 때문에 고속·정밀 기동을 하는 미사일의 구동장치 설계 시 전기모터 방식이 유리하다. 또 외부에서 전력만 공급해주면 되므로 개발이나 정비 시 점검하기도 쉽다. 다만 큰 힘을 내야 할 경우 모터 자체가 유압장치 수준으로 커지는 경우가 많다. 또 큰 힘을 내려면 더 큰

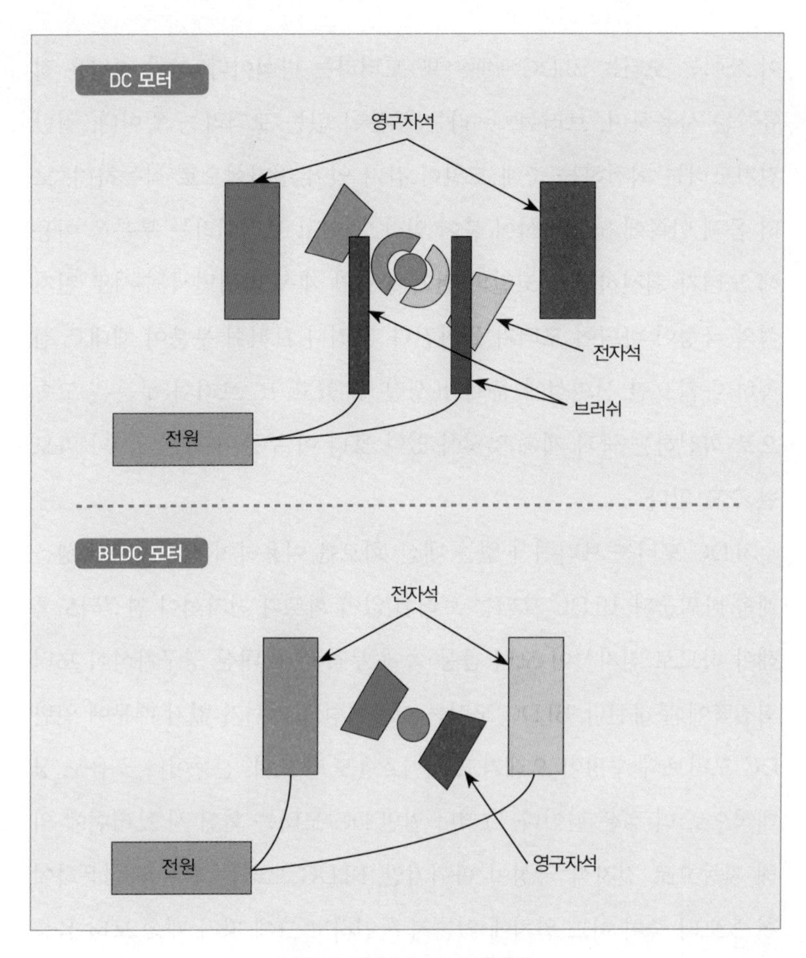

일반 DC 모터와 BLDC 모터 비교

전력장치가 필요한데, 일정 수준을 넘어가면 매우 큰 열전지가 다수 필요할 수도 있다. 이렇게 되면 오히려 유압장치를 사용하는 것과 비교 시, 전체 미사일 측면에서 무게나 공간효율이 안 좋을 수 있으므로 대형 미사일, 혹은 높은 힘이 필요한 구동장치용으로는 전기모터 방식보다 유압장치 방식이 많이 쓰이는 편이다.

전기모터는 작동 전류에 따라 여러 방식이 있는데, 현재 미사일에 많이 쓰이는 모터는 BLDC Blushless DC 모터라는 방식이다. 전기 전원은 직류DC를 사용하며, 브러쉬brush라는 부분이 없는 모터라는 뜻이다. 일반 전기모터는 회전하는 축에 코일이 감겨 있어 전자석으로 작동하며, 모터 몸체 안쪽에 영구자석이 붙어 있다. 그리고 브러쉬라는 부분을 이용해 모터가 회전하면서 코일의 전기 통로가 계속 바뀌면서 수시로 전자석의 극성이 바뀌어 모터가 돌아간다. 그러나 브러쉬 부분이 제대로 접촉하지 않으면 신뢰성에 문제가 생길 수 있고, 또 브러쉬 부분은 고속으로 회전하는 축과 계속 맞닿아 있다 보니 이 부분이 파손되거나 마모될 수도 있다.

BLDC 모터는 브러쉬가 없는 대신, 회로를 이용하여 전자석의 극성을 계속 바꿔준다. BLDC 모터는 브러쉬 없이 회로와 전자석이 연결되도록 해야 하므로 전자석이 모터 몸통 쪽에 부착되며, 대신 영구자석이 모터 회전축에 부착된다. BLDC 모터는 이름처럼 브러쉬가 없기 때문에 일반 DC 모터보다 수명이 오래가고 전기효율도 좋으며, 진동이나 소음도 상대적으로 더 적은 편이다. 그러나 일반 DC 모터는 회전 시 브러쉬에 의해 자동으로 전자석 극성이 바뀌지만, BLDC 모터는 센서를 이용하여 현재 모터 축이 어느 위치에 있는지 확인하고 그에 따라 계속 모터 몸통 쪽의 전자석을 바꿔주는 별도의 회로가 필요하다.

1990년대 이전까지는 소형 미사일의 구동장치로 공압장치를 사용하기도 했다. 미사일 내부에 별도의 고압가스통을 두거나, 혹은 앞서 전력공급장치에서 설명한 고체연료를 태워 만든 고압가스를 이용해서 피스톤을 밀거나 당겼다. 이 방식은 현재의 전기모터 방식에 비하면 반응속도가 느리다. 특히 정밀제어가 어려운데, 공압밸브를 정확히 조절하는 것이 어렵기 때문에 사실상 온On·오프Off만 가능했다. 즉, 대다수의 공압방식 구동장치는 작동 시 무조건 중립이거나, 혹은 무조건 최대값으로 움직이거나 둘 중 하나만 가능했다. 이 때문에 전기모터 방식이 대세가 된 현재는 잘 쓰이지 않는 방식이다.

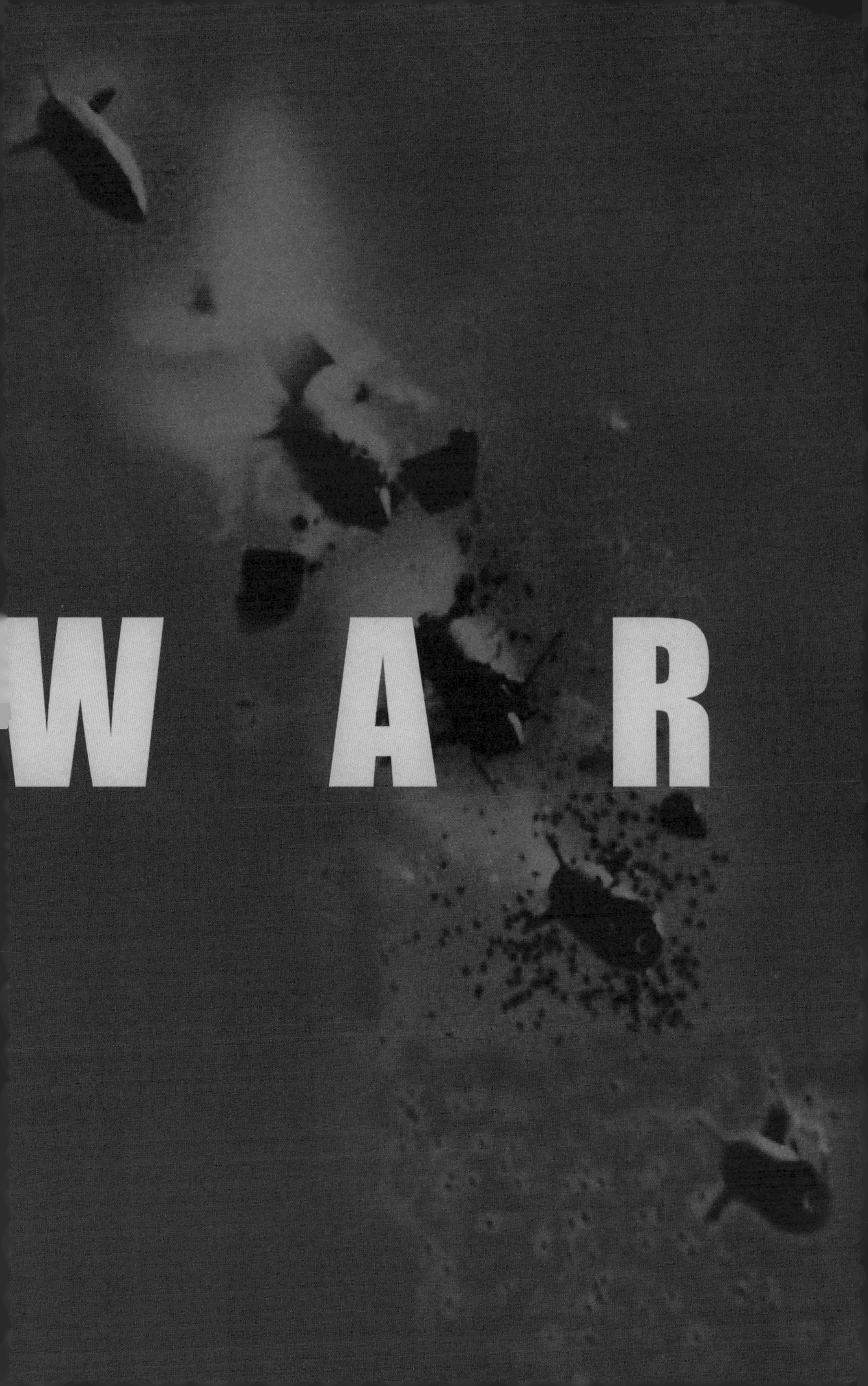

W A R

CHAPTER 11

탄두 1:

탄두의 구성

HEAD

●●● 미사일의 최종적인 임무는 표적을 완전히 파괴하거나 큰 피해를 주는 것이다. 그렇기 때문에 대부분의 경우 미사일이 단순히 표적에 명중하는 것만으로는 의미가 없으며, 최종적으로 폭발해야 한다. 이 폭발을 책임지는 부분이 바로 탄두(彈頭, warhead)다. 머리(頭, head)라는 말에서 알 수 있듯이 탄두는 미사일(혹은 폭탄이나 포탄)에서 가장 중요한 부분이라 할 수 있다. 이 장에서는 미사일의 탄두에 대해 알아보고자 한다. ●●●

탄두에 들어 있는 폭약

미사일의 탄두는 표적에 피해를 주기 위해 폭발을 담당하는 부분이다. 현재 대부분의 미사일은 탄두의 폭발을 위해 폭약(화약)을 사용한다. 폭약은 어떠한 이유에서건 일단 반응을 하게 되면 아주 짧은 시간에 엄청난 속도로 연소한다. 폭약은 이러한 급격한 연소를 통해 순간적으로 엄청난 압력과 온도의 가스로 변하는데, 이것이 흔히 말하는 폭발이다. 만약 그 압력이 그대로 사방으로 퍼진다면 공기를 타고 순간적으로 압력이 전달되어 주변에 사물들을 강한 힘으로 밀쳐낸다. 또한 폭약 주변에 파편을 같이 넣어두거나 파편 역할을 할 케이스를 씌워두면 폭발의 힘으로 파편들이 총탄보다도 빠른 속도로 사방으로 퍼져나가 주변에 피해를 준다.

미사일의 탄두를 지상에서 시험하는 장면 〈Public Domain〉

흑색화약부터 현대의 폭약까지

인류가 군용으로 널리 쓴 최초의 폭약은 흑색화약이다. 그리고 인류가 폭약을 쓰기 시작한 이래 거의 대부분의 기간 동안 군용 폭약은 흑색화약이 주류 자리를 차지했다. 흑색화약은 초석(염초), 숯, 그리고 유황을 섞어 만든다. 흑색화약은 이름처럼 검은빛이 나는데 이는 그 안에 숯이 섞여 있기 때문이다. 우리나라는 고려 말엽 처음 중국으로부터 화약을 들여왔으나, 중국이 그 제조 비법만은 알려주지 않았다. 지금으로 치자면 최고급 군사기술이었기 때문이다.

고려 역시 흑색화약의 재료가 초석, 숯, 유황이라는 것은 알고 있었으나, 문제는 초석의 제조 비법이었다. 초석은 지금은 질산칼륨이라 부르는 질소, 산소 및 칼륨이 결합한 화학물질이다. 화학식이 KNO_3인 것에서 알 수 있듯이 자체적으로 많은 산소 원소(O_3)를 함유하고 있다. 흑색화약에 불이 붙으면 초석의 산소가 숯과 유황에 다량의 산소를 공급하여 연소 과정이 폭발적으로 일어나게 한다. 고려 말엽 최무선이 중국이 가르쳐주지 않으려던 화약 제조 비법을 알아내려 할 때 가장 고민한 부분이 이 초석의 제조 비법이었다. 고려 말엽에서 조선 초기에는 오래된 집의 담 밑이나 아궁이, 마루 밑에 있던 흙을 긁어모아 다시 여러 과정을 거쳐 정제하여 초석을 얻었는데, 사실 여기에는 오랜 세월에 걸쳐 쥐 같은 동물이나 어린 아이들이 싼 오줌이 묻어 있어서 그랬다는 의견도 있다. 사람이나 동물의 오줌 속에는 다량의 질소 화합물이 들어 있기 때문이다.

중국에서 개발된 흑색화약은 고려뿐만 아니라 일본이나 유럽 등으로도 퍼져나갔으며, 각 나라마다 자신들의 사정에 맞춰서 그 제조 방법이나 구성 성분을 약간씩 달리하여 사용했다. 조선시대에는 조선 전통 방

이름과 같이 검은색인 흑색화약 〈Public Domain〉

식 배합인 것을 그냥 화약이라고 불렀고, 이외에 일본식 배합을 왜약, 중국식 배합을 명화약이라고 불렀다. 화약은 일반 총통(대포)에, 왜약은 조총에, 명화약은 신기전에 주로 썼다고 한다.

흑색화약은 현대의 화약류와 비교 시 무게에 비하면 위력은 약한 편이고, 불발 확률이 높은 데다가 다량의 연기를 만들기 때문에 불편한 점이 많았다. 19세기 말엽 유럽에서는 기술의 발전 덕분에 니트로셀룰로오스나 니트로글리세린과 같은 질산염 화학물질(니트로=질소화합물)을 대량생산할 수 있게 되었다. 이 화학물질들을 적절히 처리하면 흑색화약보다 더 위력적인 폭발물을 만들 수 있다. 특히 새로운 화약은 흑색화약에 비해 연기가 많이 나지 않았기 때문에 무연화약이라고 불렸다.

이후 20세기에 들어서는 화약(폭약)의 대명사인 트리니트로톨루엔 trinitrotoluene, 즉 TNT가 화약계에서 주류를 이룬다. 본래 TNT는 19세기 말엽에 독일에서 처음 합성되었으나, 합성 목적이 화약이 아니라 노란색 염색 작업을 위한 물질을 얻기 위한 것이었기 때문에, TNT는 처음 등장

노란색 고체 물질 상태인 TNT 〈CC BY-SA 3.0 / Daniel Grohmann〉

한 지 약 30년이 지난 뒤에야 본격적인 화약으로 쓰이기 시작했다. 이후 TNT는 화약의 대명사가 되어 지금도 영화나 만화에서 '화약' 하면 먼저 떠오르는 것이 큼지막하게 적혀 있는 'TNT'라는 글자다.

또한 폭탄의 폭발력을 계산하는 단위인 TNT톤은 그 폭탄의 폭발력이 TNT의 몇 배에 해당하는가를 뜻한다. 이를테면 1TNT톤의 폭발력이라는 것은 TNT 1톤을 모아놓고 한 번에 터뜨린 수준의 위력이라는 의미다. 하지만 20세기 중반 이후에는 TNT가 주력 군용 폭약 자리에서 물러나고, 대신 군용 화약으로 RDXResearch Department Explosive(단어 의미 자체는 연구부서 폭발물. 기밀을 위해 지은 이름이 현재까지 폭약 자체의 이름으로 굳어버림), HMXHigh-velocity Military eXplosive(군용 고폭약) 등이 등장한다.

TNT 500톤이 한 번에 터진 장면. 미국은 1965년 핵폭발이 군함에 미치는 영향을 확인하기 위해 실제 핵폭탄 대신 TNT 500톤을 이용하여 실험을 진행했다. 〈Public Domain〉

미사일 탄두의 폭약이 갖춰야 할 조건

위력

미사일의 탄두에 들어갈 폭약은 그 위력이 강할수록 좋다. 미사일 탄두의 크기는 한정적이기 때문에 여기에 들어갈 수 있는 폭약의 양도 적다. 그러므로 미사일에는 가능한 한 적은 양으로도 강한 위력을 낼 수 있는 폭약이 필요하다.

폭약이 위력이 강하려면 반응속도가 매우 빨라야 한다. 폭약 뭉치가 그 뒷면에 충격을 받아서 화학반응을 시작했는데 앞쪽 뭉치는 한참이 지나서 화학반응을 시작하면 폭약으로서의 의미가 없다. 이렇게 폭약 자체에서 폭발이 전파되는 속도를 폭발속도라고 부르는데, 보통 1,000m/s~2,000m/s 정도(1초당 1,000~2,000m의 속도로 전파됨) 이상의 폭발속도를 내는 폭약을 고폭약이라 부른다. 흑색화약의 폭발속도가 대략 400m/s인 것에 반하여 대표적인 고폭약인 TNT는 폭발속도가 6,900m/s, RDX는 8,750m/s, HMX는 9,400m/s에 달한다. 위력을 나타내는 지표로는 폭발속도 이외에도 폭발에 의해 발생하는 압력이나 에너지를 사용하기도 한다. 그리고 약간의 예외를 제외하면 일반적으로는 폭발속도가 빠르면 폭발압력이나 폭발에너지 또한 크다.

둔감성

탄두는 일단 이를 터뜨리는 기폭장치인 신관이 작동하면 강력한 폭발력으로 표적을 확실히 파괴해야 한다. 하지만 반대로 신관이 작동하지 않았다면 탄두는 외부의 충격이나 화재에도 폭발하지 않아야 한다. 이를 민감하지 않은 특성이라 하여 탄두의 둔감성이라고 부른다. 둔감성을 높이려면 탄두 몸체 자체가 내부에 들어 있는 폭약을 외부의 충격이나 열로부터 보호해줘야 하지만, 여기에는 한계가 있기 마련이므로 결국 탄두에 들어 있는 폭약 자체가 둔감해야 한다.

역사적으로 보아도 적의 공격이나 화재로 인해 아군의 탄두가 의도치 않게 폭발하여 2차 폭발을 일으켜 피해가 더 커진 사례가 많으며, 각 군은 이 때문에 탄두의 성능 못지않게 둔감성에 대해서도 심혈을 기울인다. 심지어 신형 폭약이 기존 폭약보다 더 우수한 폭발 성능을 갖고 있음에도 둔감성이 떨어져서, 즉 너무 쉽게 폭발해서 군에서 채용하지 않는 경우도 있다.

보통 순수한 폭약은 민감한 편이기 때문에 이것을 다시 다른 물질과 섞어 둔감하게 만들기도 한다. 대표적인 경우가 노벨의 다이너마이트dynamite로, 노벨은 쉽게 폭발하는 위험물질인 니트로글리세린을 규조토, 즉 흙과 섞어서 웬만한 충격에도 폭발하지 않는 둔감한 폭약을 만들었다. 현대의 폭약도 다양한 첨가물을 섞어 둔감성을 높인다.

미사일 개발자들은 탄두(폭약뿐만 아니라 그것을 담고 있는 케이스와 관련 부속품 모두를 조립한 상태)를 개발하고 나면 이것의 둔감성이 원하는 만큼 나오는지 확인하기 위해 여러 가지 시험을 한다. 여기에 대해서는 군에 따라 별도의 규격이 정해져 있는데 그 테스트 항목은 생각보다 과격하다. 10m 이상 높이에서 탄두를 철판 바닥에 떨어뜨리는 낙하시험부터 탄두 주변에 직접 휘발유를 붓고 불을 붙이는 화재시험도 있다. 심지어 탄두에 직접 대구경 총탄(12.7mm급)을 쏘아보고, 옆에서 다른 탄두를 폭발시키고 근처에 벼락이 떨어진 것과 같은 조건을 만들어 정전기나 전기에 의해 탄두가 폭발하는지도 확인한다. 일반적으로 낙하시험이나 전기방전시험에 대해서는 탄두가 아예 반응하지 않으며 화재시험 시에는 그냥 플라스틱이 타듯이 폭약이 타 들어갈 뿐 폭발로 이어지지는 않는다. 총탄에 맞거나 파편에 맞을 때도 그냥 충격으로 인해 깨져나가거나

❶, ❷ 탄두 고속연소시험. 탄두는 구성품 일부만 남긴 채 타버렸으나 폭발하지는 않음.
❸, ❹ 탄두 총탄피격시험. 12.7mm 기관총탄이 탄두를 관통했으나 화약과 구성품이 깨졌을 뿐, 폭발하지 않음.

약간의 폭발로 반응할 뿐 완전히 폭발해버리지 않는다.

기타 여러 가지 조건들

미사일 탄두에 들어갈 폭약이 갖춰야 할 또 다른 조건으로 밀도가 있다. 기본적으로 밀도가 클수록 폭약의 위력 또한 높아지지만, 한편으로 밀도가 높다는 말은 같은 무게여도 더 작은 공간을 차지한다는 뜻이다. 일반적으로 폭발력은 폭약의 부피가 아니라 무게에 의해 결정되므로 밀도가 큰 화약이 탄두 전체 크기를 줄일 수 있어 미사일용으로 적합하다.

폭약이 얼마나 가공하기 쉬운가도 중요하다. 탄두에 들어가는 폭약은 대체로 특정한 용기 안에 집어넣게 되는데, 폭약이 탄두 안에 채워넣기 어렵다면 제대로 된 탄두를 만들 수 없다. 보통의 폭약은 걸쭉한 상태로 용기 안에 채워진 다음 여러 가지 방법으로 단단하게 굳혀진다. 경우에 따라서는 탄두 제작자들이 폭약을 좀 더 높은 밀도로 채워넣기 위해 강한 압력으로 압착을 하기도 하며, 또 특정 모양으로 성형하기도 한다. 드물지만 심지어 일단 모양을 잡은 탄두를 다시 기계로 깎아내어 특정 모양을 만들기도 한다. 제2차 세계대전 중 미국이 핵폭탄을 만들던 당시, 핵폭탄 내부에서 핵반응을 일으키기 위해서는 정교한 모양으로 제작된 폭약들이 한순간에 폭발하여 내부의 핵분열 물질들을 하나로 압축하여 핵반응을 일으키는 구조였다. 당시 흔히 쓰이던 폭약들만으로는 정교한 모양으로 성형해 만들어내도 내부에 기포 같은 것이 들어가 폭약 덩어리가 불량품이 나올 확률이 높았기 때문에(보통 폭약 덩어리를 완성 후 X레이 촬영으로 기포를 확인) 아예 기포가 발생하지 않고 폭약이 굳은 다음 추가로 깎거나 잘라내기 좋은 폭약을 새로 개발하기도 했다.

또 미사일 탄두용 폭약은 오랜 시간 두어도 변질되거나 해서는 안 된다. 미사일은 생산된 이후에도 특별히 전쟁이 나거나 하지 않는 이상 소량만 훈련용으로 쓰일 뿐, 대부분은 10년 이상 보관소에 저장되어 있기 때문에 오랜 시간 두어도 폭약의 성분이 쉽게 변질되거나 해서는 안 된다. 또한 차량이나 선박, 항공기에 탑재된 미사일이 장시간 이동하면서 잦은 충격이나 진동을 받게 되는데, 이로 인해서 탄두 내부의 폭약에 균열이 가거나 해서는 제 성능을 낼 수 없다. 그래서 완성된 폭약은 오랜 시간 동안 화학적으로도 변질되지 않고 물리적으로도 변하지 않아야 한다.

더불어 미사일 탄두용 폭약은 값이 싸야 한다. 아무리 좋은 폭약도 가격이 비싸면 쉽게 쓸 수가 없으며, 경우에 따라서는 가격이 문제가 되어 성능이 떨어지는 것을 감수하더라도 저성능의 폭약을 쓰는 경우도 있다. 다만 일반적으로 미사일은 포탄이나 폭탄류에 비하면 생산 수량은 적고,

크기나 무게 등에 대한 제약이 더 심한 편이므로 좀 더 비싸지만 고성능인 폭약을 사용하는 경우가 훨씬 많다.

다른 군용 폭약들도 비슷하지만, 이렇게 현대의 미사일 탄두용 폭약은 여러 까다로운 조건을 통과해야 하기 때문에 TNT나 RDX, HMX 등의 한 가지 물질만으로 제작되는 경우는 잘 없으며, 보통 여러 가지 물질을 혼합하여 만들어진다. 이를테면 탄두 개발자들은 탄두의 폭약이 성형이 잘 되고 충격에 강하도록 그 안에 합성수지를 추가로 더 섞거나, 위력을 강하게 하기 위해 알루미늄 분말을 추가하거나, 둔감성을 높이기 위해 왁스 등을 첨가한다. 단거리 공대공미사일인 AIM-9 사이드와인더Sidewinder의 일부 버전에는 특이하게도 탄두, 정확히는 탄두를 폭발시키는 부스터라 불리는 폭약에 연기와 섬광을 발생하는 물질을 추가했는데, 미사일이 표적에 명중하여 제대로 폭발했는지를 먼 거리에서도 알 수 있도록 하기 위해서였다.

일반적인 미사일 탄두의 구성

탄두의 구성은 탄두의 종류에 따라 다르지만, 일반적으로 널리 쓰이는 고폭탄을 기준으로 설명하자면 203쪽 그림과 같다.

대체로 탄두의 내부는 폭약이 대부분의 공간을 차지하고 있다. 폭약 종류에 따라 다르지만 보통 제작자들은 탄두 몸체에 걸죽한 반죽 상태의 화약을 채운 다음 굳힌다. 제작자들은 탄두 종류에 따라 특정 모양을 만들기 위해 폭약을 단순히 굳히는 것이 아니라 강한 압력을 가하여 압착하여 모양을 만들기도 한다.

탄두의 케이스는 일반적으로 금속 재질로 제작되는데, 평상시에는 탄

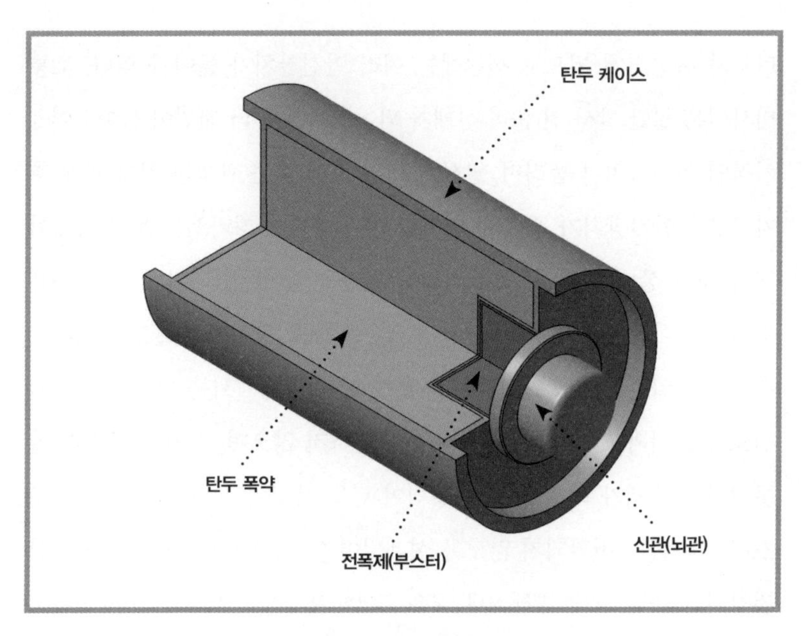

일반적인 미사일 탄두의 구조

두 내부의 폭약을 충격이나 열, 습기로부터 보호하는 역할을 한다. 하지만 탄두 케이스는 폭약이 폭발하면 그 압력에 의해 산산조각이 나 그 파편이 사방으로 마치 총탄처럼 흩어져 주변에 더 큰 피해를 입힌다. 일부 탄두는 아예 이러한 과정이 더 확실히 진행되도록 케이스 안쪽에 특정 모양으로 홈을 파놓아 더 정확히 파편이 생기도록 제작되거나 아니면 별도의 파편이 탄두 주변에 함께 부착되기도 한다.

탄두를 실질적으로 폭발시키는 것은 신관, 혹은 뇌관으로 부르는 부분이다. 보통 신관에는 전기나 충격 등에 민감한 화약이 들어 있으며, 이것이 폭발을 만든다 하여 기폭제라고 부르기도 한다. 미사일에 많이 쓰이는 신관은 전기로 작동하는 신관이다. 신관의 회로가 순간적으로 강한 전기 신호를 만들어내면 그로 인해 민감한 화약인 기폭제가 폭발한다. 하지만 이 기폭제가 오작동 등으로 폭발해버리면 원치 않는 상태에서 탄두가 폭발하게 되므로 신관에는 여러 안전장치가 들어가 있다. 보통 미사일은 일단 발사 전 준비 상태가 되어 외부로부터 전원이 들어와야 1차적인 안전장치가 풀리며, 발사가 되면 그때 받는 관성의 힘에 의해 추가로 2차 안전장치가 풀린다. 미사일 신관 종류에 따라서는 보관 상태이거나 대기 상태일 때 사람이 직접 안전핀을 꽂아두었다가 미사일 사용 직전에만 이를 뽑도록 하여 신관 오작동을 더욱 방지한 것들도 있다.

신관은 일반적으로 안전장치가 걸려 있는 상태에서는 외부에서 전기 신호가 들어와도 그 안의 기폭제가 폭발하지 않으며, 혹시나 무언가 잘못되어 기폭제가 터져도 그 폭발력이 탄두 폭약이나 다음에 설명할 부스터까지 바로 전달되지 않도록 설계되어 있다. 하지만 반대로 일단 안전장치가 풀린 상태('장전 상태', 혹은 '활성화 상태'라고 부름)가 되면 신관은 확실히 작동해야만 유도탄이 최종적으로 표적을 파괴할 수 있다. 그래서 보통 신관은 기폭제를 2개 이상 가지고 있으며, 안전장치 해제 상태에서는 2개의 기폭제 중 하나라도 터지면 탄두의 폭약을 폭발시키는 구조로 되어 있다. 이처럼 신관은 안전 상태에서는 절대로 탄두가 터지지 않게 해야 하고 장전 상태에서는 확실하게 탄두가 터지도록 해야 하는 어려움이 있다. 그래서 탄두의 특징은 무엇보다 신뢰성이 최우선이고 이 때문에 신관信管이라는 이름에 '믿을 신信'이 들어가 있다는 이야기도 있다.

한편 신관 내부의 기폭제는 민감한 화약이므로 만에 하나 잘못될 경우 폭발해도 아주 작은 폭발로 끝나도록 매우 적은 양만 들어 있다. 하지만 탄두 내부의 폭약은 둔감하다 보니 신관에 있는 기폭제 자체의 폭발력만으로는 이를 터뜨리지 못할 수 있다. 그래서 보통 탄두 내부 폭약과 기폭제 사이에 전폭제(부스터)라 부르는 작은 폭약을 하나 더 넣어둔다. 먼저 기폭제가 터지면 그 폭발력으로 전폭제가 폭발하고, 전폭제가 폭발하면 다시 그 폭발력으로 탄두가 터지는 식이다. 물론 이렇게 기폭제에서 전폭제, 그리고 폭약으로 폭발이 이어지는 과정은 처음부터 끝까지 아주 눈 깜짝할 사이에 이루어지기 때문에 사람의 눈으로 보기에는 신관 작동 즉시 탄두가 폭발하는 것처럼 보인다.

W A R

CHAPTER 12

탄두 2: 신관 및 탄두의 종류

HEAD

●●● 미사일은 표적의 종류에 따라 크기나 유도 방식, 날개 모양 등이 다르다. 탄두 역시 예외가 아니어서 미사일의 운용 방식 등에 따라 다양한 작동 방식의 신관 및 탄두가 탑재된다. 심지어 하나의 미사일이 임무에 따라 여러 종류의 탄두를 바꿔 낄 수 있도록 개발되기도 한다. ●●●

신관의 종류

신관은 탄두를 폭발시키는 매우 중요한 장치다. 안전을 위해 둔감하게 설계된 탄두들은 신관이 작동하지 않으면, 표적에 명중해도 그 충격 정도로는 폭발하지 않아 원하는 만큼 큰 피해를 주지 못한다. 하지만 이러한 신관이 언제, 어떻게 작동하나에 따라 같은 탄두로도 표적에 더 많은 피해를 줄 수 있다.

충격신관

충격신관은 미사일에 쓰이는 가장 기본적인 신관으로, 거의 모든 미사일이 기본적으로 이를 사용하고 거기에 추가로 다른 신관을 사용한다. 충격신관은 충격에 의해 일종의 무게추가 내부 버튼을 누르면 전기 신호를 만드는 관성 감지장치로 작동한다. 관성에 의해 버스가 급정거하면 사람들이 차 앞쪽으로 쏠리는 것과 같은 원리다. 물론 이 무게추는 오작

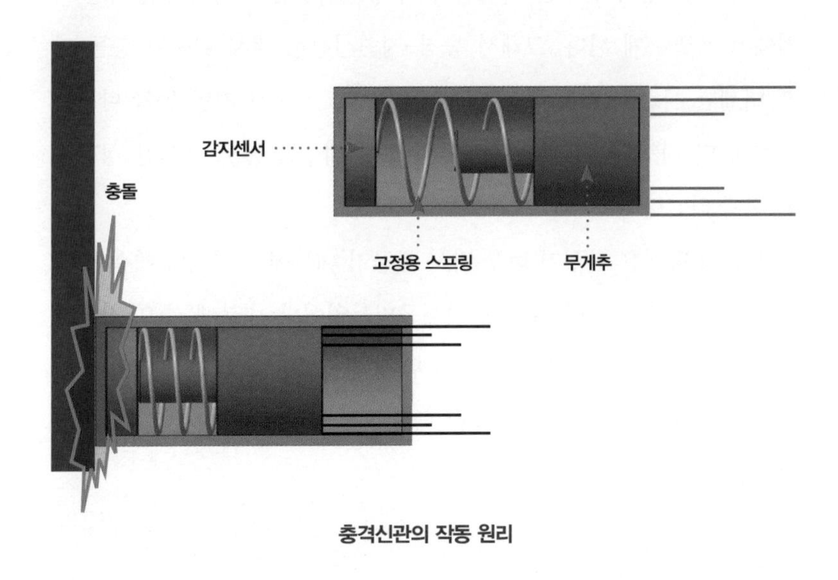

충격신관의 작동 원리

동이나 안전사고를 막기 위해 일정 수준 이하의 충격으로는 쉽게 움직이지 않도록 강한 스프링에 의해 고정되어 있다. 무게추는 이 스프링의 힘을 이길 만큼 큰 충격, 즉 표적에 충돌했을 때만 움직인다. 최신 충격신관의 충격센서들은 작은 미사일 크기에 맞게 개발되어 동전만큼 작은 크기로도 개발된다.

충격-지연신관

충격-지연신관은 충격신관과 거의 같은 원리이지만 충격을 받는 그 즉시 폭발하는 것이 아니라 아주 약간의 시간차이를 두고 폭발한다는 점이 다르다. 보통 0.X초 이내의 시간차를 두고 폭발하는데, 미사일의 속도가 워낙 빠르다 보니 이 1초도 안 되는 짧은 시간 동안 탄두는 표적에 더 바싹 붙거나 혹은 표적을 관통해 내부까지 들어간 상태가 된다. 대부분의 미사일은 맨 앞부분에 탐색기나 전자장비 등이 들어 있고, 탄두는 허리 부근에 들어 있다. 그래서 표적에 미사일이 부딪치자마자 바로 폭발하면 정작 탄두는 미사일의 허리 길이만큼 표적에서 떨어진 지점에서 폭발하게 된다. 그래서 충격-지연신관을 써서 탄두가 충돌 직후 미세한 시간 지연을 두고 터지게 만들면 그 시간 지연 동안 탄두는 표적에 더 가까워진 상태에서, 혹은 표적 내부를 뚫고 들어간 상태가 된 뒤에 터진다.

보통 이 방식은 탄두가 너무 작아 항공기 내부에서 터져야 확실한 피해를 줄 수 있는 보병 휴대용 지대공미사일이나 내부에 주요 장비가 집중되어 있는 적 군함을 공격하기 위한 대함미사일, 그리고 지하에 있는 적을 공격하기 위한 벙커 버스터Bunker Buster 형태의 미사일이 많이 사용한다.

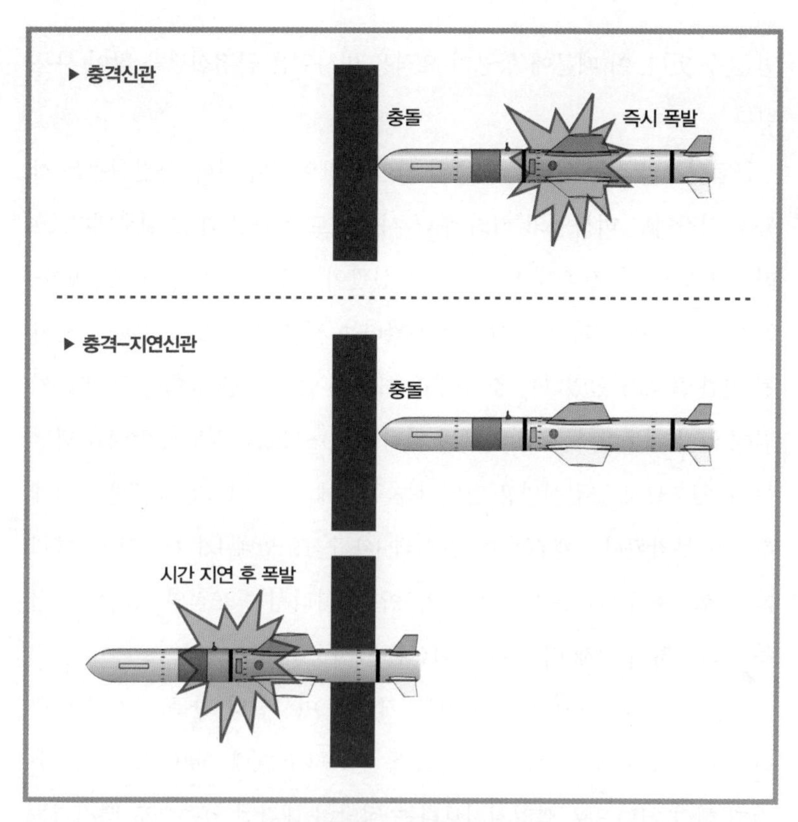

충격신관과 충격-지연신관 비교

근접신관

근접신관은 미사일이 표적을 명중하지 못했지만, 스치듯 지나갈 정도로 가까운 거리로 지나갈 때 표적에 피해를 주기 위해 개발된 신관이다. 근접신관은 제2차 세계대전 중 항공기 요격용 대공포의 포탄용으로 개발되었으며, 현재는 대공미사일에 널리 쓰이고 있다. 항공기는 대체로 속도가 매우 빠르므로 미사일이 이를 정확히 맞히기가 쉽지 않다. 대신 항공기는 장갑이 없거나 얇은 편이므로 탄두가 항공기에 정확히 부딪친 다음 폭발하지 않고 근처에서만 폭발해도 그 파편으로 인해 큰 피해를 입을 수 있다. 이 때문에 항공기 요격용 미사일은 근접신관을 많이 사용한다.

근접신관의 작동 원리는 일종의 간이형 레이더와 같다. 근접신관은 작동을 시작하면 미사일의 허리 부근 사방으로 전파를 계속 내보낸다. 그러다가 만약 이 전파가 되돌아오면 신관이 작동하여 탄두가 폭발한다. 허공으로 보낸 전파가 다시 되돌아왔다는 것은 주변에 그 전파가 반사될 만한 물체가 있었다는 소리이고, 허공에 있을 만한 물체는 적 항공기밖에 없기 때문이다. 보통 안테나 하나당 90~120도 정도의 영역을 담당할 수 있으므로 근접신관용 안테나는 종류에 따라 미사일 주변에 3, 4개 정도가 부착된다(실제로는 송신용 안테나와 수신용 안테나가 따로 있는 경우가 많으므로 6~8개가 부착된다). 물론 미사일에 따라서는 표적의 위치를 정밀하게 파악하기 위해 더 많은 근접신관을 사용하기도 한다.

항공기 요격용 근접신관의 작동 거리는 미사일의 탄두 크기에 따라 다르지만, 보통 3~20m 정도다. 보통 전파(혹은 밑에 설명할 레이저)는 완전히 허리 옆면으로 뿌려지기보다는 적당히 대각선 앞쪽으로 뿌려지는데, 탄두가 터진 다음 표적을 덮치는 데 약간의 시간차이가 있으므로 미리 탄두가 터지고 표적을 향해 파편이 퍼질 시간을 벌기 위해서다.

레이더 근접신관은 아래에 설명할 레이저 근접신관보다 더 정확하게 작동하는 편이다. 특히 미사일이 저고도로 비행하는 표적을 쫓아 마찬가지로 저고도로 비행할 때, 근접신관의 신호가 표적이 아닌 지상이나 해수면에 반사되어 되돌아올 수 있다. 레이더 근접신관은 이때 반사되어 돌아온 신호의 주파수나 특정 패턴 등을 분석해서 이것이 표적에서 반사된 것인지 아닌지 구분할 수 있다.

레이저 근접신관의 작동 원리는 레이더 방식과 유사하다. 레이저 근접신관은 레이저를 주변에 쏘다가 그것이 반사되어 돌아오면 작동하여 탄

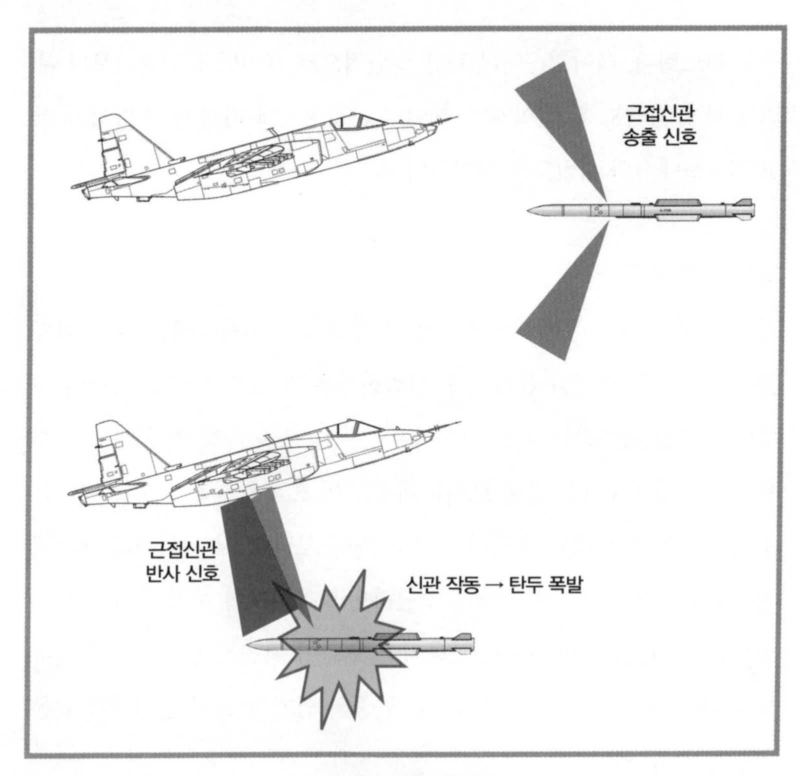

근접신관 작동 원리

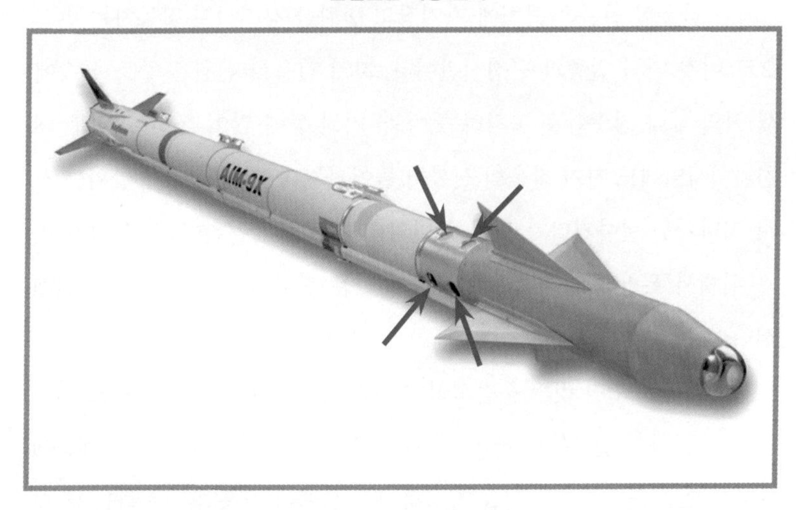

AIM-9X 공대공미사일의 레이저 방식 근접신관용 센서(여러 개의 원형 부분들)
〈http://media.defenceindustrydaily.com〉

두를 터뜨린다. 레이저 근접신관은 일반적으로 레이더 근접신관보다 부피도 작고 가격도 싼 편이지만, 레이더 근접신관에 비해 탐지 범위가 짧고 저고도에서의 정밀도도 떨어진다.

기타 다양한 신관

기타 다른 종류의 무기체계에는 많이 쓰이지만, 미사일에는 잘 쓰이지 않는 신관들을 간략히 살펴본다. 시한신관은 말 그대로 일정 시간이 지나면 무조건 폭발하는 신관이다. 시한신관을 쓰는 가장 흔한 무기가 수류탄이다. 대공포에도 종종 쓰이는데 포탄이 표적을 향해 날아갈 거리와 포탄의 속도를 토대로 포탄이 표적 근처에 도달할 시간을 미리 신관에 설정해놓고 포탄이 표적 근처에 도달하면 자폭하도록 하기 위해서다. 이 방식은 근접신관보다는 부정확하지만 포탄이 항공기에 명중하지 않아도 피해를 줄 가능성이 높아지므로 일종의 염가형·소형 근접신관 같은 역할을 할 수 있다.

자기 감응식 신관은 근처에 자기장의 변화를 감지하여 작동하는 방식으로 이것 역시 일종의 근접신관이다. 자기 감응식 신관은 주로 물속에서 적의 배나 잠수함을 공격하는 어뢰, 기뢰 등에 많이 쓰인다. 일부 대전차미사일에도 자기 감응식 신관이 들어가는데, 미사일이 전차 위를 스쳐 지나가듯 날아가다가 전차 주변의 자기장을 감지하여 전차 머리 바로 위에서 폭발해 상대적으로 장갑이 얇은 전차 위쪽을 공격하기 위해서다.

광학신관은 주변 빛의 순간적인 변화를 감지하는 신관이며, 주로 미사일이 항공기의 밑부분을 스쳐 지나갈 때 항공기 자체의 그림자 때문에 순간적으로 어두워지는 것을 감지하여 미사일이 자폭하도록 하는 데 쓰였다. 이것은 제2차 세계대전 말에 잠깐 등장했으나 오작동률이 높아서 별로 많이 쓰이지 않았고, 현재는 비슷한 용도로 앞서 설명한 근접신관이 널리 쓰이고 있다.

기압신관, 혹은 고도신관이라 부르는 물건도 있다. 신관이 고도에 따라 작동해야 할 때 쓰는 것인데, 신관이 고도를 직접 측정할 수 없으니 고도에 따라 변하는 기압을 측정하는 것이다. 기압신관은 보통 정해진 기압(정해진 고도)에 도달하면 작동한다. 기압신관은 주로 표적의 상공에서 터져야 효과가 확실한 확산탄두나 핵탄두에 쓰인다.

탄두의 종류

미사일들이 표적의 종류 등에 따라 다양한 신관을 쓰는 것처럼 미사일들은 표적의 종류나 미사일의 작동 방식 등에 따라 다양한 종류의 탄두를 사용한다. 심지어 일부 미사일은 아래 설명할 여러 종류의 탄두를 어느 표적에 공격할지에 따라 미리 바꿔 달 수도 있어 임무에 대한 유연성을 높이기도 한다.

폭풍-파편형 탄두

폭풍-파편형 탄두는 여러 탄두 중에서도 가장 기본적인 형태로, 그 안에는 일정량의 폭약이 들어 있고 그 바깥에는 폭약을 둘러싼 탄두 몸체가 있다. 신관이 작동하여 폭약이 폭발하면 엄청난 압력의 폭발 폭풍이 발생하며 탄두 몸체는 그 압력에 의해 잘게 쪼개져 대량의 파편을 만든다. 그리고 이 파편들은 폭풍에 휩쓸려 사방으로 퍼지는데, 그 속도는 탄두의 종류나 파편의 크기에 따라 다르지만, 일반적으로 K2 소총의 총탄보다 2배가량 빠르며(약 16,500km/h, 혹은 마하 5.2 이상), 무게도 총탄보다

폭풍–파편형 탄두 지상시험 모습
〈R. E. Ball, *Fundamentals of Aircraft Combat Survivability & Design*, Second Edition〉

3, 4배 더 무겁다(15g 전후). 이러한 속도와 무게가 합쳐지면 당연히 파편 하나하나의 위력도 일반 총알보다 훨씬 강력한데, 그 파편이 수천 개 이상 사방으로 퍼지는 셈이다. 그래서 이 형태의 탄두가 터지면 탄두 근처에 있는 표적은 폭풍과 파편에 의해 큰 피해를 입게 된다. 탄두에 따라서는 탄두 몸체 안팎에 일정 모양으로 미리 금이 그어져 있어 정해진 모양과 숫자대로 파편을 만들어 모든 방향에 대해 좀 더 고르게 피해를 줄 수 있으며, 아예 폭약 주변에 별도의 작은 금속 파편들을 붙여놓은 탄두도 있다.

이러한 폭풍-파편형 탄두의 장점은 가장 간단한 구조이면서도 주변에 큰 피해를 줄 수 있다는 점이다. 이 때문에 폭풍-파편형 탄두는 시설물,

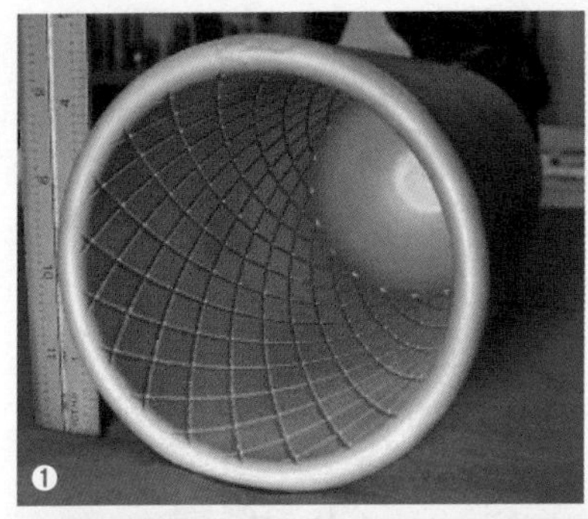

➊, ➋ 균일한 파편 생성을 위해 내부에 빗줄 금이 있는 탄두 몸체 〈➊ http://www.miltecmachining.com / ➋ http://media.defenceindustrydaily.com〉

➌ SA-6 지대공미사일의 탄두 모형. 노란색 폭약 주변에 붙어 있는 회색의 작은 사각형들이 미리 부착해놓은 파편들이다.〈https://www.metabunk.org〉

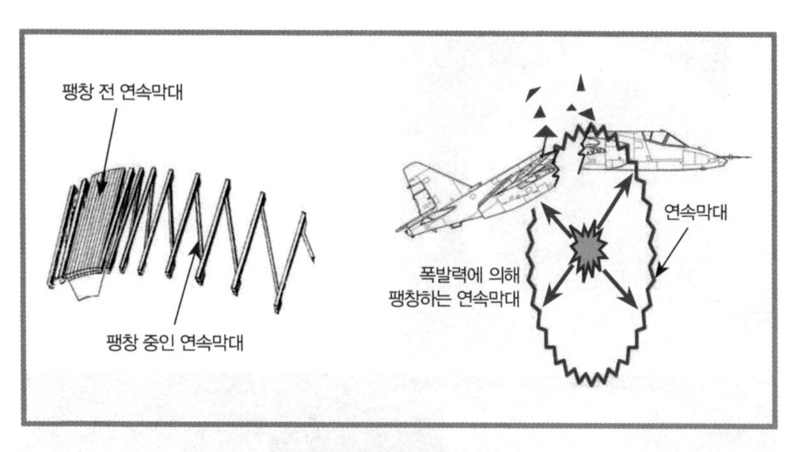

연속막대형 탄두의 작동 원리
〈R. E. Ball, *Fundamentals of Aircraft Combat Survivability & Design*, Second Edition〉

보병, 항공기, 경장갑 차량이나 소형 선박 등 다양한 표적 공격용 미사일에 두루 쓰이는 편이다. 다만 이 방식은 표적이 하나밖에 없는 경우에는 폭풍과 파편이 표적이 없는 빈 공간으로까지 퍼진다는 단점이 있다. 이는 정해진 폭발력이 표적 방향 이외의 다른 곳으로 분산된다는 점에서 비효율적이라 할 수 있으며, 특히 표적 근처에 있는 민간인이나 아군에게 불필요한 피해를 줄 수 있다.

폭풍-파편형 탄두의 변형으로 연속막대형 탄두라는 것도 있다. 이는 파편이 잘게 쪼개지는 대신, 긴 고리 모양으로 퍼지도록 만든 것이다. 주로 항공기 요격용 미사일에 쓰이던 방식으로 연속막대형 탄두가 만든 고리는 잘게 쪼개진 파편보다 똑같이 항공기에 부딪쳐도 전체적인 파편의 무게가 더 무겁기 때문에 위력이 더 강하고, 또 항공기에 군데군데 파편이 박히는 것이 아니라 선 형태로 길게 파편이 박히므로 항공기 입장에서는 피해가 좀 더 특정 부위에 집중되는 효과가 있다. 그러나 이 연속막대가 끊어지지 않도록 하려면 폭약의 폭발력을 일정 수준 이상 강하게 만들어서는 안 된다. 따라서 이 방식은 탄두의 위력을 어느 한계 이상

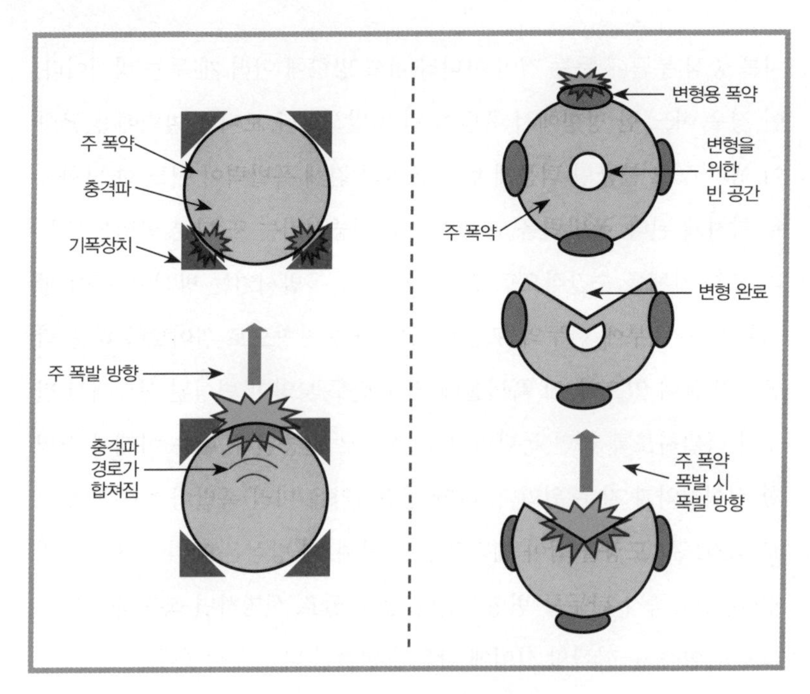

지향성 폭발 탄두의 작동 원리

으로 향상시키는 데 한계가 있다. 이 때문에 현재는 연속막대형 탄두 방식이 잘 쓰이지 않는 추세다.

지향성 폭발 탄두

지향성 폭발 탄두는 주로 근접신관과 연동하여 쓰는 탄두이며, 주 용도는 항공기 요격용이다. 앞서 설명한 바와 같이 폭풍-파편형 탄두는 표적이 없는 공간까지 고르게 폭풍과 파편을 전달하다 보니 비효율적이라는 단점이 있다. 지향성 폭발 탄두는 근접신관으로 항공기가 어느 방향에 존재하는지 파악한 다음 그 방향으로 폭발력을 집중한다.

탄두의 폭발이 한 방향으로 집중되도록 하기 위한 방법으로는 크게 두 가지 방식이 있는데, 하나는 실제로 탄두에 폭발을 일으키는 기폭장치를 중심 부근에 두는 것이 아니라 바깥 방향에 여러 개 두는 방식이다. 이 경우 어느 한 방향에서 폭발이 먼저 발생하다 보니 폭발력에 불균형이 생기고 그 불균형 덕분에 탄두 폭약의 전체 폭발력이 어느 한 방향으로 향하게 된다. 폭발력을 한 방향으로 집중시키는 또 다른 방법은 탄두의 모양 자체를 순간적으로 변형시킨 다음 폭발시키는 방식이다. 이 방식은 탄두 내부에 탄두의 모양을 어느 한쪽 방향으로 꺾이도록 하는 작은 폭발물이 있으며, 그 폭발물에 의해 탄두 모양이 변형된 상태에서 탄두가 폭발하도록 하면 폭발력이 한 점으로 집중된다. 이는 아래에 설명할 성형작약과 같은 원리다. 다만 성형작약은 미리 폭발이 한쪽 방향으로 터지도록 모양을 잡아 제작하는 데 반해, 이 방식은 표적이 포착된 방향에 따라 즉각 탄두를 변형시킨다. 물론 글로 설명하면 복잡하지만 실제로는 아주 눈 깜짝할 사이에 탄두가 변형된 다음 폭발한다.

성형작약 탄두

성형작약 탄두는 일부러 폭발력이 한 점으로 집중되도록 미리 탄두의 모양을 성형해놓은 탄두를 말한다. 성형작약 탄두는 보통 앞쪽 부분이

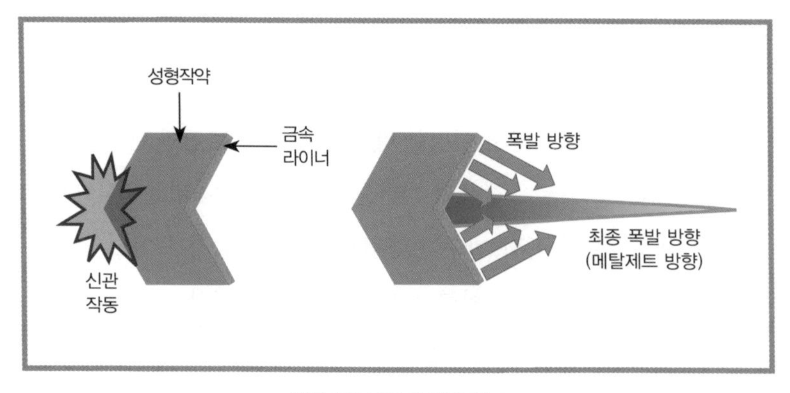

성형작약 탄두의 작동 원리

실제 성형작약 탄두의 실험 결과. 성형작약 탄두는 렌즈처럼 일종의 초점거리가 있기 때문에 표적에 너무 붙어서 폭발하면 오히려 관통 성능이 떨어진다. 오른쪽 3개의 샘플은 탄두 모양이 같아도 초점거리가 얼마나 정확하냐에 따라서도 관통 깊이가 달라진다는 것을 보여주기 위한 것들이다. 〈http://www.milsurps.com〉

깔때기 모양으로 파여 있으며, 이 상태에서 탄두 뒤쪽을 폭발시키면 폭발력이 깔때기의 중심 방향으로 모여서 상당한 폭발력이 탄두 앞쪽의 좁은 공간으로 모인다. 이는 본래 광산에서 적은 폭약으로도 효과적으로 바위를 쪼개기 위해 개발된 기술이었으나, 이후 군사용으로 쓰이게 되었다.

현재는 이 성형작약 탄두 앞쪽에 일반적으로 구리합금, 혹은 구리-텅스텐 합금으로 된 라이너liner를 덧붙인다. 금속 라이너는 폭발 시 강한 압력에 의해 붕괴되어 미세한 기체에 가까운 형태가 되어 앞쪽으로 쏟아져나간다. 이렇게 금속이 기체처럼 되어 앞으로 뿜어져나가는 것을 메탈제트Metal Jet라고 한다. 메탈제트는 폭약에 의해 생긴 가스에 비해 무게가 훨씬 무거우므로 결과적으로 성형작약 탄두의 위력, 정확히는 관통력이 더 높아진다. 성형작약 탄두는 폭발력이 한 점에 집중되므로 마치 물로 금속판에 구멍을 내는 수압 절단기처럼 표적에 구멍을 낼 수 있다. 과거 일부 자료에서 폭발 시 발생하는 열로 표적을 녹여서 관통한다고 잘못 설명하고는 했는데, 실제로는 열이 발생하는 시간이 아주 짧은 시간이어서 표적을 열로 녹이는 것은 불가능하다. 성형작약 탄두는 렌즈처럼 일종의 초점거리가 있기 때문에 표적에 너무 붙어서 폭발하면 오히려 관통 성능이 떨어진다.

성형작약 탄두는 보통 장갑이 두꺼운 전차를 공격하는 대전차미사일에 쓰인다. 전차에 피해를 주려면 어떻게든 그 두터운 장갑을 뚫어야 하기 때문이다. 이렇게 전차 공격용으로 개발된 성형작약탄을 대전차고폭탄HEAT, High Explosive Anti-Tank이라고 부르기도 한다. 또한 성형작약 탄두는 드물게 지하 벙커 공격용 미사일에도 쓰이는데, 성형작약 탄두로 먼저 벙커 윗부분을 뚫어버린 다음 바로 뒤를 이어 벙커 내부에서 폭발할 탄두가 뒤따라 들어가는 방식이다. 전차나 장갑차 입장에서는 보병이 들고 다닐 만큼 작은 미사일에도 이 성형작약 탄두에 의해 큰 피해를 입는 경우가 많다 보니 여러 가지 대응책으로 성형작약 탄두의 위력을 반감시키는 기술을 사용하여 방어력을 높이는 추세다.

폭발성형관통자 탄두

폭발성형관통자EFP, Explosive Formed Penetrator라는 꽤 부르기 어려운 이름의 탄두는, 전차가 성형작약탄을 막기 위해 다양한 방어수단을 사용하자 이에 대응하기 위해 개발된 탄두다. 폭발성형관통자 탄두는 보통 납작한 원통 모양인데, 그 안의 폭약이 터지면 폭발력이 성형작약의 경우처럼 한 점으로 집중된다. 이때 폭발은 메탈제트를 만드는 것이 아니라 탄두 앞부분의 금속 재질을 일종의 총탄 모양으로 만들어서 적에게 날려버린다. 어찌 보면 허공에서 적을 향해 총탄을 그 즉시 만들어 쏘는 형태의 탄두다.

폭발성형관통자 탄두는 폭발력을 이용하기는 하지만 최종적으로 전

폭발성형관통자 탄두의 실제 시험 모습 〈https://fas.org〉

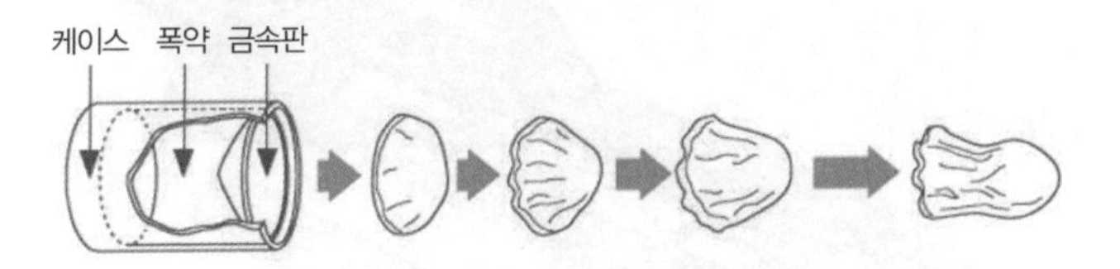

폭발성형관통자 탄두의 작동 원리

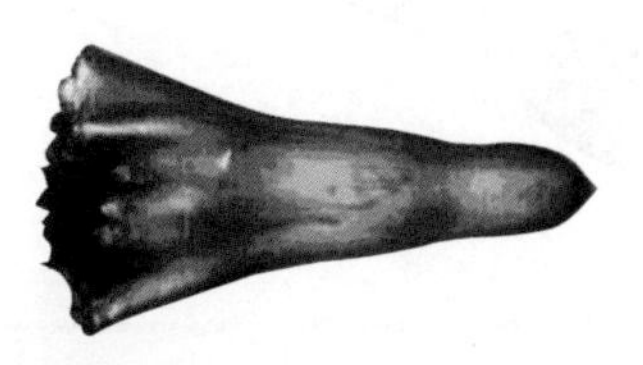

폭발로 성형된 관통자의 실제 모습 〈http://www.wpafb.af.mil〉

차의 장갑을 뚫는 것이 메탈제트가 아닌 금속 재질의 관통자이므로 이를 막아야 하는 입장에서는 성형작약 탄두용 방어수단만으로는 효과적으로 막을 수 없다. 성형작약 탄두 방어수단은 대체로 메탈제트를 흩어놓거나, 탄두가 초점거리 밖에서 터지도록 만드는 방식이기 때문이다. 또한 폭발성형관통자는 초점거리 같은 것이 없으므로 적 전차와 적당히 멀리 떨어진 곳에서 작동해도 성능에 변화가 없다. 대신 탄두가 전차에서 멀리 떨어져 있는데도 정확히 적 전차를 향하고 있어야 하므로 이를 위한 별도의 센서가 필요하다. 폭발성형관통자는 뒤에 설명할 확산탄에 자탄 형태로 넣어 적 전차부대 상공에 뿌리는 형태로 많이 쓰인다.

관통-폭발 탄두

성형작약 탄두나 폭발성형 탄두가 폭발력을 이용하여 표적을 뚫는 방식

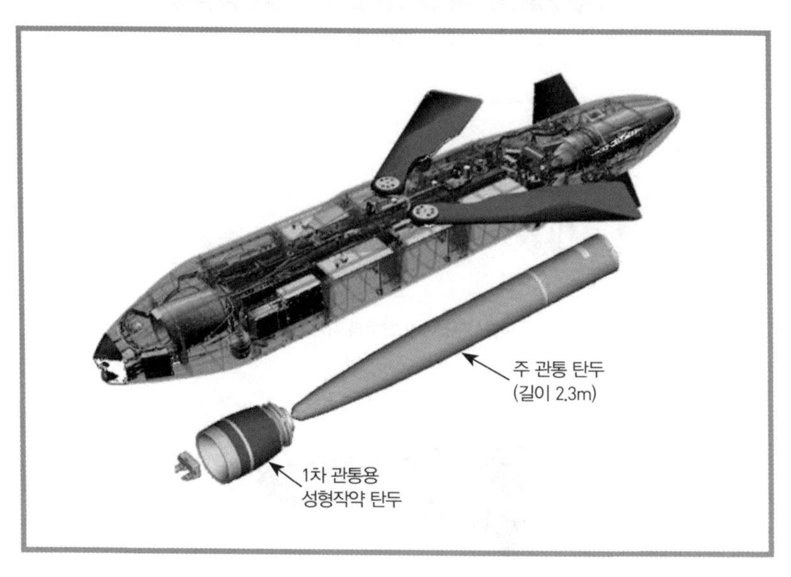

성형작약 탄두와 관통-폭발 탄두를 사용하는 KEPD 350 타우러스 순항미사일
〈TAURUS KEPD 350 The Modular Stand off Missile for Precision Stand-Strike against HBDT〉

이라고 한다면 관통-폭발 탄두는 탄두 자체의 무게와 속도를 이용하여 표적을 뚫고 들어가는 탄두다. 그렇다고 관통-폭발 탄두에 특별한 장치가 있거나 한 것은 아니고 탄두의 케이스를 좀 더 무겁고 튼튼한 재질로 만들어 관통 능력을 높이는 것이 일반적인 추세다.

관통-폭발 탄두는 앞서 설명한 충격-지연식 신관을 이용하여 미사일이 표적에 충돌하고 탄두 부분까지 표적 안으로 뚫고 들어간 다음 폭발한다. 물론 관통해야 하는 대상이 무엇이냐에 따라 관통 탄두의 설계가 달라지는데, 이를테면 군함의 경우 선체가 얇은 철판이나 알루미늄으로 설계되기 때문에 수십 kg짜리 티타늄 재질로 된 관통 탄두도 충분히 그 안으로 뚫고 들어갈 수 있다. 하지만 지하 10여 m 이상 깊은 곳에 있는 적 벙커를 공격하는 용도라면 수백 kg 이상 되는 강철 케이스로 제작된 탄두를 사용해야 한다. 한편 일부 미사일은 아예 성형작약 탄두로 먼저 구멍을 어느 정도 낸 다음 바로 뒤에 있는 관통 탄두가 그 구멍으로 뚫고 들어가 관통력을 극대화하기도 한다.

확산 탄두

확산 탄두는 영어로 클러스터cluster탄이라고도 부르며, 미사일 안에 더 작은 여러 개의 자탄子彈, submunition을 넣어두었다가 표적 상공에서 뿌리는 탄두다. 이를 사용하는 미사일의 종류에 따라서 자탄이 더 고르고 넓게 퍼지도록 하기 위해 고속으로 회전하여 원심력으로 자탄들이 퍼지도록 하거나, 혹은 에어백 같은 것이 들어 있어 자탄을 사방으로 밀어내거나 하기도 한다.

확산 탄두는 넓은 범위에 퍼져 있는 적을 공격하는 데 유용하지만, 반대로 탄 하나하나의 위력은 약해질 수밖에 없다. 그래서 보통 확산 탄두는 여러 시설로 구성된 레이더, 통신 시설이나 벙커나 참호 등에 숨어 있

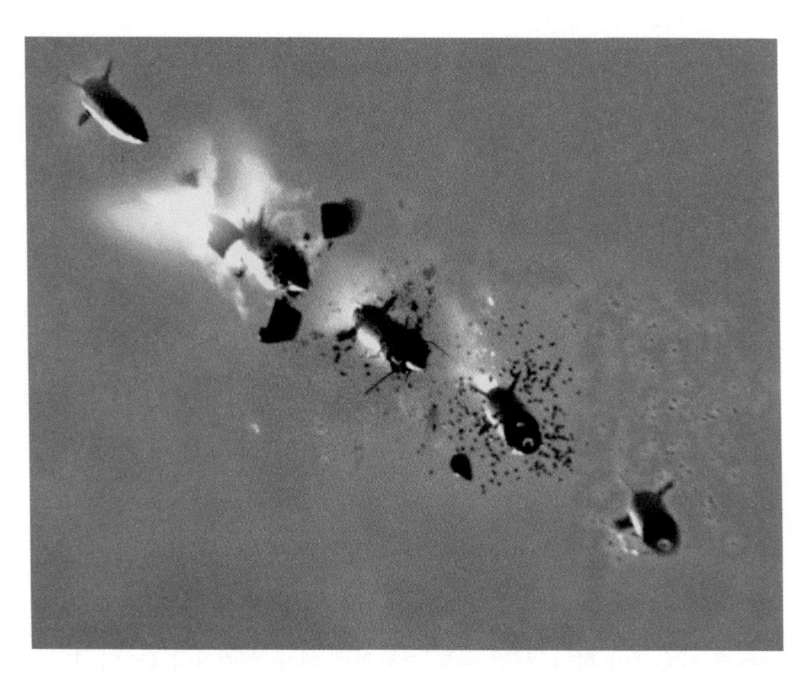

ATACMS 미사일의 자탄 확산 장면을 연속 촬영한 사진 〈http://fas.org〉

지 않고 개활지에 밀집한 적 지상군 등을 공격하는 데 쓰인다.

확산탄의 종류에 따라서는 확산 탄두의 자탄 하나하나에 랜덤하게 작동하는 시한신관을 두어 자탄이 땅에 떨어지고도 바로 터지지 않고 일정 시간 있다가 산발적으로 터지도록 하면 적이 그 근처에 접근하는 것이 어려워진다. 보통 이러한 랜덤 시한신관을 이용한 확산 탄두는 적이 활주로나 주요 도로를 이용하지 못하도록 하는 용도로 많이 쓴다. 최근에는 확산 탄두의 자탄 하나하나에 별도의 표적 포착 기능을 두어 적을 더 정확하게 공격하는 지능형 자탄Smart Submunition도 등장하는 추세이며, 또 불발된 자탄들이 나중에 민간인에게 피해를 주는 상황을 막기 위해 랜덤 시한신관을 사용하되 일정 날짜 이상 지나면 무조건 자탄이 자폭하도록 하는 연구도 진행 중이다. 일반적으로 확산 탄두를 사용하는 미사일들은 표적 종류에 따라 다양한 자탄을 선택할 수 있다. 즉, 경장갑 표적 공격용으로는 수류탄보다 약간 큰 크기의 일반 폭풍-파편형 자탄들을 집어넣어두고, 전차 등을 공격하는 용도로는 성형작약 방식의 자탄을 쓰고, 활주로 공격용으로는 성형작약탄을 응용하여 여기저기 땅을 깊게 파서 큰 구멍을 내버리는 탄두에 적 활주로 복구 인력이 근처로 접근하기 어렵도록 랜덤하게 시한이 설정된 시한신관 자탄을 섞기도 한다. 일부 미사일은 운용자가 전장에서 언제 어떠한 적과 마주칠지 모르므로 아예 여러 종류의 자탄을 섞어서 탑재하기도 한다.

열압력 탄두

열압력 탄두는 파편이나 라이너 등을 사용하지 않고 흔히 폭풍blast이라 부르는, 순간적으로 생기는 강한 압력이 공기를 타고 전달되는 충격파로 주변에 피해를 준다. 충격파는 일반적으로 파편보다 위력이 떨어지고 피해를 줄 수 있는 범위도 좁지만 파편이 닿지 않는 곳에 있는 적, 즉 벙커나 지하동굴, 기타 엄폐물 뒤에 숨어 있는 적을 공격하는 데 유용하다. 적이 이런 곳에 숨어 있어도 열압력 탄두가 만든 폭풍에 의해 순간적으로 높아지는 압력이 공기를 타고 적에게 충격파 형태로 전달되기 때문이다. 이 충격파로 피해를 입은 적은 마치 공기로 된 장벽이나 망치로 맞은 것처럼 충격을 받으며, 사람의 경우 고막이나 폐처럼 공기압력 변화에 민감한 부분에 특히 심각한 부상을 입는다.

열압력 탄두는 고체 폭약을 사용하는 것과 인화성 액체를 사용하는 것이 있는데, 인화성 액체를 사용하는 열압력 탄두는 기화 탄두라고도 부른다. 기화 탄두는 액체 인화성 물질을 표적 주변에 순간적으로 뿌린 다음 불을 붙이는 방식이다. 이때 발생하는 화구火求, fireball는 그 자체가 엄청난 열을 만들어 화염 피해를 주기도 하지만 순간적으로 달아오른

기화 탄두의 시험 장면 <http://fas.org>

열기 때문에 공기가 팽창하여 높은 압력의 폭풍이 되어 주변으로 순식간에 퍼져나간다. 이 기화 탄두는 간혹 게임이나 영화 등에서 마치 핵탄두급인 것마냥 지나치게 위력이 과장되어 나오는 경향이 있는데, 사실 일반적인 적 지상공격용이라면 보통 확산 탄두나 일반 폭풍-파편 탄두가 더 효율적이다. 그러나 앞서 설명한 바와 같이 동굴이나 벙커, 엄폐물 등에 숨은 적을 공격하는 용도로는 열압력 탄두(고체 폭약 방식과 기화 탄두 방식 모두 포함)가 더 유용하다. 또 열압력 탄두는 지뢰 제거용으로도 쓰인다. 열압력 탄두는 일반 폭약에 비해 더 넓은 지역에 고르게 충격파가 퍼지다 보니 그 충격파로 지뢰들이 자폭하게 만들면서도 땅을 크게 헤집거나 하지 않아 지뢰 제거 이후 차량들이 쉽게 지나다닐 수 있기 때문이다.

기타 다양한 탄두

소이 탄두는 고온으로 오랫동안 타들어가는 인화성 물질을 채워넣어 폭발이나 파편보다는 고온으로 표적을 공격하는 탄두다. 이는 건물 밀집 지역에 화재를 내거나 적 장비의 파괴, 혹은 파편이 침투하기 어려운 엄폐물 뒤나 동굴 속 적을 공격하는 용도로 널리 쓰이던 탄두다. 하지만 불필요한 민간인 피해를 유발할 수 있기도 하고, 엄폐물 뒤나 동굴 속 적을 공격하는 데는 열압력 탄두가 더 효과적이다 보니 현재는 소이 탄두를 사용하는 미사일을 보기 어렵다.

핵탄두 역시 미사일의 주요 탄두 중 하나다. 그러나 핵탄두 탑재 미사일을 포함한 모든 종류의 핵무기는 제2차 세계대전 때 일본을 상대로 딱 두 번 사용된 이후 실전에 쓰인 적이 한 번도 없다. 세계적으로 전쟁이 격해져도 그 지나친 위력과 민간인 피해 문제 탓에 각국이 핵탄두만은 쓰지 않으려 노력하고 있기 때문이다. 물론 핵탄두는 전쟁억지력 측면에서는 큰 힘이 되지만, 그래도 실전에서 쓰기 어려운 핵탄두를 계속 보관·유지하려면 거기에도 많은 돈이 들어간다. 그래서 엄청나게 많은 핵탄두를 만들던 미국이나 러시아 등이 최근에는 점차 핵탄두 탑재 미사일의 수를 줄여나가고 있다.

생화학무기를 사용하는 탄두 역시 미사일에 쓰일 수 있다. 미사일 내부에 화약 대신 독성 화학물질이나 세균이 들어 있는 액체 등을 넣는 것이며 이것 역시 사용하면 민간인에게까지 큰 피해를 주기 때문에 국제적으로 큰 비난을 받는다. 그래서 생화학무기를 사용하는 미사일 역시 현재는 실전에서 거의 쓰지 않고 있으나 완전히 근절되지는 않았다.

핵무기, 생화학무기와 같은 대량살상 탄두가 있는가 하면 사람에게는 거의 피해를 주지 않는 비살상 탄두도 있다. 대표적인 비살상 탄두로 EMP(전자기 펄스)탄이 있는데, 이것은 여러 가지 방법으로 순간적으로 아주 강한 전자기파를 만들어낸다. 이 전자기파는 큰 물결이 출렁이며 사방으로 퍼지듯 펄스 형태, 즉 짧은 시간 동안 전자기파의 에너지가 급격히 커졌다 줄어드는 형태로 주변에 퍼진다. 이 전자기 펄스가 지나가면 사람은 별다른 피해를 입지 않는다. 그러나 전자장비들은 설사 전원이 켜져 있지 않아도 내부 회로에서 전자기 펄스에 의해 순간적으로 과전류가 발생, 그로 인해 회로가 망가져버린다. EMP탄에 당하면 군의 각종 레이더, 센서, 통신장비 등은 물론 전자회로를 사용하는 차량이나 항공기도 피해를 입게 되는 셈이다. 다만 현재 기술로 넓은 범위에 영향을 줄 정도로 강력한 전자기 펄스를 만들려면 핵탄두를 일부러 높은 고도에서 터뜨리는 수밖에 없다. 핵폭발 시 나오는 강력한 방사선은 대기의 공기 분자에 영향을 주어 전자기 펄스를 만든다. 하지만 비살상용으로 쓰려 해도 핵탄두를 사용하면 국제적인 비난이 커지므로 현재 각 나라가 더 효과적인 전자기 펄스 생성 장치를 연구 중이다. 또 탄두에 폭약 대신 탄소섬유 가닥을 넣고 적진으로 날아가 적의 송전탑과 발전시설이 있는 곳에 뿌리는 탄두도 있는데, 전기가 통하는 탄소섬유들이 전선이 합선이 되도록 만들어서 적의 발전시설과 전기시설을 못 쓰게 하는 용도다.

탄두는 있으나 폭발물은 없고 그냥 금속재질의 관통용 막대기 형태의 관통자만 들어 있는, 운동에너지만을 이용하는 탄두도 있다. 전차가 적 전차를 공격하기 위해 쏘는 포탄인 철갑탄이 흔히 이러한 방식이다. 하지만 정작 미사일에서는 흔치 않은 방식인데, 운동에너지만으로 전차의 장갑을 뚫으려면 미사일의 속도가 엄청나게 빠르고 탄두의 무게도 무거워야 하기 때문이다. 포탄에 비해서 여러 추가적인 장비가 붙는 미사일의 경우 전차의 철갑탄과 같은 수준의 관통력을 갖도록 운동에너지 탄두를 사용하면 포탄보다 전체적인 무게와 크기가 너무 커지게 된다. 그럼에도 전차의 장갑이 여러 방식을 이용하여 성형작약 탄두에 대해 방호력을 올리는 추세다 보니 이에 대응할 방법으로 이 운동에너지 탄두 방식이 잠깐 연구되기도 했다. 그러나 현재는 더 작은 크기의 탄두로도 목적을 달성할 수 있는 폭발성형관통자를 쓰는 쪽이 대세가 되면서 운동에너지 탄두는 여전히 미사일에는 잘 쓰이지 않는 방식이다.

아예 탄두가 없는 미사일들도 있다. 주로 적 탄도탄을 요격하기 위한 미사일 중에 이런 것들이 많은데, 이 미사일들은 직격비행체Kill Vehicle라는 것만 들어 있고 별도의 폭발물은 없다. 이것이 적 미사일에 부딪치면 직격비행체 자체의 속도와 적 미사일이 날아오던 속도가 합쳐져서 엄청난 상대속도로 부딪치게 되므로(보통 상대속도가 마하 10 이상) 그 충격만으로도 적 미사일을 확실히 파괴할 수 있다. 앞서 설명한 관통자를 사용한 운동에너지 탄두는 미사일에서는 잘 안 쓰이는 방식인 반면, 직격비행체는 현재 사용하는 미사일이 몇 종류 있다 보니 이쪽을 운동에너지 탄두라 부르기도 한다. 이쪽도 폭약 없이 운동에너지(충돌에너지)만으로 표적을 파괴하기 때문이다.

CHAPTER 13

광학 탐색기:

표적을 향한 냉철한 눈

Seeker

호밍유도 방식의 미사일은 표적에 명중하기 위해 사람의 눈, 혹은 귀에 해당하는 탐색기(seeker)를 사용한다. 탐색기는 작동 방식에 따라 크게 광학 탐색기와 레이더 탐색기로 나뉜다. 이 장에서는 빛을 사용하는 광학 탐색기에 대해서 설명하고자 한다.

현대의 미사일 중 상당수는 중간까지는 다른 유도 방식을 쓰더라도 최종 단계에서는 호밍유도 방식을 쓴다. 호밍유도 방식이란 앞서 6장의 유도 방식에서 본 바와 같이 미사일 자체에 달린 센서, 즉 탐색기seeker로 표적의 위치를 미사일 스스로가 확인하도록 하는 방식이다. 미사일이나 군사장비에 대해 특별히 관심이 없는 경우라도 '열추적 미사일' 같은 용어는 TV나 게임 등을 통해 종종 듣기 마련인데, 이 열추적 미사일도 탐색기를 사용하는 호밍유도 방식 미사일 중 하나다.

광학 탐색기의 일반적인 특징

광학 탐색기Optical Seeker는 이름 그대로 빛을 사용하는 탐색기다. 6장에서 언급한 탐색기의 표적 추적 방식에 따른 분류에 의하면, 광학 탐색기는 대부분 수동형이다. 광학 탐색기 그 자체가 어떠한 빛 신호를 내뿜거나 하지는 않고 단지 빛을 감지하는 센서와 그 센서에 빛을 모아주는 거울, 혹은 렌즈 정도만 사용한다. 그렇기 때문에 광학 탐색기는 다음 장에서 설명할 레이더 탐색기에 비해 크기가 작고 값도 싸다. 또한 미사일 스스로 어떠한 신호를 내보내지 않으므로 미사일을 막는 입장에서는 미사일이 자신에게 날아오고 있는지 미리 알아차리기 어렵다.

광학 탐색기는 대체로 투명한, 혹은 반투명한 광학창Optical Window 안에 들어 있다. 광학창은 빠른 속도로 비행하는 미사일이 받게 되는 강력한 맞바람에 탐색기가 망가지지 않도록 보호해주는, 자동차의 앞 유리창과 같은 역할을 한다. 광학창은 탐색기의 종류에 따라 일종의 필터를 적용하여 원하는 파장 대역의 빛만 받아들일 수 있도록 제작되기도 하는데 이런 경우 대개 반투명하게 된다. 한편 둥근 광학창 자체가 일종의 렌

평면 광학창을 조합하여 뾰족한 모양을 만든 미스트랄 미사일 〈http://www.mbda-systems.com〉

반구형 광학창 앞에 뾰족한 구조물을 추가한 이글라 미사일
〈CC BY-SA 3.0 / Vitaly V. Kuzmin〉

즈 역할을 하다 보니 외부의 물체 등이 왜곡되어 보일 수 있다. 그래서 설계자들은 광학창을 어떠한 모양으로 만들지도 항상 고민한다. 왜곡이 덜 생기는 측면에서 가장 좋은 방식은 반구 형태지만, 이렇게 만들면 초음속으로 비행할 때 공기저항(항력)이 급격히 증가하는 문제점이 있다. 그래서 느린 속도가 아니라 초음속으로 비행하는 미사일의 광학창은 그 크기를 최소화하여 둥근 부분을 가능한 한 작게 만들거나, 아예 평면 광학창 여러 개를 조합하여 뾰족하게 만들기도 한다. 혹은 둥근 광학창 앞에 뾰족한 구조물(항력감쇄기)를 추가하여 공기저항을 줄이는 방법을 쓰는 미사일도 있다.

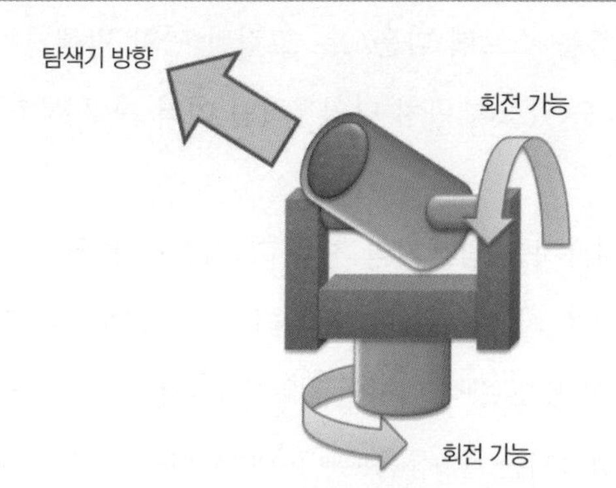

짐벌 형태 중 하나인 피치-롤(pitch-roll) 구조

짐벌 구조를 갖고 있는 KAB500 유도폭탄의 탐색기.
노란색 부분이 실제 카메라에 해당하는 부분으로 사진에서는 위를 향하고 있음
〈http://www.ausairpower.net〉

광학창 안에는 실질적으로 표적을 포착하는 탐색기가 들어 있다. 사람이 머리와 눈을 이리저리 돌려서 사방을 살펴볼 수 있듯이 탐색기 역시 사방을 돌아볼 수 있는데, 보통 이를 위해 짐벌gimbal(김발이라고도 부름) 구조를 이용한다. 다만 일부 저가형 미사일은 구조를 최대한 단순화하기 위해 미사일의 탐색기가 정면만 바라보도록 고정되어 있으며, 이러한 고정형 방식을 스트랩 다운strap-down 방식이라 한다.

짐벌에 얹어진, 혹은 스트랩 다운으로 고정된 광학 탐색기는 멀리서 오는 빛도 잘 모을 수 있도록 마치 망원경처럼 여러 개의 렌즈, 혹은 거울을 사용한다.

한편 적외선을 사용하는 탐색기의 경우 그 스스로가 온도가 매우 낮아야 주변의 적외선을 더 잘 감지할 수 있다. 그렇기 때문에 많은 적외선, 혹은 적외선 영상 유도 방식 미사일들은 냉각기를 탑재하고 있다.

흔히 사용하는 냉각기는 줄-톰슨Joule-Thomson 방식 냉각기로, 아르곤이나 질소 같은 기체를 몇 백 기압이 되도록 압축하여 통 안에 미리 담고 있는 방식이다. 이 압축기체가 좁은 관을 통해 분사되면 고압의 기체가 갑자기 압력이 낮아짐에 따라 주변 온도가 순식간에 낮아진다. 이 방식은 간단한 구조의 관과 압력통만으로도 아주 짧은 순간에 탐색기 센서의 온도를 낮출 수 있지만, 일단 통 안의 가스를 다 쓰고 나면 더 이상 냉각을 할 수 없다. 차량이나 항공기가 적외선 미사일을 운용할 때는 미사일 발사대 같은 곳에 대용량 고압가스통을 따로 탑재한다. 그러나 보병이 휴대용 적외선 미사일을 사용할 때는 사람의 주먹 크기보다 좀 더 큰 수준의 소용량 고압가스통을 사용한다. 보병이 들고 다닐 수 있을 정도로 고압가스통이 작고 가벼워야 하기 때문이다. 이러한 고압가스통은 작은 용량 탓에 미사일 적외선 탐색기를 냉각시킬 수 있는 시간이 1분 남짓밖에 안 된다. 보병은 이 소용량 고압가스통을 발사대에 연결한 후 1분 내에 표적을 조준하고 미사일을 발사하는 과정을 마쳐야 한다. 만약 1분 내에 조준에 실패했을 경우에는 미사일 발사대에 새로운 고압가스통을 갈아 끼워야 한다.

또 다른 방식은 스털링 방식 냉각기로, 이것은 별도의 동력을 이용해서 기체를 팽창시켜 온도를 낮추는 방식이다. 스털링 냉각기는 원리만 따진다면 냉장고나 에어컨과 비슷하지만, 미사일에 들어가야 하는 만큼

이글라 미사일을 발사 준비 중인 사수. 사수가 왼손으로 잡고 있는 검은색 둥근 부분이 탐색기 냉각용 고압가스와 조준장치 작동용 배터리가 들어 있는 BCU(Battery Coolant Unit)다. 〈http://www.army-recognition.com〉

크기가 매우 작다. 이 방식은 기체를 관 바깥으로 배출하여 소모해버리는 방식이 아니기 때문에 작동 시간이 매우 길다. 하지만 동력이 필요하고 구조도 좀 더 복잡해지는 단점이 있다.

광학 탐색기의 종류

광학 탐색기는 작동 방식에 따라 다시 적외선추적(열추적) 방식, 영상유도 방식, 그리고 레이저유도 방식으로 나눌 수 있다.

적외선 탐색기

적외선 탐색기는 이름 그대로 적외선을 탐지하는 장치다. 적외선은 일반적으로 온도가 높은 물체에서 많이 뿜어져나오므로 적외선 탐색기를 사용하는 미사일을 열추적 미사일이라고도 한다. 보통 미사일의 표적이 되는 항공기나 선박 등은 엔진 자체의 열기나 여기서 나오는 뜨거운 배기가스 때문에 주변에 적외선을 뿜어대며, 적외선 탐색기를 사용하는 미사일은 바로 이렇게 표적에서 뿜어져나오는 적외선을 노린다. 적외선 탐색기의 센서에는 여러 종류가 있는데, 주로 적외선이 주변보다 강해지면 더 강한 전기 신호를 내는 센서들을 사용한다.

하지만 이러한 센서들은 단지 적외선이 주변에 비해 강하다, 약하다만 알 수 있다. 미사일은 표적에 명중하는 것이 중요하므로 단순히 현재 주변의 적외선이 많다, 적다를 따지는 것이 아니라 정확히 어느 쪽 방향에서 적외선이 많이 뿜어져나오고 있는지를 찾아야 한다. 미사일 설계자들은 이 문제를 해결하기 위해 여러 장치를 고안했다. 초창기의 방식은 미사일 탐색기의 중앙에서 표적이 얼마나 많이 벗어나 있는지를 반복되는 전기 신호의 타이밍 등으로 파악하는 방식이며, 주로 레티클reticle이라는 복잡한 도형이 그려진 일부만 투명한 원판을 사용한다. 아래 그림은 레티클 방식 적외선 탐색기의 한 예다.

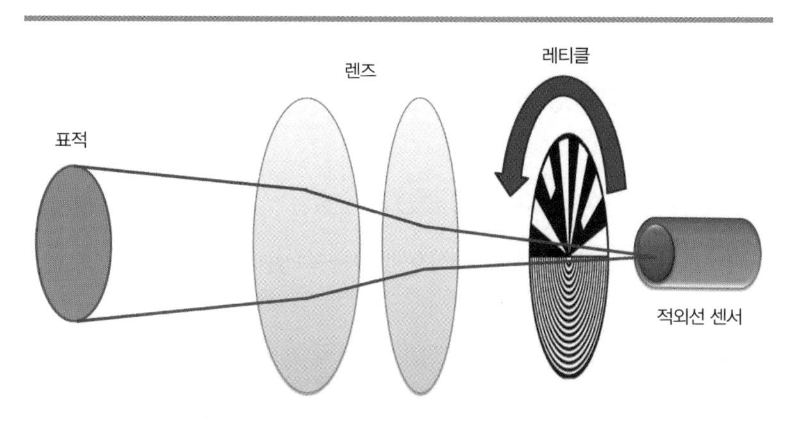

일반적인 레티클 방식 적외선 센서 구성

미사일의 적외선 센서 앞에는 레티클이라 부르는 작은 원판이 고속으로 회전하는데(종류에 따라서는 레티클은 가만히 있고 센서가 회전하는 경우도 있음) 이 원판은 어떤 부분은 투명하고, 어떤 부분은 반투명한 형태다. 만약 가장 적외선이 강한 부분이 242쪽 위쪽 그림(AM 방식 레티클 예제)의 점이 있는 부분이라면 레티클이 회전하면서 투명한 부분이 지나갈 때는 적외선 신호가 강해질 것이고, 불투명한 부분이 지나갈 때는 적외선 신호가 약해질 것이며, 반투명한 부분이 지나갈 때는 그 절반 정도의 신호가 들어올 것이다. 다만 표적이 불투명한 곳에 가린다고 하더라도 자연상태에서는 기본적으로 태양 등에 의해 적외선이 존재하므로 적외선 센서는 완전히 0의 값을 표시하지는 않는다.

만약 표적이 적외선 레티클의 15도 방향에 있다면, 레티클의 시작점이 15를 지날 때는 신호가 약해졌다가 이후 반복적으로 신호가 강해졌다 약해졌다 하다가 다시 레티클 시작점이 180도를 지나고 나면 신호가 전체의 절반만큼만 들어오게 된다. 미사일의 조종장치는 이 신호를 분석하여 표적이 얼마나 탐색기의 중심축에서 벗어났는지를 계산해낸다. 또한 레티클 모양의 특성상 표적이 중심에서 멀리 떨어져 있을수록 레티클 검은 무늬 사이의 간격이 넓어지므로 신호가 강해지며 반대로 중심에 있을수록 약해진다. 이러한 방식을 진폭 변조AM, Amplitude Modulation 방식이라고 한다.

1980년대 무렵부터는 주파수 변조FM, Frequency Modulation 방식이 유행하기 시작하는데, 이 방식은 렌즈와 거울 등을 이용하여 표적에서 나온 적외선이 하나의 점이 아니라 둥근 고리 형태로 탐색기에 맺히도록 한다. 주파수 변조 방식은 보통 레티클을 고정시켜놓고 적외선 센서를 회전시키는데, 만약 표적이 탐색기 중심축에서 벗어나 있으면 센서의 신호가 특정 지점에서는 길어지고, 특정 지점에서는 짧아진다. 미사일의 유도장

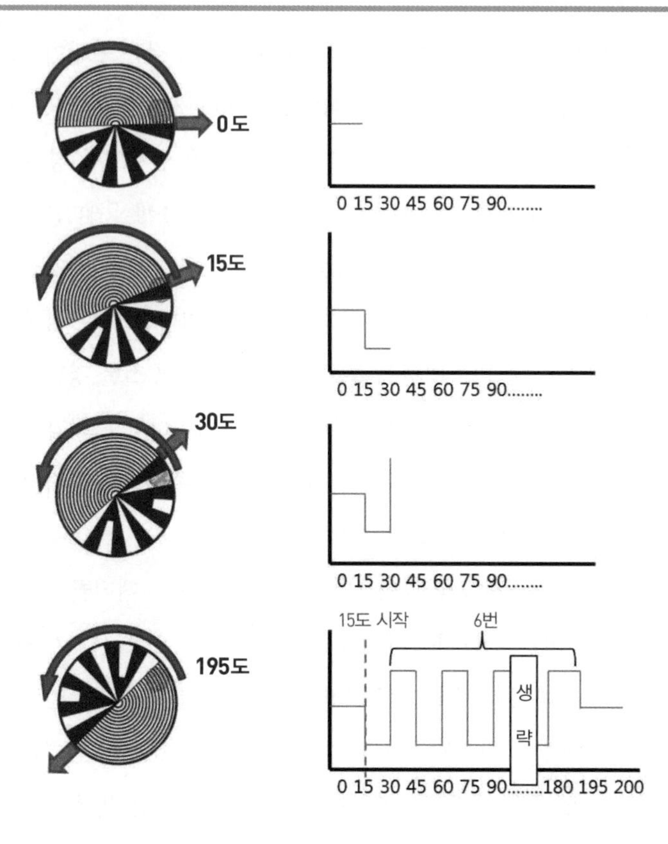

AM 방식 레티클 예제

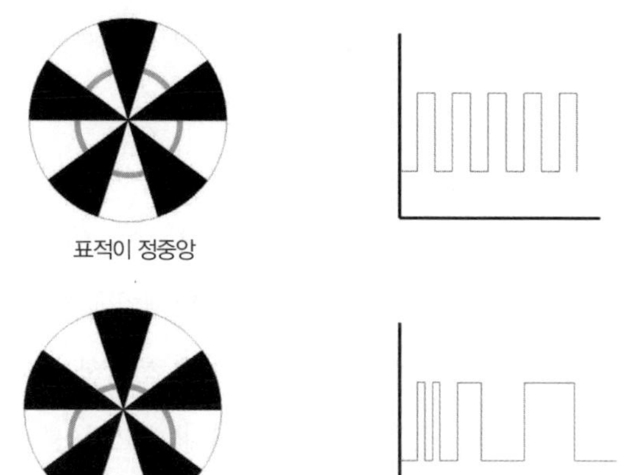

표적이 정중앙

표적이 중앙에서 벗어남

FM 방식 레티클 예제

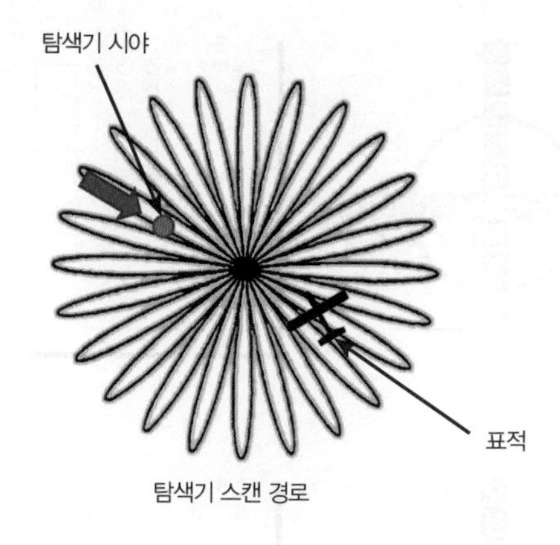

로젯 탐색 방식 예제

치는 이 신호의 길이를 측정하여 표적이 얼마나 중심에서 벗어나 있는지를 계산해낸다. 이 방식은 표적이 탐색기의 정중앙에 와도 신호가 약해지지 않다는 장점이 있다.

로젯rosette 탐색 방식의 적외선 센서는 그 자체 시야가 매우 좁다. 대신 이 방식은 적외선 센서가 미사일의 전체 시야 범위 내를 엄청나게 빠른 속도로 회전하되, 그 좁은 범위만 볼 수 있는 적외선 센서가 미사일 앞쪽의 넓은 범위를 훑으며 지나갈 수 있도록 마치 꽃무늬(로젯)처럼 회전하도록 만드는 것이 특징이다. 굳이 꽃무늬처럼 회전하도록 한 이유는 일종의 세차운동을 이용함으로써 고속으로 회전하는 탐색기로 쉽게 넓은 범위를 훑도록 만들어낼 수 있기 때문이다. 이 방식은 탐색기가 표적이 있는 위치를 지날 때만 특별히 신호가 강해지므로 그 위치를 파악하여 표적을 탐지해낼 수 있다. 로젯 방식은 종종 보통 미사일의 탐색기 자체를 짐벌 구조에 얹어 이리저리 돌리기 어려운 초소형 미사일들(이를테면 보병 휴대용 지대공미사일들)이 가능한 한 넓은 범위를 볼 수 있게 하기 위

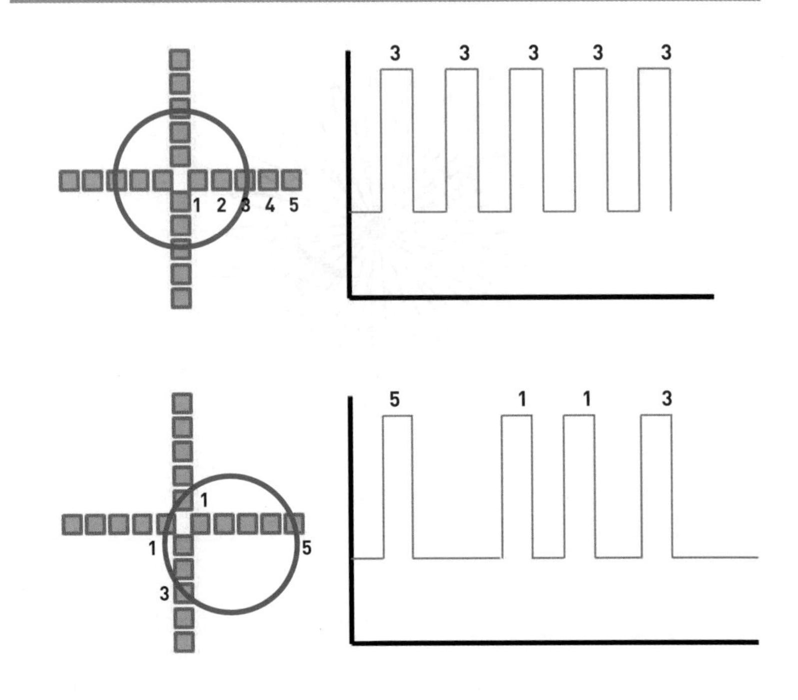

십자형 배열 적외선 센서의 예제

해 사용된다.

십자형 배열 적외선 센서는 일자로 여러 개 배열된 적외선 센서들을 다시 십자형으로 4개씩 조합한 것이다. 이 방식은 각 센서에 수신되는 신호의 타이밍과 신호를 수신한 센서 위치를 가지고 표적이 중심에서 어느 방향으로 얼마나 벗어났는지를 계산하며, 레티클 방식보다 정확도가 더 높다. 다만 이러한 장점에도 불구하고 십자형 배열 적외선 센서는 센서 자체로만 따지면 한 개가 아니라 여러 개를 사용해야 하므로 상대적으로 탐색기 전체의 값이 비싸지고 구조도 복잡해진다는 단점이 있다. 하지만 기술의 발전 덕분에 적외선 센서 자체의 소형화, 저가화가 가능해짐에 따라 1980년대 중후반부터 현재까지 널리 쓰이고 있다.

이상에서 살펴본 적외선 탐색기들의 최대 장점은 비교적 작은 크기의 탐색기이면서도 사람이 자신의 맨눈으로는 표적을 확인하기 어려운 야간이나 악천후에도 쓸 수 있다는 점이다. 그러나 표적을 어떠한 모습이 아니라 일종의 전기적 신호로 인식하다 보니 뒤에 설명할 영상 탐색기 방식에 비하면 적이 가짜 신호를 내보내서 미사일을 속이기 쉽다는 문제가 있다. 또한 적외선 탐색기는 바다나 하늘 위가 아니라 땅 위의 물체는 잘 인식하지 못하는데, 지면에서 올라오는 열기가 일종의 잡음으로 작용하여 표적에서 뿜어져나오는 적외선이 이 주변 열기로 인해 생기는 적외선에 묻히는 경향이 있기 때문이다. 그래서 적외선 탐색기는 주로 지상공격용 미사일보다는 대공미사일이나 대함미사일에 많이 쓰인다.

영상 탐색기

적외선 탐색기가 표적을 어떠한 신호의 강약 등으로 파악한다면 영상 탐색기는 사람이 눈으로 표적을 인식하듯 카메라를 통해 확인한 표적의 모양을 보고 표적을 인식하는 방식이다. 영상 탐색기는 표적의 모양을 보기 때문에 적외선 탐색기와 비교하여 특정한 적외선 신호를 쏜다거나 섬광탄(플레어flare, 자세한 내용은 17장에서 설명)으로 탐색기를 속인다거나 하기 어렵다. 또 적외선 탐색기는 지면에서 반사되어 올라오는 열기 때문에 지상 표적을 잘 인식하지 못하지만, 영상 탐색기는 모양을 보고 포착하기 때문에 지상 표적도 잘 인식하는 편이다.

영상 탐색기를 이용하면 사람이 미사일 유도에 개입할 필요 없이 미사일 내부에 표적에 대한 사진을 미리 입력하여 미사일이 알아서 표적을 확인·공격하도록 만들 수 있다. 이 방식을 자동 표적 인식, 혹은 자동 표적 획득 방식이라 부른다. 사람이 미사일 발사 전에 표적이 되는 특정 건물 주변의 영상을 미사일에 입력해놓고, 그중에서도 어느 건물이 표적이라고 지정해놓으면 미사일은 표적 근처에서 영상 탐색기로 주변을 둘러보고 그중 가장 그 건물과 비슷한 표적을 목표로 삼는다. 다만 미사일은 사람과 달리 융통성이 없기 때문에 미사일이 접근한 방향이 입력된 사진과 달랐다거나 하면 인식 가능성이 떨어지며, 심지어 사진을 찍었을 때와 계절이 달라 주변 수풀의 모양이 다르다거나 시간이 달라 그림자 등으로 인해 주변 모습이 바뀌기만 해도 표적을 잘 인식하지 못할 수 있다. 물론 일단 한 번만 표적으로 인식하고 나면 그때부터는 미사일이 움직이거나 표적에 접근함에 따라 표적의 모양이 달라 보여도 계속 연속적으로 표적을 인식하므로 표적을 놓칠 염려가 없다. 문제는 가장 처음, 딱 한 번 표적을 인식하는 것을 정확히 해야 하는데 이것이 쉽지 않다. 그래서 자동으로 표적을 인식하는 방식은 주로 표적은 고정된 시설이고 미사일이 어떠한 방향으로 어떻게 접근할지 미리 정해진 장거리 순항미사일에 많이 쓰이는 방식이다.

미사일이 좀 더 융통성을 갖도록 하기 위해 사람이 미사일에게 직접 표적을 지정해주는 방식도 있다. 이는 미사일의 영상 탐색기가 촬영한 영상을 사람이 실시간으로 보면서 어느 것이 표적이라고 직접 지정해주면 미사일이 그 표적을 표적으로 인식(락온lock on)하는 방식이다. 미사일이 발사되기 전에 미리 표적을 지정해주는 방식을 발사 전 락온LOBL, Lock on Before Launch, 미사일이 발사된 후 사람이 미사일과 유선이나 무선으로 데이터를 주고받으며 표적을 지정해주는 것을 발사 후 락온LOAL, Lock on After Launch이라 한다.

영상 탐색기, 특히 적외선 방식 영상 탐색기를 사용하는 대공미사일들은 실제 운용자 입장에서는 적외선 탐색기를 사용하는 미사일처럼 작동한다. 이러한 것들은 주로 뒤에 설명할 적외선 영상 탐색기를 사용하는 미사일들이다. 어차피 바다나 하늘 한가운데 있는 표적은 주변의 다른 지형지물이나 건물들과 헷갈릴 염려가 없으므로 미사일에 영상을 미리 입력하거나 사람이 직접 영상을 보면서 표적이 어느 것이라고 지정해줄 필요가 없다. 그렇기 때문에 대공미사일의 영상 탐색기는 먼 거리의 표적을 주변에서 유난히 온도가 높은 하나의 점처럼 인식하고 위치를 추적하기 시작하며 가까운 거리로 다가가면 점차 그 모양을 인식하기 시작한다. 사람이 적 항공기의 모양을 직접 확인할 것도 아니면서 굳이 대공미사일에 단순 적외선 탐색기가 아니라 적외선 영상 탐색기를 쓰는 이유는, 앞서 언급한 바와 같이 적외선 미사일을 속이는 각종 수단에 훨씬 덜 속아 넘어가기 때문이다.

현재 주로 쓰이는 영상 탐색기의 센서는 초점 평면 배열 방식으로 작은 광학센서 수천, 수만 개가 하나의 평면에 배열되어 있다. 사실 원리로 보면 근래에 많이 쓰는 디지털 카메라와 거의 같다.

영상 탐색기는 크게 가시광선 방식과 적외선 방식으로 나뉜다. 가시광선 영상 탐색기는 말 그대로 우리가 맨 눈으로 보는 빛의 영역을 다루며, 일반 카메라를 생각하면 된다. 가시광선 방식은 일반적으로 적외선 방식보다 영상이 더 선명하기 때문에 표적의 모양을 확인하기 좋고, 날씨만 좋다면 더 먼 거리까지 표적 포착이 가능하다.

적외선 영상 방식IIR, Imaging Infra-Red은 일종의 적외선 카메라(열상 카메라)를 사용하는 방식이다. 적외선 영상 방식은 가시광선 영상 방식에 비해 악천후에 강하며, 특히 밤에도 표적에서 나오는 열기를 이용하여 쉽게 표적을 포착할 수 있다. 다만 적외선 영상 방식은 가시광선 영상 방식에 비해 해상도가 일반적으로 떨어진다. 또 지면 등 주변의 열기가 표적의 열기와 뒤섞인 경우에는 맑은 날에도 오히려 가시광선 방식보다 표적 인식률이 떨어질 수 있다. 물론 적외선 영상 탐색기는 단순 적외선 탐

AGM-130 미사일(위)의 영상 탐색기가 지상 표적 명중 직전에 전송해온 가시광선 영상(아래) 〈위 http://fas.org / 아래 http://www.esacademic.com〉

AIM-9X 미사일(위)의 적외선 영상 탐색기가 표적 항공기(QF-4 팬텀 표적용 무인기) 명중 직전에 전송해온 적외선 영상(아래) 〈위 http://www.designation-systems.net / 아래 http://media.defenceindustrydaily.com〉

색기에 비하면 주변 열기와 뒤섞인 표적도 잘 인식하는 편이기 때문에, 지상공격용 미사일이 많이 사용한다.

레이저 탐색기

레이저 탐색기는 쉽게 말해 미사일이 특정한 레이저 불빛, 더 정확히는 그 레이저가 표적에 맞고 반사되는 것만 쫓아가도록 만든 것이다. 원리적으로 설명하면, 강의를 할 때 레이저 포인터로 한 점을 가리키면 사람들이 모두 그 점만 바라보는 것과 같다고 할 수 있다. 이때 사람들이 한 '점'으로 보는 것은 포인터에서 나오는 레이저 광선 줄기 자체가 아니라 그 포인터가 벽에 부딪혀 반사되어 나오는 빛이다. 게임 '스타크래프트'나 영화 〈트랜스포머〉 같은 데서도 레이저 추적 방식의 미사일이나 폭탄 등이 등장하는데, 병사가 표적에 빨간색, 파란색, 초록색 등의 사람 눈에 보이는 레이저를 쏘는 것으로 표현하고 있다. 그러나 실제 미사일 유도용으로는 사람 눈에 보이지 않는 적외선 레이저를 쓴다. 눈에 보이는 레이저를 쓰면 적이 레이저 빛을 보고 자신이 레이저로 조준당하고 있다는 것을 눈치챌 수 있기 때문이다.

레이저 조준 방식은 미사일 스스로는 어떠한 신호를 내보내지는 않지만, 최소한 아군이 미사일을 유도하기 위해 어떠한 신호를 내보내야 하므로 6장에서 언급한 바와 같이 반능동Semi-Active 유도 방식에 속한다. 그래서 특별히 SALSemi-Active Laser 유도 방식이라 부르기도 한다.

레이저 유도 방식의 장점은 미사일을 발사하는 사람과 표적을 조준하는 사람이 반드시 같지 않아도 된다는 점이다. 이를테면 지상군이 아군의 공격헬기나 전투기에 자신들 바로 근처의 어느어느 표적을 공격해 달라고 지원을 요청한다면 하늘의 조종사는 무선으로 설명을 듣고 가장 그럴싸한 표적을 찾아야 한다. 하지만 적과 아군 사이의 거리가 가깝거

실제 병사용 레이저 미사일 조준장치. 영화나 게임 등에서는 총에 부착된 레이저 조준기를 사용하지만 실제의 미사일 유도용 조준장치는 크기가 제법 커서 총기류에 부착할 수 없다. 〈http://elbitsystems.com〉

주니 레이저 유도 미사일의 발사 시험 장면. 일반 카메라로 찍은 영상(왼쪽)에서는 표적에 레이저가 보이지 않는 반면, 적외선 카메라로 보게 될 경우 레이저 신호가 보인다(오른쪽). 〈제작사 MBDA가 직접 올린 홍보영상 캡처 https://youtu.be/cbEBKY9arYQ〉

나 적 근처에 민간 시설이 섞여 있는 경우 잘못하면 오폭의 위험도 있고, 또 적이 여럿 있는 경우 그중 어느 적을 가장 먼저 공격해야 할지 조종사 입장에서는 알 수 없다. 더불어 지상에서는 잘 보이는 적이 정작 고속으로 비행 중인 전투기나 헬기에게는 잘 보이지 않을 수도 있다.

이때 레이저 유도 방식의 미사일을 사용하면 지상군이 표적에 대해 하나하나 설명할 필요가 없다. 지상군이 표적이 대충 어느 지점에 있다고 설명하면서 표적을 레이저로 조준하면 된다. 항공기에 따라서는 그 레이저가 찍힌 점을 인식하는 센서가 항공기에 달려 있어서 지금 지상군이 어느 지점을 조준하고 있다는 것을 조종석 화면에 표시해주기도 한다. 이때 조종사는 지상군이 대략 설명한(혹은 화면에 표시된) 표적 쪽으로 미사일을 발사하면 그 뒤는 미사일이 알아서 레이저로 표시되는 지점을 쫓아간다. 미사일을 발사한 항공기가 발사 직후 뒤로 돌아 주변의 적 대공포 등을 피해 달아나도 지상군이 레이저를 계속 비춘다면 미사일은 표적을 향해 계속 날아간다. 물론 필요시에는 미사일을 발사하는 전투기나 공격헬기가 직접 레이저 조준기를 탑재하여 표적을 조준하는 것도 가능하다.

레이저 조준 방식은 만에 하나 적이 아군 레이저를 흉내 내어 엉뚱한 곳에 대신 레이저를 쏜다거나, 혹은 아군이 여러 발의 레이저 유도 미사일을 동시에 발사하면 서로 혼선이 될 우려가 있기 때문에 단순히 빛을 비추는 것이 아니라 일종의 모스 부호처럼 정해진 패턴대로 깜빡거리며 표적을 조준한다. 이 패턴은 일종의 암호화된 패턴이며, 미사일은 미리 지정된 패턴대로 레이저가 깜빡거리는 표적만 쫓아가도록 설정되어 있다. 대부분의 조준장치와 미사일은 여러 종류의 패턴을 선택할 수 있기 때문에 서로 미리 패턴을 다르게 선택해놓으면 여러 미사일을 동시에 쏘아도 자신이 어느 신호를 쫓아가야 하는지 몰라 혼란을 겪을 염려가 없다.

레이저 탐색기를 사용하는 미사일은 표적에 명중하기 전에 레이저 신호가 끊기면 더 이상 유도가 되지 않는다는 단점이 있다. 레이저 미사일은 표적의 적외선이나 모양 등을 인식하는 것이 아니라 오직 정해진 패턴의 레이저가 비추는 점만 쫓아가는 방식이기 때문이다. 한편 최근에는 전차나 장갑차에 레이저 경보장치가 달려 있어서 적이 자신에게 레이저를 비추는 것을 감지하면 경보를 울려주고 그쪽 방향으로 레이저 신호가 가려서 잘 안 보이도록 연막탄(적외선도 가릴 수 있는 연막탄)을 쏘거나 하는 장치 등도 나오고 있다.

복합 탐색기

최근에는 미사일을 속이기 위한 각종 장치가 속속 등장하기도 하고, 또 복잡한 전쟁터에서는 미사일을 유도하는 방식이 융통성 있는 편이 좋다 보니 하나의 미사일에 여러 개의 광학센서를 달기도 한다. 이를테면 앞서 설명한 바와 같이 낮에는 가시광선 영상 방식이 표적을 잘 포착하고 밤에는 적외선 영상 방식이 표적을 더 잘 포착하므로 이 두 탐색기를 하나의 미사일에 동시에 탑재하기도 한다. 한편 적외선이라고 하나로 뭉뚱그려 불러도 실제로는 적외선 파장에 따라 단파장 적외선부터 장파장 적외선까지 다양한데, 표적의 종류에 따라 주로 뿜어내는 적외선 파장도 다르다. 이 때문에 각 상황에 맞춰 쓰거나 혹은 적의 기만용 섬광탄과 표적을 구별해내기 위해 하나의 미사일에 장파장 적외선 센서와 중파장 적외선 센서를 동시에 달거나 하기도 한다.

또한 지상군 지원용으로는 레이저 추적 방식이, 항공기의 조종사가 직접 표적을 포착하여 미사일을 일단 발사하고 재빨리 자리를 피하는 발사 후 망각을 위해서는 영상 추적 방식이 유리하다. 그러므로 하나의 적외선 영상 탐색기를 사용하되 모드에 따라 (적외선) 레이저 추적 방식으로도, 적외선 영상 추적 방식으로도 작동하는 복합 탐색기도 등장하고 있다.

물론 하나의 미사일에 여러 개의 탐색기를 집어넣으려면 그만큼 미사일 내부의 공간을 많이 잡아먹고, 가격도 올라가기 마련이다. 그럼에도 불구하고 과거에 비하면 탐색기나 기타 전자장비의 크기도 작아지고 값도 싸진 편이어서 최근에는 이러한 복합 탐색기 방식이 점차 각광을 받고 있다.

보병 휴대용 지대공미사일인 FIM-92 스팅어. 개량 버전의 경우 적 적외선 기만장치에 속지 않도록 적외선 센서뿐만 아니라 자외선 센서도 탑재한다. 〈Public Domain〉

세 가지 탐색기(능동형 레이더, 적외선 영상, 반능동 레이저)를 동시에 갖춘 GBU-53 SDB-II 활공 유도폭탄 〈http://www.raytheon.com〉

RADAR

CHAPTER 14

레이더 탐색기:

전파로 표적을 탐지

Seeker

빛을 이용하는 광학 탐색기는 어디까지나 표적에서 나오는 빛을 이용하기 때문에 대기 상태의 영향을 많이 받는다. 이번 장에서는 이러한 기상 상태에 영향을 덜 받고 탐지거리도 더 긴 레이더 탐색기에 대해 알아보고자 한다.

레이더 탐색기의 일반적인 특징

레이더RADAR란 Radio Detection and Ranging의 약자로 우리말로 하면 전자기파를 이용한 탐지 및 거리 측정장치라는 뜻이다. 전자기파란 넓은 의미로는 가시광선이나 적외선 등을 포함한 모든 빛을 뜻하지만, 여기서 말하는 전자기파란 주로 파장(전파의 파wave 모양이 한 번 높고 낮게 출렁하여 처음 모양으로 돌아오는 데 걸리는 거리) 대역이 1mm 이상 되는 대역의 전자기파를 말한다. 전자기파는 흔히 전파라고 부르기도 한다.

전파의 가장 큰 특징은 기상 상태의 영향을 거의 받지 않는다는 점이다. 물론 레이더도 비가 오거나 구름이 끼거나 하면 맑은 날보다는 성능이 감소되기는 하지만 광학 탐색기에 비하면 사실상 기상 상태의 영향을 받지 않는다. 그렇기 때문에 구름이나 비는 물론 대기 중에 섞여 있는 수증기나 대기의 흔들림에도 많은 영향을 받는 광학장비에 비해 레이더는 훨씬 먼 거리의 표적을 탐지해낼 수 있다.

레이더의 기본적인 작동 원리는 돌고래나 박쥐의 초음파와 비슷하다. 안테나로 먼저 전파를 허공에 쏘아 보냈을 때 만약 그 허공에 아무것도 없다면 전파는 그대로 허공으로 사라지겠지만, 만약 그 자리에 물체가 있다면 전파는 물체 표면에 반사되어 되돌아온다. 이때 전파를 쏘아 보냈다가 되돌아온 시간을 측정하면 표적과의 거리를 알 수 있다. 전파도 결국 빛의 일종이기에 그 속도는 일정하므로 걸린 시간과 빛의 속도를 이용하여 그 빛이 달려갔다 온 거리를 측정할 수 있기 때문이다(물론 실제 걸린 시간은 레이더에서 표적까지 왕복하는 데 걸린 시간이므로 이를 감안해야 한다). 이렇게 레이더 탐색기는 광학 탐색기와 달리 표적과의 정확한 거리도 측정할 수 있기 때문에 미사일을 더 다양하고 정밀하게 유도하도록 도울 수 있다.

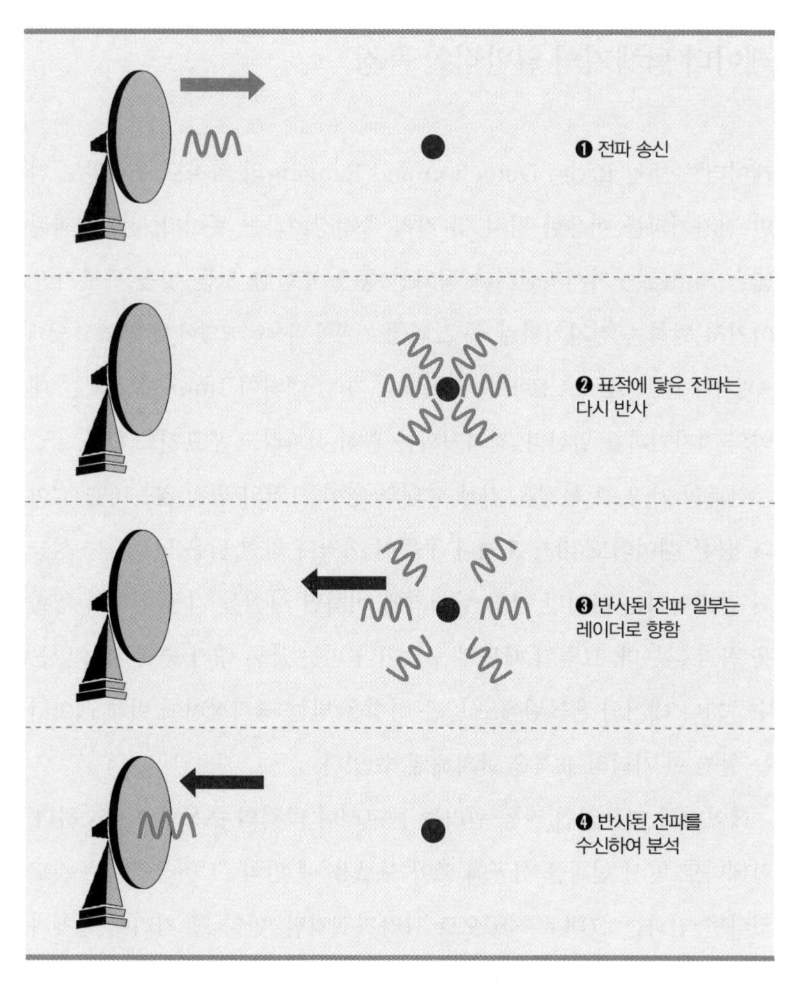

레이더의 기본 작동 원리

레이더 탐색기는 기상의 영향도 덜 받고 표적과의 거리 측정도 가능함에도 불구하고 광학 탐색기와 비교하면 몇 가지 단점도 있다. 일단 레이더 탐색기는 광학 탐색기와 비교하면 덩치가 크고 무게가 많이 나가기 때문에 소형 미사일에 탑재하기 어렵다. 또한 레이더 탐색기는 가격도 상당히 비싼 편이다. 그렇기 때문에 모든 미사일이 다 레이더 탐색기를 쓰기는 어려우며 호밍 미사일 중에도 광학 탐색기를 쓰기 곤란한, 사거리가 10~20km 이상 되는 미사일만 주로 레이더 탐색기를 사용한다. 또한 일부 특수한 레이더 탐색기를 제외하면 레이더 탐색기는 복잡한 지형지물에 섞여 있는 적을 탐지하기 굉장히 어렵다. 레이더는 앞에서 설명한 바와 같이 반사되어 되돌아오는 전파를 이용하여 적의 위치나 거리 등을 측정하는데, 지상 표적을 추적할 경우 표적뿐만 아니라 주변의 복잡한 지형지물 역시 전파를 반사해버린다. 이러면 레이더 입장에서는 어느 것이 표적에서 반사되어 되돌아온 전파인지 구분하는 것이 대단히 어렵다. 물론 이런 것을 구분해내는 레이더 탐색기도 있으나, 상대적으로 탐지거리가 짧거나 가격이 더 비싸거나 하는 단점이 있다 보니 아직 널리 쓰이는 상황은 아니다.

레이더 탐색기의 안테나

레이더 탐색기는 시대가 발전할수록 그 안테나 모양이 크게 바뀌어왔다. 가장 초창기의 레이더는 접시형 안테나를 사용했다. 접시형 안테나는 우리가 주변에서 흔히 볼 수 있는 위성TV 수신용 안테나와 원리적으로는 거의 같다. 접시 모양의 안테나는 일종의 오목거울 역할을 하여 전파를 한군데 모아주는 역할을 한다. 반대로 전파를 내보낼 때는 전파가 사방으로 퍼지지 않고 직선 방향으로 나가도록 해주는 역할을 한다. 접시형 안테나의 문제는 미사일에 쓸 정도의 높은 정확도를 가진 레이더 탐색기용 접시형 안테나를 만들려면 복잡한 곡선 모양을 매우 정확하게 만들어야 하기 때문에 제작이 까다롭다는 점이다. 또한 접시형 안테나는 전파 특성에 따라 그 크기가 결정되기 때문에 경우에 따라서는 작은 미

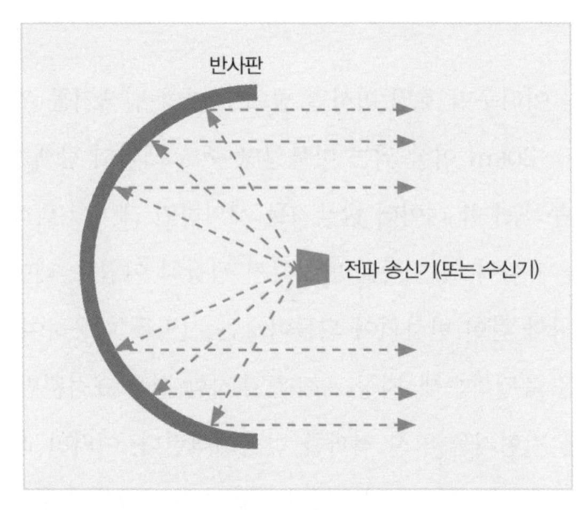

접시형 안테나의 원리

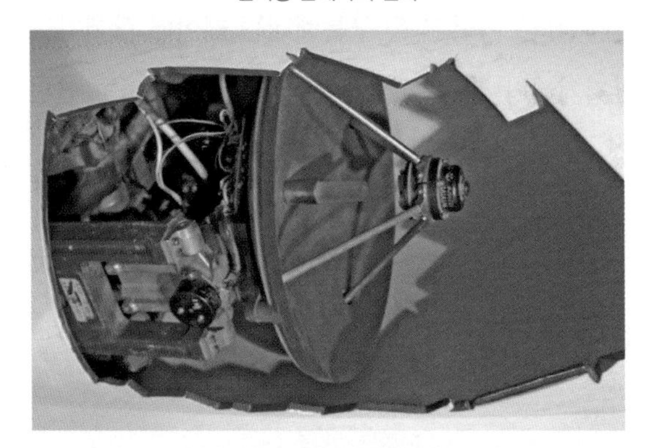

MIM-23 호크 지대공미사일의 접시형 안테나 〈CC BY 3.0 / Nova13〉

Kh-35 대함미사일의 평면 슬롯 배열 안테나 〈CC BY-SA 3.0 / Allocer〉

사일 안에 안테나를 집어넣을 수 없는 상황이 생기기도 하며 뒤에 설명할 모노-펄스 레이더로 만들기 어렵다는 문제점도 있다. 그래서 접시형 안테나는 최신형 탐색기에는 거의 쓰이지 않는 추세다.

대략 1980년대 이후 개발된 레이더 탐색기들은 주로 평면 슬롯 배열 안테나를 사용한다. 이 안테나는 접시형 안테나와 달리 평평한 모양이지만 그 평면에는 길쭉한 구멍slot이 여러 개 뚫려 있다. 이 구멍들의 숫자, 모양과 배치에 따라서 전파의 파장, 게인gain(전파가 얼마나 다른 곳으로 멀리 퍼지지 않고 원하는 지점으로 집중되는가를 나타내는 값) 등이 결정된다. 평면배열 안테나는 그 자체의 크기나 모양보다는 표면의 구멍의 모양과 배치 등에 따라 전파 특성이 달라지기 때문에 접시형 안테나에 비해 크기를 많이 줄일 수 있다. 또한 뒤에 설명할 모노-펄스 레이더를 구현하기 좋기 때문에 현재 많은 레이더 탐색기에서 평면 배열 안테나를 쓰고 있다.

레이더 탐색기의 표적 위치 탐색 방법

적외선 탐색기는 표적이 중심에서 얼마나 벗어났는지를 확인하기 위해 복잡한 모양의 레티클이나 영상 정보 등을 사용한다. 반면, 레이더 탐색기의 경우에는 크게 원뿔형 탐색 기법Conical Scanning과 모노-펄스mono-pulse 기법을 사용한다.

원뿔형 탐색 기법이란 미사일의 탐색기가 일부러 표적의 중심이 아니라 약간 빗나가게 그 주변을 빙글빙글 회전하듯 추적하는 방식이다. 탐색하는 패턴이 마치 원뿔cone 모양이라 하여 원뿔형 탐색(혹은 원추형 탐색)이라는 이름이 붙었다. 만약 표적이 원뿔의 한가운데에 있다면 표적에 반사되어 되돌아오는 전파의 세기는 레이더 안테나가 원뿔 모양 중 어느 각도를 향하건 동일하다. 그러나 표적이 특정 방향에 좀 더 치우쳐 있다면 그쪽에서만 전파 신호가 더 강하게 들어온다. 이때 탐색기는 어느 방향에서 가장 신호가 강하게 들어왔는지 판단하여 계속 안테나를 그쪽 방향으로 돌려서 레이더의 회전축이 계속 표적의 한가운데에 머물도록 하는 한편, 현재 안테나가 몇 도 정도 미사일의 중심축에서 틀어졌는지를 유도 조종을 담당하는 장치에 보내어 표적 방향이 미사일의 비행 방향에서 몇 도나 틀어졌는지를 알려준다.

그러나 이 방식은 적기가 탐색기 레이더의 신호를 흉내 내어서 적 레이더 안테나가 회전하는 타이밍에 맞춰서 다른 각도를 향했을 때 일부러 더 강하게 가짜 전파를 내보내면 안테나는 엉뚱한 방향에 있을 때 더 강한 신호가 들어온다고 착각하여 표적의 위치를 잘못 판단할 위험이 있다. 원뿔형 탐색 방식은 이렇게 적의 대응 수단에 속기 쉬운 문제 때문에 현재는 거의 쓰이지 않는다.

현재 레이더 탐색기는 모노-펄스 방식을 주로 사용한다. 이 방식은 안테나를 4곳가량으로 영역을 나누어 각 영역의 표적에 닿았다가 반사되어 돌아오는 전파의 신호 타이밍을 각각 측정한다. 안테나의 영역을 나누어야 하므로 이 방식은 주로 앞서 설명한 평면 배열형 안테나를 많이 사용한다. 겉보기에는 하나의 평면 안테나 같지만, 실제로 전파 신호를 받아들일 때는 4개의 면이 각각 다른 안테나처럼 작동하는 셈이다. 만약 표적이 레이더로부터 일정 각도 벗어나 있다면 각 영역에서 수신된 전파의 타이밍이 근소하지만 차이가 난다. 이 차이를 계산하면 표적이 레이더 탐색기 안테나 중심으로부터 얼마나 벗어나 있는지를 알 수 있으며, 탐색기는 이를 이용하여 안테나의 중심 방향이 계속 표적을 향하도록 할 수 있다.

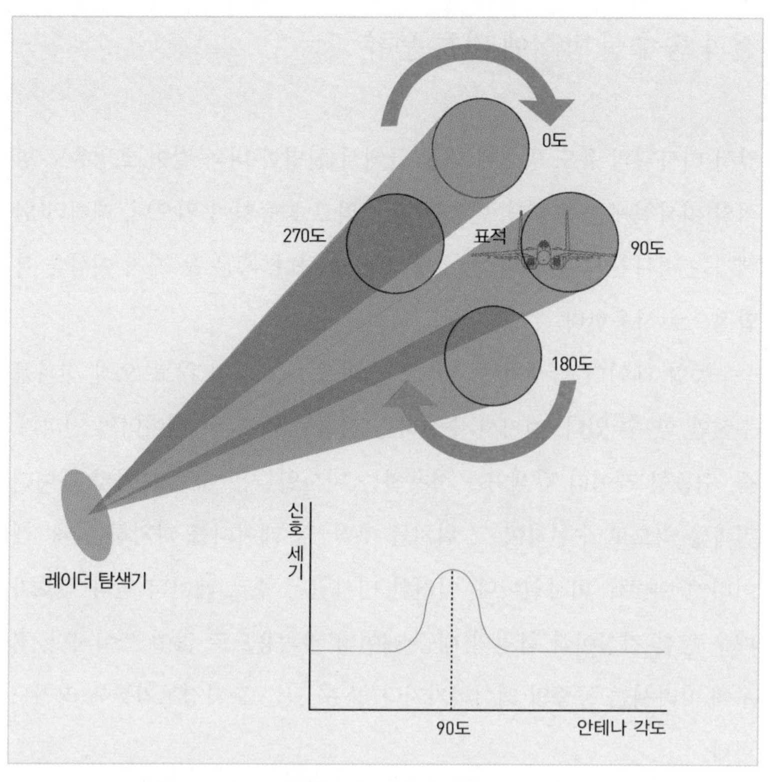

원뿔형 탐색 방식의 기본 원리

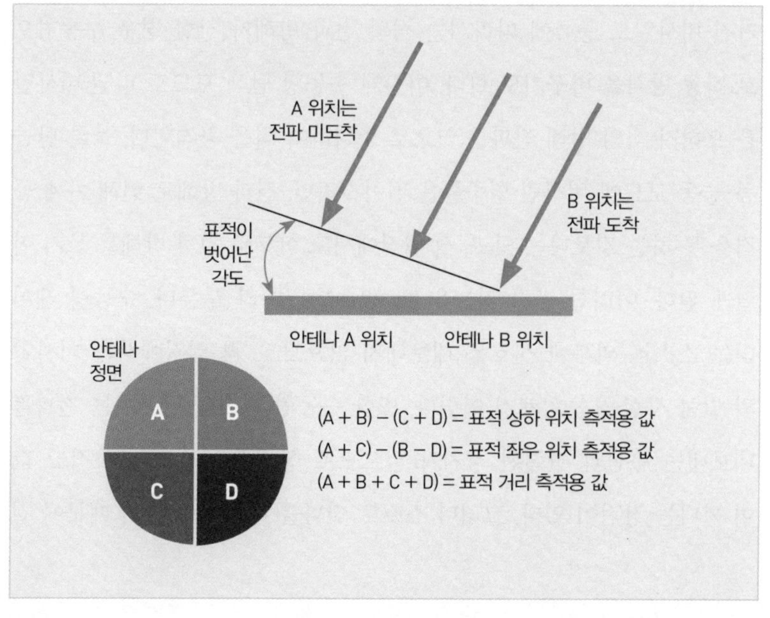

모노-펄스 방식의 기본 원리

전파 송수신 방식에 따른 분류

앞서 미사일의 유도 방식에 대한 글에서 설명한 바와 같이 호밍유도 방식의 미사일에는 수동형, 반능동형, 그리고 능동형이 있으며, 레이더 탐색기는 미사일 종류에 따라 이 방식들 중 하나, 혹은 두 가지 이상을 복합적으로 사용한다.

수동형 레이더 탐색기는 스스로 전파를 내보내지 않고 오직 전파를 수신만 할 수 있다. 여기서 수신하는 전파는 바로 적 레이더의 전파다. 즉, 수동형 레이더 탐색기를 사용하는 미사일들은 대부분 적의 레이더 전파를 역으로 수신하여 그 위치를 추적, 적 레이더를 파괴하는 대對레이더anti-radiation 미사일이다. 이러한 미사일은 주로 레이더 전파 신호가 매우 강한 지상이나 함정의 대공 레이더 파괴용으로 많이 쓰이지만, 경우에 따라서는 공중의 레이더기지라 할 수 있는 조기경보기를 노리기도 한다.

한편 앞서 6장에서 설명한 바와 같이, 반능동·능동 레이더 탐색기를 가진 미사일도 종류에 따라서는 적의 전파 방해가 강한 경우 수동형으로 작동 방식을 바꾸기도 한다. 이렇게 수동형 탐색 모드로 바뀐 미사일은 오히려 적의 방해 전파를 역으로 추적하여 적을 공격한다. 물론 반능동·능동 모드에 비하면 명중률은 떨어지지만, 전파 방해로 인해 아예 공격을 못 하는 것보다는 낫고, 적 입장에서도 함부로 전파 방해를 쓰기 어렵게 된다. 이러한 공격 기능을 HOJHome on Jam라 부른다. 수동형 레이더는 스스로 외부에 신호를 내보내지 않으므로 적 입장에서는 미사일의 발사 사실을 눈치채기 어렵다. 또한 수동형 레이더 탐색기는 전파를 내보내는 송신과 관련된 장치가 없으므로 상대적으로 크기가 작고 값이 싸다는 장점이 있다. 그러나 스스로 전파를 내보내지 않기 때문에 전

수동형 레이더 탐색기를 사용하는 AGM-88 HARM(High-Speed Anti-Radiation Missile) 대레이더미사일 〈Public Domain〉

파가 출발한 시간과 도착한 시간을 측정할 수 없으며 그래서 표적의 방향만 알 수 있을 뿐, 정확한 거리를 알 수 없다. 또한 적이 레이더를 꺼버리면 탐색기는 더 이상 표적을 추적할 수 없다. 최신형 대레이더미사일은 이러한 상황에서 마지막으로 파악한 적 레이더의 위치를 기억하여 그 방향으로 날아가기도 한다. 하지만 정확한 거리 측정이 안 되는 수동형 레이더 탐색기 특성상 그 기억해둔 위치 자체가 정확하다고 볼 수 없기 때문에 아무래도 적이 계속 전파를 내보낼 때에 비하면 명중률이 떨어지기 마련이다.

반능동형 레이더 탐색기는 전파를 내보내지 않고 수신만 한다는 점에서는 수동형 레이더 탐색기와 작동 방식이 동일하지만 수신하는 전파가 적이 쏜 전파가 아니라 아군이 쏜 전파라는 점이 다르다. 반능동형 레이더 탐색기는 보통 대공미사일에 많이 쓰이는 방식으로 미사일을 유도하는 지상의 레이더, 혹은 전투기의 레이더가 표적을 계속 비추면 거기서 반사되어 되돌아오는 전파를 수신하여 표적을 향해 날아간다. 이 방식은 수동형에 비하면 중간에 레이더 신호가 임의로 꺼지거나 할 염려가 없

반능동 레이더 탐색기를 사용하는 AIM-7 스패로우(Sparrow) 중거리 공대공미사일 〈Public Domain〉

으므로 중간에 전파가 끊겨 미사일이 표적을 잃을 확률이 적다.

또한 이 방식의 탐색기는 수동형 레이더 탐색기와 마찬가지로 적기와의 거리는 알 수 없지만, 대신 미사일과 표적 사이의 상대적인 속도는 측정할 수 있다. 움직이는 물체에서 나오거나 그 물체에 반사되어 나오는 전파(및 소리를 비롯한 모든 종류의 파장)는 속도에 따라 주파수가 변하는데, 이를 도플러 효과Doppler Effect라 한다. 이 도플러 효과로 인해 빠른 속도로 움직이는 표적(주로 적 항공기)에 반사되어 되돌아오는 전파는 원래 표적을 비춘 레이더가 송신한 전파와 주파수가 달라지기 마련이다. 표적을 쫓는 레이더는 앞의 반능동 탐색기로 표적에서 반사되어 나오는 전파를 수신할 뿐만 아니라 뒤를 향한 작은 안테나를 이용하여 아군 레이더가 송신한 전파도 수신하여 두 수신된 전파를 비교해 적기와 미사일 사이의 상대적인 속도를 계산해낼 수 있다. 이렇게 미사일이 표적과의 상대적인 속도를 아는 경우, 표적의 방향만 아는 경우에 비해 더 다양하고 복잡한 유도 조종 기법을 이용하여 빠르게 움직이는 표적에 더 정확히 명중할 수 있다.

그러나 반능동형 레이더 탐색기는 여타의 반능동형 탐색기와 마찬가지로 아군이 표적 조준을 중단해버리면 더 이상 표적을 쫓을 수 없다. 그래서 이 미사일을 사용하는 전투기나 함정, 지대공미사일 기지 등은 미사일이 명중할 때까지 전파를 비추어야 하므로 대부분의 경우 하나의 레이더로는 하나의 미사일만 명중시키는 것이 가능하다. 이 때문에 동시에 여러 방향의 적기를 상대하려면 반능동 레이더 미사일 유도를 위한 별도의 레이더(보통 표적을 비춘다 하여 일루미네이터illuminater라고도 부른다)를 여러 개 두던지, 여러 표적에 대해 전파를 아주 빠르게 돌아가며 조금씩 비춰야 하는 어려움이 있다.

능동형 레이더 탐색기는 하나의 완전한 레이더라 할 수 있으며, 탐색기 스스로 전파를 내보내고 받는다. 이 방식은 수동·반능동형 레이더 탐색기와 달리 표적의 거리를 정확히 알 수 있다는 점이 가장 큰 장점이다. 또한 능동형 레이더 탐색기가 동작한 시점에서는 미사일이 스스로 전파를 내보내며 표적을 쫓아가므로 미사일을 발사한 입장에서는 더 이상 미사일 유도에 관여하지 않아도 된다. 그렇기 때문에 미사일 발사 후 바로 위험지역을 이탈하거나, 혹은 동시에 여러 표적을 공격할 수 있다. 또한 미사일이 표적에 다가갈수록 레이더와 표적 사이의 거리가 가까워지는 격이므로 레이더의 신호가 점점 강해져서 미사일이 표적을 더 정확히 추적할 수 있으며, 적의 방해 전파에도 잘 속지 않는다.

그러나 능동형 레이더 탐색기는 전파를 직접 송신해야 하기 때문에 이에 필요한 각종 부품이 추가되어야 해서 탐색기의 전체적인 무게, 부피와 가격 면에서 다른 두 방식의 탐색기보다 불리하다. 특히 전파 신호

능동 레이더 탐색기를 사용하는 미티어(Meteor) 공대공미사일 〈MBDA〉

를 만들어 내보내는 장치는 가격이 상당히 비싸기 때문에 어떻게 보면 1회용인 미사일에 쓰기에는 꽤나 아까운 장치기도 하다. 게다가 미사일 크기의 한계상 대형 레이더 탐색기를 쓸 수 없다 보니 보통 레이더 탐색기 자체의 탐지거리도 보통 10~20km 수준이다. 그렇기 때문에 더 먼 거리의 표적을 공격하려면 다른 유도 수단을 추가해야 한다. 그럼에도 불구하고 앞서 언급한 장점들이 워낙 크기 때문에 점차 능동형 레이더 탐색기가 레이더 유도 방식 미사일용 탐색기의 주류로 자리를 잡아가고 있다.

CHAPTER 15

발사대 :

미사일 발사대의 종류와 특징

MISSILE LAUNCHER

●●● 어떠한 종류의 미사일이건 미사일이 제 역할을 하려면 일단 발사가 되어야 한다. 이 당연한 이야기를 현실로 만들기 위해서는 생각보다 많은 고민거리와 어려움이 있다. 이번 장의 주제는 미사일 발사대(missile launcher)다. ●●●

발사대의 일반적인 모양

발사대의 주된 목적은 미사일이 발사되지 않을 때는 확실히 붙잡고 있다가, 발사가 되는 순간 미사일이 자유롭게 발사대를 떠나게 하는 것이다. 이런 발사대의 형태는 튜브형, 레일형, 그리고 투하형 이렇게 크게 세 가지로 분류할 수 있다.

튜브형은 이름처럼 원통, 혹은 사각형인 관 모양의 발사대 안에 미사일이 들어가 있는 형태다. 보통 튜브형 발사대는 미사일이 발사되지 않고 대기 중인 평상시에도 그 자체가 미사일을 외부의 온도나 습기, 이물질로부터 미사일을 보호하는 케이스 역할을 겸한다. 보통 튜브형 발사대는 앞뒤에 밀봉형 덮개가 있으며, 이 덮개들은 미사일이 발사되는 순간 내부 로켓의 화염 압력과 미사일이 튀어나가는 힘에 의해 깨져나가도록 설계되어 있다. 또한 덩치가 큰 미사일들은 깨져나가는 보호덮개와 별도로 외부 충격에 더 강한 금속제 보호용 덮개를 추가로 쓰는 경우도 있는데, 이러한 금속 덮개는 발사 직전에 미리 기계 장치 등의 힘으로 열린다.

발사대 튜브 내부 공간에 미사일을 꼭 맞게 설계하면 정작 미사일이 발사될 때 잘 빠져나오지 못하는 경우가 생긴다. 그래서 보통 미사일이 내부에서 흔들리지 않으면서도 빠져나올 때는 잘 빠져나오도록 송탄통 sabot이라 부르는 것을 미사일과 튜브 사이에 끼운다. 이 송탄통은 튜브 내에서 쉽게 미끄러지도록 테프론 등 매끈하면서도 가벼운 플라스틱 계열 재질로 제작되는 경우가 많으며, 미사일이 발사되고 나면 안에 들어 있는 스프링 장치 등에 의해 미사일 바깥쪽으로 떨어져나간다. 일부 소형 미사일의 경우 별도의 송탄통 없이 미사일 바깥쪽에 마찰력을 줄이는 코팅이 되어 있는 작은 돌기 구조물이 붙어 있어 이 부분만 튜브 내벽에 닿도록 하여 발사 시 마찰력을 줄이기도 한다.

RGM-84 하푼 함대함미사일(위)과 그 튜브형 발사대(아래) 〈위 http://fas.org /아래 http://www.ontargetalignment.com〉

▲ 복합재 덮개를 깨고 나오는 RIM-7 시 스패로우(Sea Sparrow) 함대공미사일 〈Public Domain〉

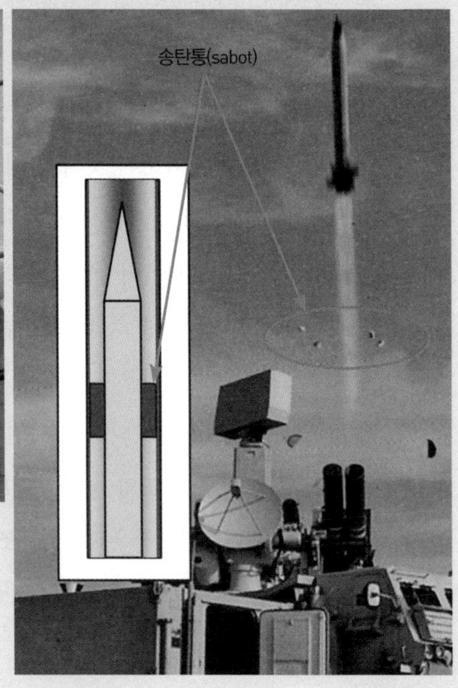

▶ 발사 직후 송탄통이 분리된 크로탈(Crotale) 지대공미사일 〈http://www.army-technology.com〉

한편 송탄통 대신 미사일 튜브 내부에 밑에 설명할 레일이 추가로 깔려 있는 경우도 있다. 또 일부 미사일은 발사 시 총탄처럼 회전하면서 날아가는데, 이를 돕기 위해 마치 대포나 총의 강선처럼 발사 튜브 내부에 나선형 홈이 파여 있는 것들도 있다.

레일 발사대는 마치 레일 위를 달리는 기차나 레일에 매달려 있는 모노레일처럼 미사일이 레일을 따라 발사되도록 하는 방식이다. 보통 미사일에는 이 레일 모양에 맞게 슈shoe(신발) 혹은 행어hangar(걸이) 등으로 부르는 부분이 붙어 있으며, 미사일은 이 슈나 행어를 통해 레일에 맞물려 발사 시 레일을 따라 똑바로 나간다. 앞서 튜브형 발사대에서 언급한 바와 같이 일부 미사일 발사대는 외부적으로 보았을 때는 튜브 형태지만, 내부에는 송탄통 대신 이 레일을 깔아두는 경우도 있다. 일부 레일 발사대는 레일 부분에 마찰계수를 줄여주는 물질을 코팅해놓아 미사일이 레일을 따라 더 잘 미끄러져나가도록 돕기도 한다.

투하 방식 발사대는 전투기나 폭격기 같은 항공기에서 쓰는 방식으로 미사일을 마치 폭탄처럼 아래로 투하하는 발사대다. 이것은 미사일이 똑바로 나가도록 돕는 역할은 하지 않으며, 단지 전투기에서 미사일이 정확히 분리되도록 하는 역할만 한다. 이 방식은 보통 평상시에 발사대가 미사일의 슈, 행어 등을 붙잡고 있다가 조종사가 발사 버튼을 누르면 잡고 있던 것을 놓는다. 그와 동시에 압축공기나 화약 카트리지로 작동하는 피스톤 등으로 강하게 미사일을 아래쪽으로 밀어낸다. 굳이 발사대가 미사일을 피스톤으로 밀어내는 이유는 전투기의 자세나 돌풍 등에 의해 공중에서 미사일이 공기의 힘을 받아 다시 전투기 쪽으로 튀어 올라 전투기와 부딪히는 것을 막기 위해서다.

❶ LAU-129 레일형 발사대에 장착된 AIM-120 AMRAAM 공대공미사일 〈http://www.globalsecurity.org〉
❷ ASRAAM 공대공미사일의 레일 발사대 장착용 행어(노란색 화살표) 〈http://www.globalsecurity.org〉
❸ MICA VL 함대공미사일의 튜브형 발사대 내부 모습. 미사일 자체는 레일을 따라 발사되는 구조. 〈http://www.meretmarine.com〉
❹ F-15 전투기로부터 아래로 투하된 뒤, 로켓이 점화된 AIM-7 스패로우 미사일 〈Public Domain〉

발사대의 일반적인 구성품

발사대는 미사일이 발사되기 전까지는 충격이나 흔들림이 있어도 미사일이 제멋대로 놀지 않도록 해야 한다. 앞서 설명한 송탄통도 이를 위한 장치 중 하나지만, 이것은 좌우로 흔들리는 것만 막아줄 뿐이다. 앞뒤로 흔들리는 것을 막아주는 방법으로 일종의 클램프처럼 생긴 고리가 미사일 뒤쪽이나 중간쯤을 꽉 물어 구속해주는 방식이 있다. 이 클램프 고리형 구속장치는 일반적으로 좌우로 갈라지듯 벌어지는 구조로 되어 있으며, 평상시에는 미사일을 붙잡은 채로 양쪽 고리가 폭발 볼트로 고정된다.
폭발 볼트란 볼트 내부에 소량의 화약을 심어둔 것으로, 이 화약이 전기 신호에 의해 터지면 그 충격파로 인해 볼트의 특정 부분이 끊어진다. 미사일 발사 명령이 떨어지면 이 폭발 볼트가 끊어지면서 스프링의 힘 등에 의해 클램프 고리가 좌우로 갈라져서 미사일이 자유롭게 움직일 수 있는 상태가 된다.

또는 미사일의 슈, 행어 등을 앞뒤로 움직이지 못하도록 잠금장치가 꽉 무는 방식도 있다. 이 방식은 보통 잠금장치가 강한 스프링 등으로 버티는 방식이기 때문에 미사일의 로켓이 점화되면 미사일은 이 스프링의 힘을 이기고 앞으로 나가면서 잠금장치를 풀어버린다.

한편 미사일 발사대에는 미사일과 미사일 통제장치를 연결하는 전선과 컨넥터가 있다. 우리말로 흔히 배꼽 케이블(혹은 컨넥터)이라고 부르는 것으로, 영어 단어인 엄빌리컬 케이블umbilical cable을 번역한 것이다. 배꼽 케이블은 미사일이 발사되기 전에 전원이나 적외선 탐색기의 냉각공기를 공급해주기도 하며, 미사일이 발사되기 직전까지 미사일에 표적에 대한 정보를 전송해주기도 한다. 또한 미사일은 이 배꼽 케이블을 통해 자신의 준비 상태, 고장 유무 등에 대한 정보를 운용요원에게 전달하여 운

정비병들이 AIM-9X 사이드와인더 미사일을 전투기에 탑재하는 모습. 검은색 케이블이 배꼽 케이블.
〈Public Domain〉

용요원이 미사일의 상태를 확인할 수 있도록 돕는다.

미사일이 발사되면 아주 순식간에 앞으로 튀어나가므로 이 케이블을 어떻게 연결할 것인가도 중요한 일이다. 가장 단순한 방식으로는 미사일이 발사되면 그 힘에 의해(혹은 추가로 미사일이 앞으로 움직이면 일종의 칼날에 케이블이 걸리게 하여) 케이블이 끊어지도록 하는 것이다. 그러나 이 방식은 전송할 정보량이 많거나 해서 배꼽 케이블이 굵은 경우에는 제대로 끊어지지 않을 수 있다.

또 다른 방식은 미사일과 발사대 양쪽에 컨넥터가 나와 있어 서로 직접 끼워지는 방식이다. 발사대 쪽에 붙어 있는 배꼽 컨넥터는 미사일이 발사되어 앞으로 움직이면 스프링 힘에 의해 미사일에서 멀어지는 방향으로 움직이거나 하여 미사일에서 분리된다. 배꼽 컨넥터 방식은 발사대 내부 구조가 좀 더 복잡해지지만 더 많은 정보를 주고받거나 더 강한 전원을 미사일에 공급할 수 있도록 큰 컨넥터를 쓸 수 있다는 장점이 있다.

발사대의 재질은 미사일 종류에 따라 다르지만, 보통 보병 휴대용 미사일은 최대한 무게를 가볍게 하기 위해 보통 복합재를 사용한다. 반면 차량이나 함정에 탑재된 발사대는 복합재뿐만 아니라 미사일을 튼튼하게 보호하고 또 미사일에서 생기는 화염을 견디기 위해 알루미늄이나 철강 계열의 금속 재질을 사용하기도 한다.

포탑형 발사대와 수직발사대

차량이나 함정에 탑재되는 미사일 발사대는 크게 포탑형 발사대turret launcher와 수직발사대vertical launcher, 이렇게 두 종류가 있다. 포탑형 발사대는 전차나 전투함의 포탑처럼 360도 회전한다. 이렇게 회전하는 포탑형 발사대는 발사 준비가 되면 미사일이 표적 방향을 향하게 되며 보통 미사일 발사대가 특정 방향으로 경사지게 놓이게 된다. 즉, 포탑형 발사대는 미사일을 발사하기 전부터 표적을 향하도록 하므로 미사일이 발사 직후 표적을 향해 방향을 바꿔야 하거나 하는 어려움이 없다. 대신 발사대가 360도 회전할 수 있도록 만들어야 하므로 복잡하고, 또 동시에 여러 방면에서 적이 나타날 경우 미사일 발사대를 이 방향, 저 방향으로 돌려야 하므로 대응이 늦다는 단점이 있다. 게다가 함정에 탑재할 경우, 함정의 함교 같은 크고 높은 구조물에 가로막혀 특정 방향으로는 발사가 안 되는 사각지대가 생길 수 있다는 단점도 있다.

RIM-116 RAM 미사일의 포탑형 발사대 〈Public Domain〉

S-300 지대공미사일 시스템의 수직발사대 <http://www.ausairpower.net>

반면 수직발사대는 미사일 발사대를 무조건 수직으로 두는 방식이다. 이 방식은 발사 직후 미사일이 급선회를 할 수만 있다면 발사대를 돌리지 않고도 어느 방향으로든 발사할 수 있으므로 동시에 여러 방향에 존재하는 적을 향해 미사일을 연발로 날릴 수 있다. 특히 전투함이 수직발사대를 쓸 경우 함교 등에 가리는 사각지대가 거의 생기지 않는다. 또 전투함에서 수직발사대를 사용하면 미사일 발사대를 배 갑판 아래쪽에 심듯이 집어넣어 발사대를 바깥에 노출하지 않아도 되기 때문에, 배가 적의 레이더에 걸릴 확률이 줄어들기도 하고 적의 공격으로 인해 발사대 계통이 망가질 위험이 줄어든다.

전투함의 Mk.41 수직발사대 시스템에 미사일 캐니스터가 장전되는 모습(위)과 그 수직발사대에서 발사되는 BGM-109 토마호크 미사일의 모습(아래) 〈위 http://3.bp.blogspot.com / 아래 Public Domain〉

이러한 전투함용 수직발사대는 공간효율을 높이기 위해 사각형 튜브 형태로 주로 제작되는데, 이 사각형 튜브(캐니스터canister)는 안에 들어 있는 미사일과 함께 필요에 따라 통째로 교체가 가능하다. 즉, 미사일 로켓 화염을 처리해주는 장치나 각종 전자적 통제장치는 바꿀 필요 없이 미사일이 들어 있는 사각형 튜브만 바꿈으로써 임무에 따라 미사일의 종류를 달리할 수 있다.

다만 수직발사대를 사용하면 미사일은 발사 전에는 표적을 향할 수 없다. 이 때문에 발사 전에 표적을 락온해야 하는 단거리 적외선 호밍유도 방식 미사일이나 발사 직후 유도용 레이더 시선 내에 머물러야 하는 시선 지령유도 미사일은 수직발사대를 사용하기 어렵다. 또한 날아오는 적기나 적 미사일을 막기 위해 즉각적으로 표적을 향해 날아가야 하는 대공미사일은 발사 직후 표적 방향으로 급선회를 할 수 있는 능력이 있어야만 한다. 그리고 이러한 급선회 능력이 있다고 하더라도 아주 가까운 수백 m에서 1km 미만의 거리는 미사일이 표적을 맞힐 수 없는 사각이 생기기도 한다.

발사대-핫런칭과 콜드런칭

핫런칭Hot Launching에서 핫hot은 뜨겁다는 의미이며, 런칭launching은 발사라는 의미다. 여기서 핫이란 미사일 발사대가 미사일의 로켓 화염에 의해 뜨거워진다는 의미다. 반대로 콜드런칭Cold Launching은 발사대가 미사일의 화염에 닿지 않는다는 뜻이다. 핫런칭, 또는 콜드런칭은 주로 튜브형 발사대의 종류를 구분하는 방식이다.

핫런칭 방식은 미사일이 발사 튜브 내에서 자체 로켓의 힘으로 튀어나온다. 핫런칭 방식의 장점은 미사일이 튀어나가기 위해 발사대에 추가적으로 무언가 장치를 둘 필요가 거의 없다는 점이며, 또한 만에 하나 미사일 로켓의 점화장치에 무언가 문제가 생겨도 미사일이 그대로 발사관 안에 들어 있을 뿐 바깥으로 튀어나오거나 할 일은 없다는 점이다.

포탑형 발사대는 대부분 이 핫런칭 방식이며, 수직발사대에도 이 방식을 사용한다. 다만 포탑형 발사대의 경우 미사일이 발사 전에 비스듬하게 놓이므로 화염이 한쪽 방향 뒤로 뿜어져나오지만, 수직발사대의 경우에는 땅바닥에 반사되어 주변 사방에 피해를 줄 수 있다. 게다가 배에 탑재된 수직발사대는 미사일 화염을 따로 처리하지 않으면 배 갑판 아래

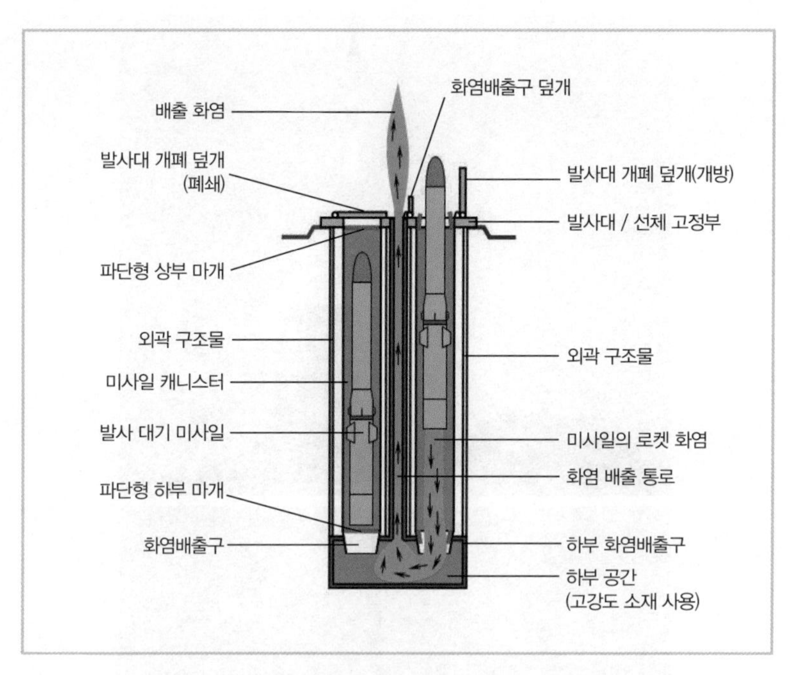

핫런칭 방식 미사일 발사대의 일반적인 구조 〈CC BY-SA 3.0 / AdmiralHood〉

가 그대로 로켓 화염에 닿게 된다. 그렇다고 단순히 발사대 뒤쪽을 막아 버리면 로켓 화염이 발사관 튜브를 타고 역류하여 미사일 자체를 덮치게 된다.

그렇기 때문에 핫런칭 방식은 화염이 정해진 통로, 혹은 반사판을 따라 빠져나가도록 해줘야 하며 그 통로나 반사판 구조물은 높은 온도와 빠른 속도로 뿜어져나오는 미사일 화염을 견디도록 특별한 소재를 써야 한다. 또한 화염이 화염배출구로 빠져나가지 않고 다른 옆의 미사일을 덮치는 경우에 대비하여 핫런칭 미사일 발사대는 미사일 하부에는 안쪽이 아니라 바깥쪽에서 힘이 가해질 경우에는 잘 깨지지 않도록 설계된 파단형 마개를 사용하여 발사 대기 중인 다른 미사일을 화염으로부터 보호한다.

콜드런칭 방식의 S-400 지대공미사일 시스템. 미사일 외부 사출 직후, 로켓 점화 전의 모습(위)과 공중에서 로켓 점화 후의 모습(아래) 〈http://www.ausairpower.net〉

콜드런칭은 미사일 발사 튜브 안의 사출장치가 미사일을 바깥쪽으로 밀어내는 구조다. 이 사출장치는 보통 순간적으로 큰 힘을 내기 위해 화약 카트리지로 작동하며, 보병 휴대용 미사일들의 경우에는 아예 별도의 사출용 로켓 모터가 달려 있는 것들도 있다. 이렇게 콜드런칭 방식으로 발사된 미사일은 일정 거리만큼 발사대 바깥쪽으로 튕겨져나간 다음 로켓을 작동시켜 표적을 향해 날아간다.

이 방식은 미사일의 로켓이 발사관을 빠져나온 다음에 작동하므로 발사관이 미사일 화염에 노출될 일이 없다. 그렇기 때문에 화염 처리를 위한 특수 소재를 사용할 필요가 없으며, 또한 보병용 휴대용 미사일의 경우 발사된 미사일 화염이 보병을 덮치는 사고를 막을 수 있다. 지상 발사대에서 콜드런칭 방식을 사용할 경우 로켓에서 뿜어져나온 가스가 흙먼지를 만들거나 하는 일이 없기 때문에 발사대 위치가 적에게 노출될 위험이 적다.

그러나 콜드런칭 방식은 만에 하나 미사일 자체의 로켓 점화장치가 제대로 작동하지 않아도 미사일은 사출장치에 의해 무조건 바깥으로 튕겨나가버린다. 특히 콜드런칭 방식 수직발사대는 공중으로 10여 m 이상 미사일을 밀어내는데, 만약 그 미사일의 로켓이 점화되지 않으면 그대로 다시 발사대로 떨어지는 사고가 생길 수 있다. 더불어 콜드런칭 발사대는 미사일을 순간적으로 사출시키기 위한 구조가 들어가야 하므로 발사대의 내부 구조가 복잡해진다는 단점이 있다.

CHAPTER 16

미사일 회피 및 방어 시스템 1

MISSILE AVOIDANCE & Defense system

Soft Kill

역사적으로 창과 방패의 싸움은 끝이 없었다. 창이 날카로워지면 이를 막는 방패는 더 두꺼워지는 법이다. 현대에 와서 비록 미사일을 직접 막는 방패를 만드는 것은 불가능에 가깝지만, 대신 미사일로부터 자신을 보호하기 위해 미사일을 회피하거나 미사일이 혼란을 일으키게 만드는 시스템이 개발되고 있다. 미사일을 막는 방법을 크게 두 가지로 구분하면 하드킬(Hard Kill)과 소프트킬(Soft Kill)로 나눌 수 있다. 하드킬은 적 미사일을 여러 가지 수단으로 파괴해버리는 것을 말한다. 말 그대로 직접적인 킬(Kill)이다. 반면 소프트킬은 적 미사일을 혼란스럽게 만들거나 표적을 놓치게 만드는 것이다. 소프트킬은 미사일을 직접 파괴하는 것은 아니지만 어쨌거나 미사일은 표적에 명중하지 못하므로 무용지물이 된 것은 매한가지다. 하드킬 수단에 대해서는 18장에서 좀 더 자세히 다루고, 이 장과 다음 장에서는 소프트킬 수단에 대해 중점적으로 설명하고자 한다.

지피지기면 백전불태

현대전에서 미사일은 매우 중요한 공격수단 중 하나다. 이런 상황이다 보니 이를 피하기 위한 방법도 정말 다양하게 개발된 상태다. 그러나 모든 미사일 회피 및 방어 시스템은 바로 적의 미사일을 분석하는 것에서 시작하며, 이것이 얼마나 잘 되었느냐에 따라 실전에서의 방어 및 회피 확률이 달라진다. 싸움에 있어서 핵심은 적을 알고 나를 아는 것이라는 지피지기知彼知己면 백전불태百戰不殆라는 말이 천년 전이나 지금이나 변함없는 셈이다. 적 미사일의 여러 특징을 파악했다면 어떻게든 아군이 이것을 피할 수 있는 길을 찾을 수 있기 마련이다. 물론 인터넷이나 전문서적 등을 찾아보면 의외로 여러 나라의 미사일에 대한 정보는 일반인들도 쉽게 찾을 수 있다.

그러나 거기에는 정말 핵심적인 내용은 대부분 빠져 있다. 인터넷에 어떤 미사일의 사거리가 나와 있다고 해도 그 사거리가 어떠한 조건에서 나올 수 있는 사거리인지는 알 수 없다. 미사일은 표적의 접근 방향과 위치에 따라 사거리가 천차만별로 달라지기 때문이다. 또 그 미사일이 적외선 탐색기를 쓴다고 해도 그 탐색기가 특히 중점적으로 사용하는 적외선 파장 대역은 정확히 몇 Hz의 어느 영역인지, 어떠한 주파수로 레티클(13장 광학 탐색기 편 참조)을 이용하는지 같은 것은 인터넷이나 책에서 찾을 수 없다.

그래서 각 군대와 미사일 방어 시스템 개발자들은 적 미사일의 성능과 특징을 알아내기 위해 항상 피나는 노력을 한다. 에어쇼에 나오는 실물이나 모형을 사진으로 찍어 와서 분석하는 것은 물론 그 미사일이 실전에서 보여준 여러 사례를 보고 특성을 유추하기도 한다. 심지어 제3국 등을 거쳐 적국의 실물 미사일을 비밀리에 몇 발 수입하거나, 혹은 적 군

저고도 작전 중 엔진에 단거리 지대공미사일을 얻어맞고 가까스로 귀환한 A-10 공격기(위) A-10이 고고도 작전 시 핵심 무장으로 사용하는 AGM-65을 발사하는 모습(아래) 〈아래 http://armored-column.com〉

대나 개발 업체 등의 관계자를 매수하고 스파이를 심어 관련 정보를 캐내는 경우도 있다. 심지어 일부 전쟁에서는 아군 차량이나 함선, 항공기 등에 박힌 채 불발된 적 미사일을 수거하여 분석한 사례도 있다.

각 군대는 이렇게 적 미사일의 특성을 파악했다면, 이를 토대로 여러 미사일 회피 전술을 만든다. 이러한 전술 중 가장 쉬우면서도 확실한 전술은 적 미사일의 사거리에 들어가지 않는 것이다. 아무리 명중률이 뛰어난 미사일이라도 사거리의 한계는 존재한다. 일례로 미군의 A-10 공격기는 원래는 대구경 기관포를 이용하여 저고도로 비행하면서 적 전차를 사냥하도록 개발되었다. 그러나 이 공격기가 개발되던 1970년대에는 저고도 방공무기가 기껏해야 대공포밖에 없었으나, 1990년대 걸프전 당시에는 이미 세계 여러 나라들이 다양한 저고도 지대공미사일들을 군에 배치한 상황이었다. 이라크군 역시 예외는 아니었고 그래서 미군의 A-10은 이라크의 저고도 지대공미사일 사거리에 들어가지 않기 위해 기관포 사용을 자제하는 대신 가급적 높은 고도, 먼 거리에서 AGM-65 매버릭Maverick 미사일 같은 공대지 유도무기를 사용하여 적 전차를 파괴했다.

그러나 실제 작전을 벌이다 보면 무조건 적 미사일 사거리 밖에서만 비행하기는 어렵다. 이를테면 공격기는 아군 지상군을 지원하기 위해 낮은 고도로 비행하며 기관포나 로켓을 쏠 일도 있고, 또 적이 사거리가 수백 km가 넘는 미사일도 가지고 있는 마당에 미사일을 피하기 위해 무조건 그 미사일 사거리 밖에만 머물면 적진에는 들어가지도 못한다는 말이 된다.

시작은 적 미사일을 찾는 것부터

미사일 회피를 위해서 첫 번째로 해야 할 일은 정말 적 미사일이 날아오는지 아닌지를 파악하는 일이다. 영화나 게임에서는 적이 미사일을 발사하면 주인공이 탄 전투기나 헬리콥터의 계기판에 어느 방향에서 어떤 미사일이 어떻게 날아오고 있다며 친절하게 알려준다. 그러나 현실에서는 가장 어려운 일 중 하나가 미사일이 날아오고 있는지를 정확히 아는 일이다. 실제로 미사일에 피해를 입은 사례에 대해 통계를 내보면 대부분의 경우는 자신에게 미사일이 날아오는지도 모르고 있다가 회피 시도 한 번 제대로 못 하고 당했다고 한다.

적 미사일이 날아오는지 알아내는 가장 전통적이면서도 확실한 방법은 눈으로 직접 적 미사일을 확인하는 것이다. 물론 엄청나게 빠른 데다가 크기도 작은 미사일이 자신에게 날아오고 있는지를 발견하는 것은 꽤나 어려운 일이다. 하지만 미사일의 로켓에서 나오는 불꽃과 연기는 비교적 먼 거리에서도 눈으로 볼 수 있다. 그런데 이것도 이젠 옛말이 되었다. 4장에서 설명한 바와 같이 현대의 미사일들은 일부러 연기가 적게 나거나, 혹은 아예 연기가 나지 않는 로켓을 사용하기 때문이다. 또한 사거리가 긴 미사일은 대부분 적 표적에 도달할 때 즈음에는 로켓 연료를 다 쓴 뒤 관성만으로 계속 비행 상태를 유지하기 때문에 연기가 아예 나지 않는다.

레이더를 이용해서 유도되는 미사일의 경우에는 그 레이더 전파를 역으로 추적하여 미사일의 존재를 알아낼 수도 있다. 흔히 레이더 경보 시스템, 혹은 RWR Radar Warning Receiver(레이더 경보 수신기)이라고 부르는 장비가 이런 역할을 한다. 군용 항공기나 함정은 종류에 따라 RWR이 아니라 다른 명칭으로 부르기도 하지만, 이름을 어떻게 부르던 간에 적 레이더 경보를 위한 안테나를 여러 개 갖추어 사방을 감시한다. 그리고 이 안테나들은 전장에서 흘러나오는 여러 전파 신호들을 수집한다. 이때 레이더 경보 시스템의 신호처리 장치는 그 신호 중 어떤 것이 적과 아군의 레이더 신호인지, 그리고 그 레이더 신호 중에서도 어떤 것이 특히 내게 위협이 되는 신호—이를테면 적 미사일의 레이더 탐색기 신호나 혹은 지령유도 미사일용 레이더 신호인지를 찾아낸다. 다만 레이더 경보 수신기의 신호처리 장치가 찾아낼 수 있는 신호는 어디까지나 미리 메모리에 입력된 신호뿐이다. 만약 레이더 경보 수신기가 자신의 메모리에 저

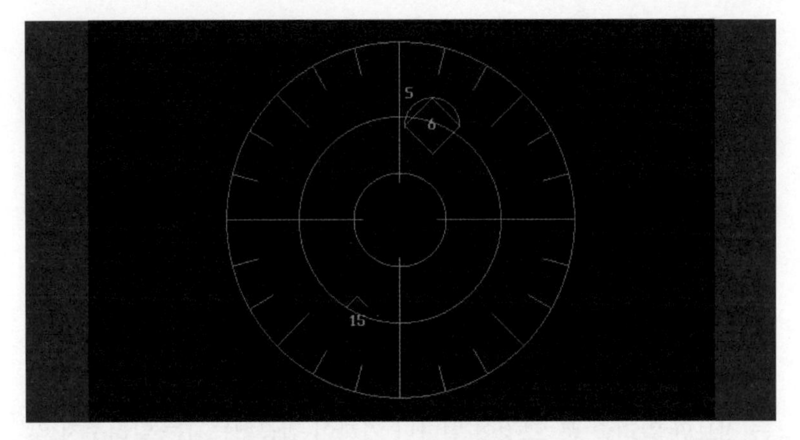

조종사에게 표시되는 RWR(레이더 경보 수신기) 영상 예제 〈http://www.statemaster.com〉

여러 방향으로 배치된 F-16 전투기의 RWR용 안테나들 〈Public Domain〉

장된 것 중에는 일치하는 것이 없는 신호를 감지하면 일단은 조종사에게 미확인 신호를 찾아냈다고 알려줄 뿐, 그것이 어떤 지상 레이더, 혹은 어떤 미사일의 레이더 탐색기 신호인지, 그 신호가 단순히 주변을 살펴보는 경계 모드인지, 아니면 나를 정확히 조준하고 있는 신호인지 알려주지 않는다. 다만 이 미확인 신호가 대략적으로 어떠한 종류의 레이더일 것이라고 추정하여 알려주는 시스템도 있지만 아무래도 부정확한 추정일 수밖에 없다. 또한 레이더 경보 수신기가 탐지해낼 수 있는 것은 어디까지나 레이더 신호뿐이므로 이를 사용하지 않는 항법유도 방식 미사일이나 적외선유도 방식 미사일은 감지해낼 수 없다. 특히 항공기에 탑재되는 레이더 경보 수신기는 대체로 크기와 중량의 제약 때문에 적 레이더 신호가 어디서 발신되었는지 그 방향은 알아낼 수 있으나 정확한 거리는 알 수 없다. 즉, 어느 방향에서 미사일의 유도용 전파가 날아온다는 정보만 알려줄 뿐, 그것이 얼마나 가까이 접근했는지는 알려주지 않는다. 한편 일부 항공기 및 전차는 레이더 경보 수신기 대신, 혹은 이와 함께 레이저 경보 수신기LWR, Laser Warning Receiver를 탑재한다. 저고도 대공미사일이나 대전차미사일에는 레이더 전파 대신 레이저를 사용하여 미사일을 유도하거나, 거리를 측정하는 경우가 꽤 있기 때문이다.

레이더, 혹은 레이저 경보 장치가 적 미사일의 발사 사실 자체는 알려줄지 몰라도, 그것이 실제로 접근 중인지는 알 수 없다는 문제점을 보완

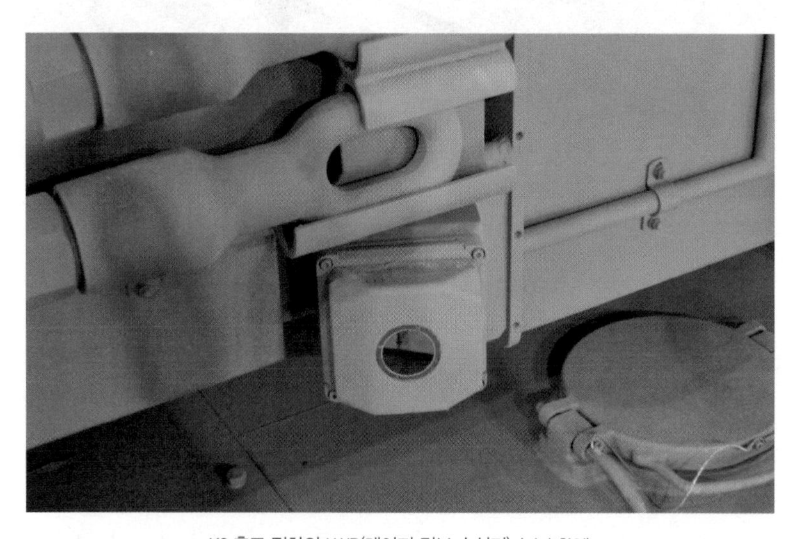

K2 흑표 전차의 LWR(레이저 경보 수신기) 〈저자 촬영〉

하기 위해 등장한 것이 미사일 접근 경보 장치, 즉 MAWSMissile Approach Warning System다. 미사일 접근 경보 장치는 주로 항공기에 탑재되는 장비로, 미사일이 고속으로 비행하다 보면 공기와의 마찰로 인해 표면 온도가 뜨거워진다는 것에 착안하여 개발된 시스템이다. 미사일 접근 경보 장치는 항공기 주변을 항시 감시하는 소형 적외선 카메라를 여러 곳에 달아서 만약 미사일로 의심되는 고온의 물체가 감지되면 조종사에게 알려준다.

다만 이것도 개발이 쉽지 않은데, 잘못하면 태양이나 아군 항공기의 엔진 열기를 미사일에서 나온 열기로 오인할 수 있기 때문이다. 그렇기 때문에 미사일 접근 경보 장치는 단순히 열기를 찾아내는 능력뿐만 아니라 주변의 열기 중 어느 것이 미사일에서 나오는 열기인지 찾아내도록 하는 소프트웨어적인 부분도 매우 중요하다. 일부 적외선 접근 경보 장치는 이러한 문제점을 보완하기 위해 로켓 연기에서 특별히 방출되는 자외선 신호도 함께 탐지하기도 한다. 다만 적외선을 사용하건 자외선을 사용하건 이러한 광학 센서만을 사용하는 미사일 접근 경보 장치는 적 미사일의 접근 방향은 알 수 있지만, 정확한 거리는 알 수 없다.

소형 레이더를 이용하는 레이더 미사일 접근 경보 장치도 있지만, 이것은 탐지거리를 길게 하려면 레이더 크기가 너무 커지고 무게도 무거워져서 하늘을 나는 항공기에는 달기 곤란하다 보니 항공기용으로는 거의 쓰이지 않는 추세다.

레이더 방식의 미사일 접근 경보 장치는 차량, 특히 전차나 장갑차 방어용으로 많이 쓰인다. 차량·전차 공격용 미사일은 대체로 사거리도 짧고 속도도 느려서 미사일 표면이 높은 온도까지 올라가는 경우가 잘 없다. 뿐만 아니라 지표면에서 반사되어 올라오는 열기들로 인해 적외선 센서의 성능이 떨어지는 문제 등이 있기 때문이다. 또 전차나 차량은 항공기에 비하면 무게나 공간에 좀 더 여유가 있는 편이므로 상대적으로

A-10 공격기의 꼬리부 모습. ❶ 레이더 경보 수신기(RWR), ❷ 레이저 경보 수신기(LWR) 및 미사일 접근 경보 수신기(MAWS), ❸ 편대등(formation light) 〈저자 촬영〉

덩치가 크고 무거운 레이더 방식 미사일 접근 경보 장치를 쓰는 데 따르는 제약이 덜하다. 전투함이나 지상의 기지는 보통 별도의 미사일 접근 경보 장치를 두기보다는 적 항공기나 선박 탐지용으로 달아놓은 레이더와 적외선 탐지 센서 등으로 적 미사일도 함께 찾아낸다. 선박이나 지상 기지는 차량이나 항공기에 다는 센서들에 비해 훨씬 크고 무겁지만 탐지 성능이 좋은 것을 달 수 있을 뿐더러 이러한 선박, 지상 기지를 노리고 날아오는 미사일들은 대체로 덩치가 매우 크기 때문에 상대적으로 미리 발견하기 쉽다.

K2 흑표 전차의 레이더 방식 미사일·로켓 접근 경보기 〈저자 촬영〉

적의 레이더를 속이는 ECM 장비

ECM이란 Electronic Counter Measure(전자 대응 수단)의 약자로, 넓은 의미로는 레이더, 적외선 센서 가릴 것 없이 적의 센서를 교란시키는 모든 수단을 말한다. 그러나 좁은 의미로는 흔히 전파방해장치, 혹은 전파교란장치라고 부르는 것을 말한다. 즉, 좁은 의미의 ECM 장비는 적의 레이더가 아군을 제대로 포착하지 못하도록 하는 장비를 말한다. ECM 장비는 방해장치라는 의미로 재머Jammer라고 부르기도 하며 이 재머로 적 레이더를 방해하는 것을 재밍Jamming이라고 부르기도 한다.

ECM 장비는 보통 여러 가지 상황에 맞춰 다양한 방법으로 적의 미사일 유도용 레이더, 혹은 미사일의 레이더 탐색기를 속인다. 가장 흔한 재밍 방법은 노이즈 재밍Noise Jamming이라고 부르는 방법이다. 노이즈 재밍

노이즈 재밍에 당한 레이더 화면 〈http://ed-thelen.org〉

은 적 레이더의 주파수와 같은 주파수로 노이즈, 즉 잡음을 잔뜩 내보내는 ECM 방법이다. 노이즈 재밍에 걸린 적 레이더는 진짜 아군에 관한 신호가 잡음에 가린 나머지 진짜 아군의 위치를 제대로 찾을 수 없는 상태가 된다. 하지만 이 방식은 적이 레이더 전파 주파수를 바꿔버리면 비교적 쉽게 무용지물이 되어버리므로 굉장히 다양한 주파수에 대해서 잡음 신호를 강하게 내보내야 효과가 있다. 그러나 이를 위해서는 너무 큰 ECM 장비가 필요하다. 최악의 경우에는 적 미사일의 레이더 탐색기가 수동 모드로 변환되는 HOJ Home on Jam(14장 레이더 탐색기 편 참조) 모드로 작동하는 경우로, HOJ 모드가 된 미사일은 오히려 노이즈 신호의 발신처를 역으로 추적한다. 물론 재밍 장치를 개발하는 쪽 역시 이러한 상황에 맞춰 적이 레이더 주파수를 바꾸면 자동으로 매우 짧은 시간 안에 노이즈 신호 주파수를 적 레이더 전파에 맞춰 바꿀 수 있게 한다든지, 적이 노이즈 신호의 발신처를 역탐지 못 하게 한다든지 하는 방법을 개발하고 있다.

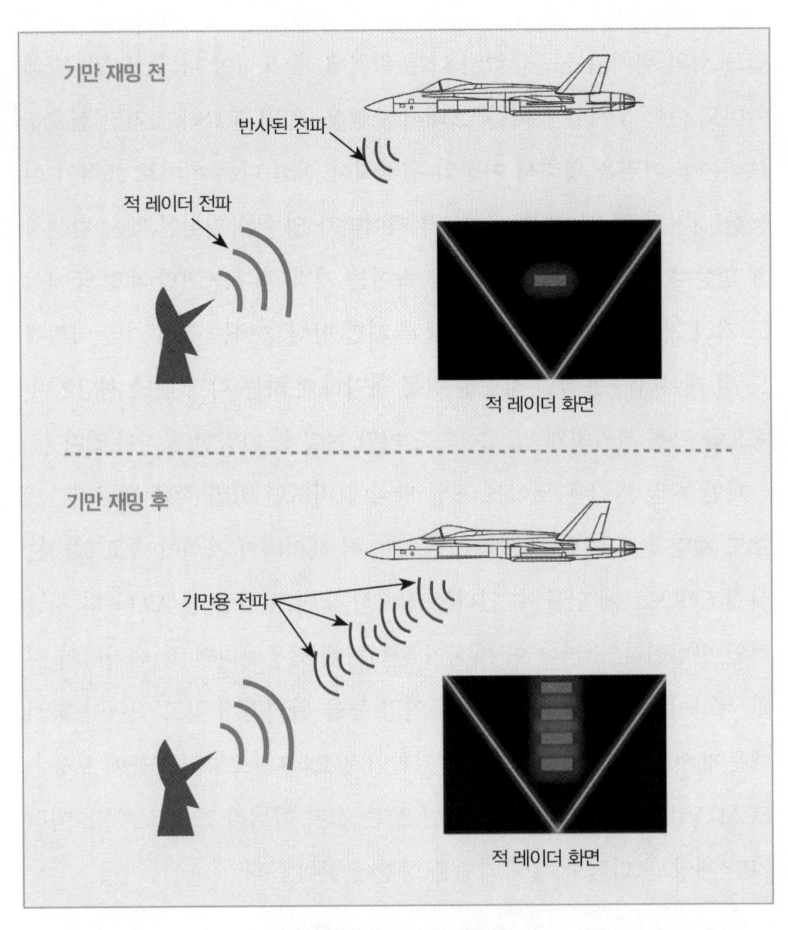

기만 재밍(거리 기만 재밍)의 예시

노이즈 재밍보다 더 지능적인 재밍 방법으로 기만 재밍이라는 기법이 있다. 이것은 적 레이더의 전파 신호를 똑같이 흉내 내서 다른 타이밍에 전파를 보내는 방식이다. 앞서 14장의 레이더 탐색기에서 설명한 바와 같이 레이더가 표적의 위치를 찾는 원리는 자신이 내보낸 전파가 되돌아오는 시간을 재는 것이다. 그런데 원래 들어올 타이밍과 다른 엉뚱한 타이밍에 자신이 보낸 전파와 똑같은 전파 신호가 들어오면 레이더는 전혀 다른 거리에 표적이 있다고 계산하게 된다. 물론 지금까지 추적하던 표적의 위치와는 뜬금없이 다른 위치에 새 표적이 나타난다면 적 레이더도 이를 무시할 것이다. 그래서 보통은 좀 더 교묘하게 기만 신호를 보내는 타이밍을 맞춰서 아군의 위치에서 점점 다른 위치로 표적이 이동한 것처럼 적 레이더를 속여 적 레이더가 엉뚱한 지점만 계속 탐색하게 만든다. 이렇게 자신의 거리를 속이는 재밍 방식을 기만 재밍 중에서도 거리 기만 방식이라 부른다. 물론 기만 방식 중에는 거리 기만 이외에도 적 레이더가 표적의 각도를 잘못 파악하게 하는 각도 기만 재밍이나, 속도를 잘못 파악하게 만드는 속도 기만 재밍 등 다양한 방식이 있다.

기만 재밍 방식은 노이즈 재밍 방식에 비하면 훨씬 적은 에너지만으로도 재밍 신호를 만들어낼 수 있으며, 적 레이더가 자신이 속고 있다는 사실조차 모르게 만들 수 있다는 점에서 노이즈 재밍 방식보다 더 지능적인 방법이다. 그러나 이 방식이 완벽하게 작동하려면 적 레이더의 전파 특성이나 전파를 내보내는 타이밍 등을 완벽하게 알고 있어야 하기 때문에 사전에 많은 정보수집과 정찰이 필요하다. 그렇기 때문에 보통은 ECM 장비는 하나의 재밍 기법만 쓰는 것이 아니라 노이즈 재밍, 여러 기만 재밍 등 다양한 재밍 기법을 상황에 맞춰 쓴다.

적 적외선 탐색기를 속이는 IRCM

ECM이 적 레이더를 속이는 장비라면, IRCM Infra Red Counter Measure(적외선 대응 수단)은 적 적외선 센서를 속이는 장치다. 가장 전통적인 IRCM은 플래시 flash 방식이라 부르는 것이다. 플래시 방식 IRCM 중에서도 특히 미군이 헬리콥터에 주로 사용하는 AN/ALQ-144가 유명한데, 사방으로 적외선 플래시 램프가 부착된 모습 때문에 나이트 클럽의 천장에 매달

대표적인 플래시 방식 IRCM인 AN/ALQ-144 〈Public Domain〉

려 있는 디스코볼Disco Ball이란 별명이 붙었다.

전통적인 적외선 탐색기들은 13장의 광학 탐색기에서 설명한 바와 같이 표적의 정확한 방향을 찾기 위해 적외선 신호를 레티클 등을 이용하여 특정한 주기의 전자 신호로 바꾼다. 플래시 램프 방식 IRCM은 이 레티클이 만드는 특정 주기의 전자 신호에 엉뚱한 주기의 신호가 더해지도록 더 강력한 적외선 신호를 엉뚱한 타이밍에 내보낸다. 이 때문에 적 적외선 탐색기는 엉뚱한 방향에 아군기가 있다고 판단하고, 이내 진짜 표적을 놓치게 된다. 플래시 램프 방식의 장점은 여러 방향에 대해 동시에 적외선 신호를 내보내면 어느 방향으로 적 미사일이 날아와도 동시에 교란할 수 있다는 점이다. 하지만 레티클 등을 이용하여 주기적인 신호로 판단하는 적외선 탐색기가 아니라, 열영상으로 판단하는 열영상 탐

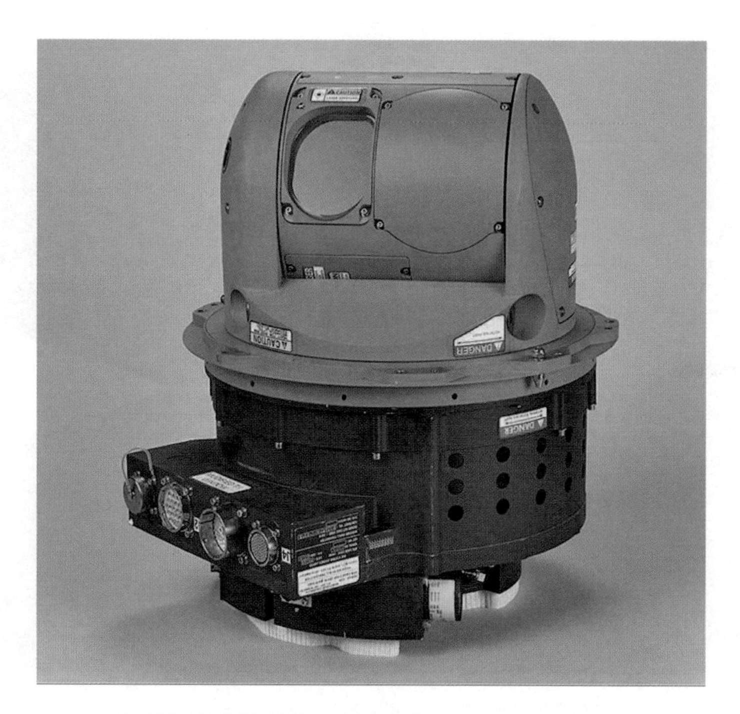

대표적인 DIRCM인 AN/AAQ-24 〈http://www.northropgrumman.com〉

색기 앞에서는 무용지물이 된다. 오히려 강한 적외선 신호를 내보내므로 적에게 더 잘 보이고, 게다가 사방으로 신호를 보내므로 사방 어느 방향에서건 적이 적외선 탐색기로 포착해내는 역효과만 낼 수 있기 때문에 최근에는 다른 방식의 IRCM이 각광을 받고 있다.

현재 여러 군에서 도입하고 있거나 도입을 검토 중인 IRCM은 DIRCM Direct Infra Red Counter Measure이라는 장치다. 우리말로 번역하면 '지향성 적외선 기만장치'쯤 되는데, 지향성이란 말에서 알 수 있듯이 이것은 기만 신호를 특정한 방향, 즉 적 미사일이 있는 방향으로만 보낸다. DIRCM은 강한 적외선을 특정 방향으로만 보내기 위해 보통 적외선 레이저를 쓴다. DIRCM은 적 미사일의 적외선 탐색기에 매우 강한 적외선 레이저를 비추는데, 이렇게 되면 적외선 탐색기는 주변의 다른 것들을 구분할

DIRCM 성능 시험을 위해 AH-64 헬리콥터를 적외선 카메라로 본 모습. 왼쪽 사진은 DIRCM을 사용하기 전이고, 오른쪽 사진은 DIRCM을 사용한 후의 모습이다. 〈https://www.youtube.com/watch?v=7gqQuwRX-ps 화면 캡처〉

수 없게 된다. 사람이 밤중에 주변의 불빛을 보면 그 불빛을 내는 물체의 방향을 쉽게 알 수 있다. 하지만 너무 강한 불빛(이를테면 차량의 상향등)을 얼굴 정면에서 받으면 너무 눈이 부셔서 물체의 위치를 파악하기 힘든 것은 물론, 주변까지 제대로 보지 못하게 되는 것과 같은 원리다. 물론 적 미사일에 따라 플래시 IRCM처럼 깜빡이는 신호를 보내어 적 미사일에 혼란을 주는 것도 가능하다.

DIRCM이 어느 방향에서 날아오는 미사일이건 모두 대응할 수 있으려면 레이저 역시 어느 방향으로건 쏘아 보낼 수 있어야 하므로 보통 짐벌(김벌) 구조에 탑재해야 해서 덩치도 커지고 가격도 비싼 편이다. 더군다나 레이저가 적 미사일의 탐색기를 정확히 비추어야 하기 때문에 적 미사일의 위치를 정확히 아는 시스템, 즉 미사일 접근 경보 장치와 정밀하게 연동되어야만 제 역할을 할 수 있다. 미사일 접근 경보 장치가 적 미사일 접근 방향을 DIRCM에 알려주면, DIRCM은 그쪽을 바라보며 별도로 가지고 있는 더 정밀한 적외선 추적 장치를 이용하여 적 미사일의 방향을 최종적으로 파악한다.

CHAPTER 17

미사일 회피 및 방어 시스템 2

MISSILE AVOIDANCE & Defense system

●●● 곰이 쫓아올 때 쓸 수 있는 대처법 중 하나로 먹다 남은 음료수 캔 같은 것을 곰에게 던지는 방법이 있다. 곰이 쫓던 사람보다 달콤한 냄새가 나는 음료수 캔 쪽을 먼저 관심에 두기 때문이다. 전투 중에 미사일이 쫓아올 때도 마찬가지로 미사일이 더 먹음직스럽다고 생각할 미끼를 던져서 미사일을 회피할 수 있다.

서양에서 오리사냥 시 정교하게 만든 가짜 오리를 이용하는데, 오리들이 이 가짜오리가 동료인 줄 알고 근처에 날아오면 사냥꾼이 근처에 잠복해 있다가 오리를 사냥한다. 이 모형 오리를 우리말로는 후림새, 영어로는 디코이(decoy)라고 부른다.

미사일을 피하는 방법 중에도 디코이를 사용하는 방법이 있다. 다만 미사일은 동료를 쫓아가는 것이 아니라 적, 즉 표적을 쫓아가므로 미사일을 속이는 디코이 역시 표적을 흉내 내야 한다. 영어로는 오리사냥용 모형도, 미사일을 속이는 것도 디코이라 부르지만 우리말로 미사일을 속이는 디코이는 후림새가 아니라 기만체라고 부른다. ●●●

채프와 플레어, 그리고 연막탄

채프chaff와 플레어flare는 디코이decoy, 특히 투하형 디코이의 대명사다. 채프는 레이더를, 플레어는 적외선을 사용하는 센서를 속이는 디코이다.

채프의 원리는 생각보다 간단하다. 공중에다가 전파를 잘 반사시키는 물질을 다량 뿌리는 것이다. 전파는 자신의 파장 길이와 연관 지어서 특정한 크기의 물체를 만나면 반사가 유달리 잘 되는 특성이 있다. 만약 적 미사일 유도용 레이더 전파의 파장을 잘 알고 그에 맞는 크기의 전파 반사용 물질, 즉 채프를 단 한 줌만 뿌려도 적 레이더상에는 채프가 마치 커다란 표적처럼 나타난다.

채프가 처음 등장한 것은 제2차 세계대전 때다. 당시 영국군은 독일군이 맨눈으로 폭격기를 확인할 수 없는 야간에 주로 폭격을 실시했고, 이 때문에 독일군은 영국군 폭격기들을 눈이 아닌 레이더로 탐지해내야 했다. 그러던 어느 날 독일군 레이더에 유례없이 많은 영국군 폭격기가 나타나 독일군은 큰 혼란에 빠졌는데, 알고 보니 영국군이 독일군 레이더

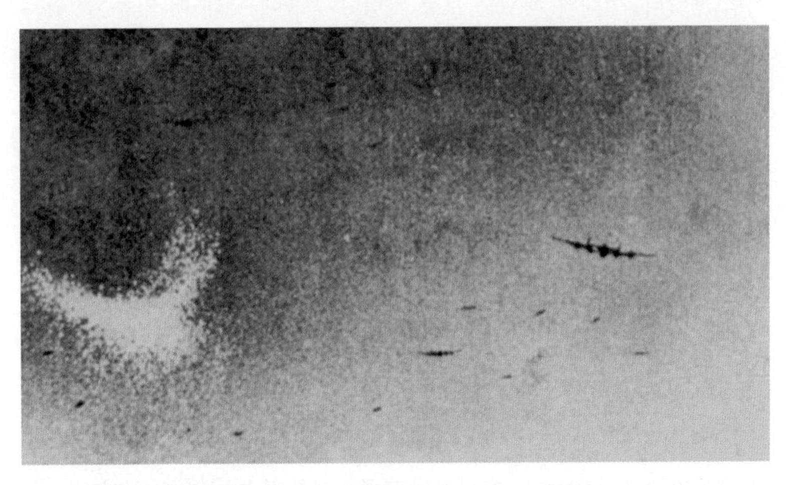

제2차 세계대전 중 채프를 뿌리고 있는 영국군 랭카스터(Lancaster) 폭격기 〈Public Domain〉

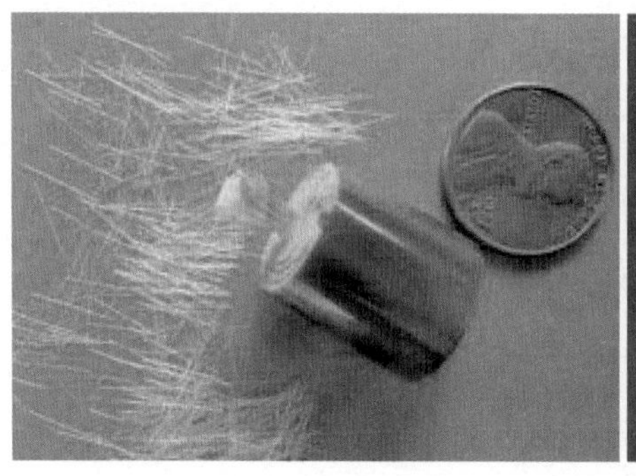
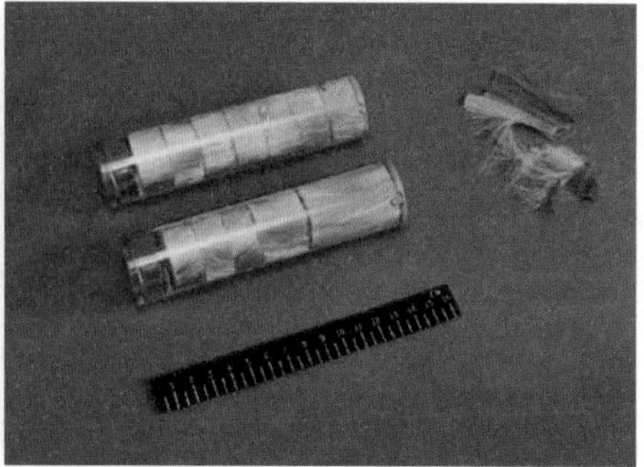

왼쪽 매우 가는 유리섬유에 알루미늄 등을 입힌 현대의 채프 〈http://www.aerospaceweb.org〉
오른쪽 하나의 통에 다양한 길이로 재단되어 들어가 있는 채프 〈Public Domain〉

전파를 잘 반사시키는 크기로 얇은 알루미늄 포일 조각들을 공중에 다량 살포하여 독일군을 속인 것이었다. 당시 영국군은 이 알루미늄 포일을 윈도우라는 암호명으로 준비했는데, 아이러니하게도 독일군도 이와 비슷한 것들을 준비하던 상황이었다. 그러나 독일군은 혹시 영국군도 자신들을 흉내 낼까봐 먼저 쓰는 것을 주저하고 있다가 먼저 당했다.

현대의 채프는 알루미늄 조각이라기보다는 가는 실을 잘라놓은 조각처럼 생겼다. 현대의 채프는 보통 가볍고 공중에 오래 떠 있을 수 있는 유리섬유 같은 것에 알루미늄을 코팅하여 전파를 잘 반사하도록 만든다. 허공에 뿌려진 채프는 사람 눈에 잘 보이지도 않을 정도로 작고 가늘지만, 레이더상에는 매우 큰 물체로 보인다. 레이더는 종류별로 전파 파장이 다른데, 채프를 사용하는 측은 전장에서 어떤 적 레이더를 만날지 알 수 없다. 그래서 하나의 채프통에 다양한 길이의 채프를 채워넣는다. 그리고 운용자는 적 레이더 작동, 혹은 미사일 조준 및 발사 등이 확인되면 채프를 뿌린다. 그러면 레이더, 혹은 레이더 탐색기가 쏘아 보낸 전파를 항공기보다 채프가 더 강하게 반사하는 만큼, 레이더는 이 강한 신호 쪽을 쫓아가고 전투기는 적 레이더의 조준으로부터 벗어날 수 있다.

좀 더 고성능인 채프 투하기 중에는 알루미늄이 코팅된 유리섬유 다발을 가지고 있다가, 적 레이더 전파를 RWR(레이더 경보 수신기)로 수신하고 나면 그 전파 신호에 맞춰 즉석에서 채프의 길이를 재단하여 공중에 뿌리는 것도 있었다. 이 경우 정확히 적 레이더를 교란하는 길이의 채프만 뿌릴 수 있고, 또 적 레이더가 기존과 전혀 다른 주파수를 사용해도 어느 정도 대응이 가능했다. 그러나 미리 재단해놓은 채프를 가지고 다니는 것과 비교하면 이 방법은 복잡한 시스템 탓에 무게도 많이 나가고 가격도 비싼 데 비해 채프를 미리 여러 길이로 잘라놓은 방식과 비교해 보았을 때 대단한 장점이 없었다. 그래서 현재는 이러한 채프 투하기를 사용하는 경우는 거의 없으며, 대신 적 레이더 전파를 사전에 파악해두는 데 더 신경을 쓰고 있다.

레이더 탐색기는 항공기뿐만 아니라 적 전투함을 공격하는 대함미사일에도 쓰이는 만큼 전투함들 역시 채프를 사용한다. 보통 전투함은 적 미사일 발견 즉시 채프를 빠르게 허공에 뿌리기 위해 채프가 담겨 있는 로켓을 쏘아 올린다.

한편 베트남전 무렵까지는 대형 폭격기, 혹은 폭격기를 개조한 전자전 항공기에 다량의 채프를 탑재하고 일정 지역 전체에 채프를 뿌리며 날아가기도 했다. 이렇게 하면 적 레이더 스코프에 무수히 많은 채프 신호가 뒤섞여 아군기들을 제대로 포착할 수 없었다. 지상군이 연막탄을 뿌려 적으로부터 아군 동료들의 정확한 위치를 숨기는 것과 비슷하다. 다만 현재는 레이더들이 채프를 분간해내는 기술이 발전했고, 또 더 확실하게 적 레이더를 속이는 ECM 장비들이 등장했기 때문에 이런 식으로 채프를 무조건 다량 살포하는 경우는 거의 없다.

채프가 레이더를 속이는 것이라면 플레어는 적외선, 혹은 열영상 탐색기를 속이는 디코이다. 플레어는 우리말로 번역하면 섬광탄이나, 디코이

다량의 플레어를 한 번에 투하하는 C-130 수송기(홍보 촬영을 위해 일부러 다량 투하) 〈Public Domain〉

로 쓰는 플레어는 일반적인 섬광탄과 그 특성이 좀 다르다. 일반적인 섬광탄은 주변을 밝게 비추는 것에 중점을 두고 개발되는 반면 디코이용 플레어는 강한 적외선을 내뿜는 데 초점을 두고 개발된다.

플레어는 보통 투하 가능한 통 안에 투하 즉시 강한 열기를 내뿜는 마그네슘 등을 혼합한 물질이 들어 있어 적 미사일이 날아오면 이를 투하하여 적 미사일을 속인다.

초창기의 플레어는 단순히 강한 열기를 내뿜는 데에만 초점이 맞춰졌으나, 현대의 플레어는 내부 화학물질의 조성을 특별히 하여 특정 주파수 대역의 적외선을 다량 방출하는 데 주안점을 두고 개발된다. 미사일의 탐색기들이 모든 적외선 신호를 사용하는 것이 아니라 장·중·단 파장 중 어느 한두 파장을 집중적으로 사용하므로 플레어 역시 주로 미사일들이 주로 쓰는 파장의 적외선을 많이 내뿜는 것이 효율적이기 때문이다. 심지어 일부 적외선 탐색기는 플레어가 주로 내뿜는 적외선 파장과 전투기에서 주로 나오는 적외선 파장이 차이 나는 것을 이용하여 그 둘을 구분하기 때문에, 적 미사일을 속여야 하는 플레어로서는 최대한 전투기에서 나오는 적외선 파장과 비슷한 적외선을 내뿜어야 한다. 더군다나 열영상 탐색기는 적외선 파장뿐만 아니라 모양을 보고 전투기와 플레어를 구분하므로, 전투기의 모양과 비슷해 보이도록 화학물질을 공중에 뿌리면서 화학반응을 일으키는 플레어도 있다. 물론 이것은 사람이 보기에 전혀 전투기 모양이 아니다, 하지만 미사일의 적외선 탐색기는 사물을 인식하는 방법이 사람보다 단순하여 표적의 몇 가지 특징적인 모서리나 윤곽만 파악해서 플레어와 전투기를 구분한다. 그래서 플레어가 그 특징적인 부분들만 전투기와 비슷하게 만들면 적외선 영상 탐색기를 속일 확률이

P-3 오리온 대잠초계기에 채프를 채워넣고 있는 정비병. 동그라미 하나하나가 모두 채프를 담은 통이다. 〈Public Domain〉

좀 더 올라간다. 한편 전투함들은 채프와 마찬가지로 플레어가 들어 있는 로켓을 사용하여 적의 적외선·열영상 방식 대함미사일을 속인다.

이러한 다양한 채프, 플레어의 개발 노력에도 불구하고 현대의 전장에서 채프나 플레어에 잘 속지 않는 미사일이 속속 등장하고 있다. 그래서 채프, 플레어 같은 디코이만으로 적의 미사일을 완벽하게 따돌린다는 것은 쉽지 않다. 그러나 채프와 플레어는 크기도 작고 값이 싸다. 또한 채프, 플레어 같은 디코이에 잘 속지 않는 미사일은 상당히 고가인 최신식 미사일인데, 전장에서 무조건 적군이 이런 최신식 미사일만 쓰는 것도 아니다. 그렇기 때문에 여전히 많은 군용 항공기 및 군용 선박들이 채프와 플레어를 사용하고 있다.

연막탄은 주로 전차나 장갑차 같은 지상 차량들이 사용한다. 연막탄으로 미사일을 회피하는 원리는 앞서 설명한 채프나 플레어와는 좀 다른데, 연막탄은 적을 유인하는 용도라기보다는 적이 아군 전차나 장갑차의 위치를 정확히 알 수 없도록 그 모습을 가리는 용도다. 초창기의 연막탄은 전차, 장갑차를 단순히 적 병사의 눈으로부터 가려주는 수준이었다. 그래서 초창기의 연막탄은 미사일을 교란시킨다기보다는 적 미사일 운용병의 조준을 방해하는 목적이 더 강했다. 특히 초창기의 대전차미사일들은 대부분 수동 지령유도, 혹은 반능동 시선 지령유도 방식이

연막탄을 터뜨리는 미 해군 상륙돌격장갑차 〈Public Domain〉

었기 때문에 미사일을 표적에 명중시키려면 운용병이 직접 눈으로 표적을 보며 조준해야 했다. 그래서 기갑차량들은 단순 연막탄만으로도 어느 정도 적 미사일을 피할 수 있었다. 그러나 현대의 대전차미사일은 열영상이나 적외선 레이저를 이용하여 유도되는 것들이 많다. 그래서 현재 기갑차량에서 쓰는 연막탄은 적외선도 차단할 수 있도록 개발된다.

견인 디코이와 비행형 디코이

채프나 플레어 같은 디코이의 단점은 허공에 느린 속도로 머물러 있다는 점이다. 일부 최신형 미사일은 허공에서 느린 속도로 떨어지는 채프와 빠른 속도로 비행하는 전투기를 구별한다. 이런 경우 단순 투하형 채프, 플레어만으로는 적 미사일을 완전히 속일 수 없다. 그래서 디코이가 전투기와 같은 속도로 날도록 디코이에 강철 케이블을 매달아 이를 전투기가 끌고 다니기도 하는데, 이러한 디코이를 견인형 디코이라고 부른다.

견인형 디코이는 일반적으로 그 크기가 음료수 캔 수준밖에 안 될 정도로 작지만, 내부에는 주변 전파를 잘 반사시키는 구조물들을 넣어둬서 적 레이더 탐색기에게는 견인형 디코이가 매우 큰 물체, 즉 전투기처럼 보인다. 본래 이러한 디코이는 전투기 조종사들이나 대공포 사수들이 대공사격훈련을 할 때 표적으로 쓰던 것들을 응용한 것이다. 이런 견인형 표적들은 훈련자 눈에 잘 보이도록 덩치도 크고 색도 화려하게 칠한다. 하지만 미사일을 속이는 디코이는 그 실제 크기와 상관없이 레이더상에서만 크게 보이면 되므로 크기를 가능한 한 작게 만들어 전투기의 견인형 디코이 관련 장치의 좁은 공간에 디코이를 2, 3개 이상 넣을 수 있게 제작된다. 1990년대 말엽 코소보 전쟁에서 견인형 디코이들을 미국이

견인형 디코이인 ALE-55의 모습(위)와 실제 공중견인 시험 모습(아래) 〈위 http://www.baesystems.com / 아래 Public Domain〉

처음 실전에서 쓰기 시작했는데, 효과가 좋아 전쟁 이후 다른 나라들도 쓰기 시작했다.

한편 견인형 디코이가 전투기에 너무 가까이 있으면 미사일이 디코이에 속았다 하더라도 근접신관 등에 의해 전투기까지 피해를 입을 수 있다. 그래서 보통 전투기들은 견인형 디코이를 보통 2, 3km 이상 뒤로 길게 늘어뜨린다. 문제는 전투기들은 거의 음속에 가깝게 날아다니므로 아무리 크기가 작은 견인형 디코이라 하더라도 실제로 거기에 걸리는 항력(공기저항에 의해 뒤로 끌어 당겨지는 힘)은 꽤 크다. 그래서 견인형 디코이는 그 견인줄이 끊어지지 않도록 만드는 것이 관건이다. 그렇다고 마냥 튼튼하게만 만들려고 하면 견인줄이 지나치게 굵고 무거워져 무게가 많이 나가는 것은 물론, 감겨 있던 견인줄을 신속하게 풀기도 어렵다.

또한 견인형 디코이가 신속하면서도 확실하게 전투기에서 빠져나와 줄이 엉키지 않고 제대로 풀리도록 만드는 것도 꽤 어려운 기술에 속한다. 일부 최신형 견인형 디코이는 채프처럼 전파를 반사만 하는 수준을 넘어서 그 안에 작은 안테나를 갖추고 있다. 이러한 견인형 디코이는 그 안테나를 이용하여 주변에 적극적으로 전파를 내보낸다. 즉, 이러한 안테나 탑재형 견인형 디코이는 ECM 장치 역할까지 겸하여 일부러 적이 쏘아 보낸 전파를 더 크게 증폭시켜 돌려보내서 마치 대형 항공기가 날고 있는 것처럼 속인다거나, 아니면 디코이 자체에서 노이즈 재밍이나 기만 재밍 신호를 내보내기도 한다. 이렇게 ECM 기능이 있는 견인형 디코이를 사용하면 행여 적 미사일이 ECM 전파를 역으로 추적하는 HOJ(Home on Jam) 기능을 갖춘 미사일이라 하더라도 미사일이 전투기 본체를 향해 직접 날아오는 것은 막을 수 있다.

견인형 디코이에서 한 발 더 나아가 글라이더처럼 활공을 하거나, 소형 엔진을 달고 아예 항공기처럼 날아다니는 비행형 디코이들도 있다. 이런 비행형 디코이들은 순항미사일의 기술을 응용한 것들로, 그 내부에는 견인형 디코이와 마찬가지로 전파를 잘 반사하는 구조물을 넣어두거나 ECM 장치를 넣어둔다. 심지어 일부 비행형 디코이는 주변에 채프를 뿌리며 날기도 한다.

견인형 디코이가 그렇듯, 이러한 비행형 디코이들도 원래는 미사일 사격 훈련용 표적기에서 출발한 것들이다. 전투기나 폭격기가 적진에다가 비행형 디코이를 날려 보내면 적 입장에서는 이렇게 날아다니는 물체가 전투기인지 비행형 디코이인지 잘 구별할 수 없어 혼란에 빠진다. 혹은 적 입장에서는 많은 항공기가 있는(그러나 사실은 대부분 비행형 디코이들인) 특정 지역에만 정신을 팔게 된다. 이 경우 아군 전투기 부대는 반대편에서 적의 뒤통수를 칠 수도 있고, 혹은 적이 디코이에게 미사일을 소모하게 만들어 정작 실제 아군 전투기들이 날아올 때는 제대로 대응할 수 없도록 만들 수도 있다. 또 적이 레이더를 많이 쓰도록 만들어 그 레이더의 위치를 아군의 다른 장비들을 이용하여 정확하게 역추적, 대레이더미사일로 파괴해버리기도 한다. 과거에는 이러한 비행형, 활공형 디코이의 덩치가 제법 커서 전투기에 2발 정도 다는 것이 한계였으나, 최근에는

소형 제트엔진을 탑재한 ADM-160 MALD(Miniature Air-Launched Decoy: 초소형 공중발사형 기만체)의 모형(위)과 MALD를 B-52 폭격기에 탑재 중인 모습(아래) 〈위 http://www.globalsecurity.org / 아래 https://www.defenseindustrydaily.com〉

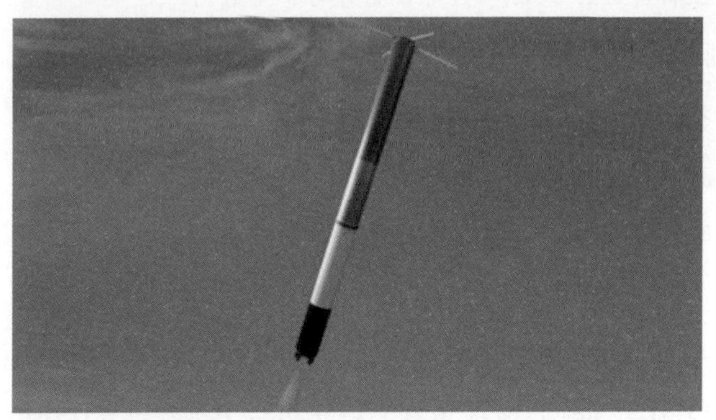

방향 제어가 가능한 로켓 추진기관을 이용해 공중정지 혹은 저속비행이 가능한 함정용 레이더 기만체 눌카(Nulka) 〈http://www.navy.gov.au〉

기술의 발전 덕분에 여러 발을 달고 다닐 수도 있다.

비행형 디코이는 전투함에서 쓰기도 한다. 이러한 전투함용 비행형 디코이는 전투함 근처에 떨어지는 채프 로켓보다 적 미사일을 좀 더 안전하게 먼 거리로 유인할 수 있다. 전투함은 속도가 느리므로 전투함 흉내를 내는 비행형 디코이 역시 느린 속도로 날아다니거나, 혹은 공중에 정지할 수 있어야 하는데, 이를 위해 소형 로켓을 쓰는 것도 있고 프로펠러를 쓰는 것들도 있다.

회피기동

만약 ECM으로도, 디코이로도 적 미사일을 속이지 못했다면 이를 피해야 하는 측은 최후의 수단으로는 회피기동을 하는 수밖에 없다. 전투기의 경우 가장 간단한 회피기동은 적 미사일을 확인한 순간 미사일이 날아오는 방향의 반대 방향을 향해 최대속력으로 도망치는 것이다. 미사일은 로켓의 작동시간이 수초에 불과하고, 로켓 작동이 끝난 뒤로는 비록 마하 3, 4의 초음속으로 날고는 있어도 활공비행 상태이므로, 공기저항(항력)에 의해 계속 속도가 줄어든다. 이때 전투기가 반대편으로 최대속력으로 도망치면 전투기는 비록 미사일보다 느린 마하 1에서 2 사이의 속도로 난다고 해도 연료가 버텨주는 한은 그 속도를 계속 유지할 수 있으므로 결과적으로 적 미사일은 속도가 너무 느려져서 쫓아오지 못하게 된다.

하지만 적 역시 그것을 감안하여 충분히 가까운 거리, 즉 미사일이 속도가 채 느려지기도 전에 나에게 먼저 도달할 만큼 가까운 유효사거리에서 미사일을 발사할 수 있다. 이런 경우는 무조건 뒤로 도망치는 것이

전투기에 명중하기 위해서는 전투기보다 훨씬 급선회를 해야 하는 미사일

능사가 아니다. 게다가 전차나 전투함은 미사일보다 훨씬 느리므로 반대편으로 도망치는 것 정도로는 미사일을 뿌리치기 어렵다.

또 다른 회피기동 방법으로는 미사일이 날아오면 미사일이 자신의 3시 방향, 혹은 9시 방향에 위치하도록 계속 미사일을 가로지르듯 움직이는 것이다. 이것을 특히 전투기에서는 빔기동beam maneuver이라고 하는데, 빔이란 전투기의 양 날개 방향, 즉 3시 방향에서 9시 방향으로 지나가는 가상의 선을 말한다. 미사일은 보통 움직이는 표적을 맞히기 위해서 단순히 표적을 바라보는 방향으로 움직이는 것이 아니라 표적의 미래 위치를 예측하여 날아간다. 그런데 미사일 입장에서는 표적이 옆 방향으로 가로지르며 날아가면 미사일로서는 더 급격한 선회를 해야만 적의 예상 위치를 향할 수 있다. 그리고 이런 급격한 선회는 큰 공기저항을 만들기 때문에 결과적으로 미사일은 그 속도가 좀 더 급격하게 줄어든다.

한편 전투기의 속도와 채프의 속도 차이를 구분하는 미사일들이라 하더라도 표적이 자신을 가로지르는 방향으로 움직이면, 표적과 채프의 상대 접근 속도가 비슷해지기 때문에 이 둘을 구분해내기가 좀 더 어려워진다. 다만 전투기 입장에서 ECM 장비는 모든 방향을 향하지 못하고 가장 미사일이 날아올 가능성이 높은 정면 아니면 후면으로만 안테나가 달려 있기 때문에 이렇게 3시, 9시 방향으로 미사일이 오도록 빔기동을 하면 ECM의 도움을 못 받게 된다.

어떻게도 적 미사일을 뿌리치지 못한 경우, 피하는 입장에서 최후에는 급선회를 하는 수밖에 없다. 급선회를 하면 적 미사일은 더더욱 급선회를 해야 하므로 앞서 언급한 바와 같이 큰 항력 때문에 속도가 깎여나가게 된다. 전투함이나 전차는 급선회를 시도하기도 하지만, 이것조차 여의치 않을 경우 하다못해 속도를 급격하게 올려 적 미사일이 자신의 미래 예상 위치를 잘못 판단하게 만들 수 있다.

더군다나 미사일 자체 탐색기는 시야 각에 한계가 있다. 만약 미사일이 예상 위치로 날아가기 위해 지나치게 많이 선회해버리면 표적이 탐색기 시야에서 벗어나게 된다. 이를 영화나 만화 같은 데서는 전투기들이 현란한 기동으로 미사일을 피하는 것처럼 묘사한다. 그러나 실제로는 단 한두 번의 선회만으로 결판이 난다.

하지만 자신의 목숨이 경각에 달린 급박한 순간에, 그것도 눈으로 발견하기도 어렵고 각종 센서의 도움으로도 위치 파악에 한계가 있는 미사일을 상대로 정확한 타이밍을 재서 회피기동을 하는 것이 좀처럼 쉬운 일이 아니다. 그렇기 때문에 조종사, 혹은 전투함이나 전차의 운용요원들은 미사일 회피기동이 위기 시 몸에서 베어나오도록, 회피기동을 꾸준히 연습해야 한다. 또한 적 미사일의 비행 특성이나 그 한계를 철저히 분석하여 어떻게 해야 미사일을 피할 확률이 더 높을지 평소에도 꾸준히 연구해둬야 한다. 앞에 언급한 바와 같이 회피기동은 한두 번의 움직임으로 결판이 난다. 하지만 전차나 선박은 대체로 미사일보다 움직임이 둔하기에 그 한두 번의 움직임 동안 미사일을 충분히 피할 수 있을지 장담할 수 없다. 제법 빠르고 날쌘 전투기도 마찬가지다. 아무리 기술이 발전해도 극복하기 힘든 것이 있는데 그것이 바로 사람의 한계다. 비행체가 공중에서 급선회를 하면 거기에는 큰 원심력이 걸리는데 조종사도 예외는 아니다. 아무리 조종사가 훈련을 받고 보조장치의 도움을 받는다 해도 결국 사람인 이상 버틸 수 있는 원심력에 한계가 있다. 그래서 최신예 전투기라 할지라도 그 선회 성능은 조종사가 원심력을 버틸 수 있는 정도가 한계다. 하지만 미사일은 이러한 제약이 없기 때문에 기술의 발전에 힘입어 미사일의 선회 성능은 날로 발전하고 있다. 결국 기술이 발전할수록 회피기동만으로 적 미사일을 따돌리는 것이 어려워진다.

미사일 회피를 회피하는 방법

넓은 의미에서는 소프트킬Soft Kill 수단 전부가 ECM이라고 했는데, 그 ECM에 대응하기 위한 수단들도 있다. 이를 ECCM이라 부른다. ECM Electronic Counter Measure, 즉 전자대응책에 대응하는 방법이라 하여 대응 counter을 하나 더 붙여 ECCM Electronic Counter-Counter Measure이라고 부르는 것이다. 물론 여기서 말하는 ECM은 좁은 의미의 ECM, 즉 전파를 이용한 대응뿐만 아니라 넓은 의미의 ECM인 적 미사일이나 레이더 등을 교란하는 방법 전반을 말한다. 일례로 적외선 탐색기를 이용하는 미사일들도 대부분 적의 ECM 수단, 즉 플레어에 대응하기 위한 ECCM 기능이 들어가 있다. 이를테면 굉장히 빠른 시간 안에 밝아지는 물체가 발견

플레어를 위로 발사하도록 되어 있는 Su-27 전투기 〈CC-BY-SA 3.0 / Alexander Mishin〉

되면 이를 플레어라고 판단하고 짧은 시간이나마 적외선 탐색기를 꺼버린다. 플레어는 아래로 떨어지면서 항공기로부터 멀어지므로 적외선 탐색기가 단 몇 초간 눈을 감는 것만으로 플레어는 이미 적외선 탐색기의 시야 밖으로 벗어난다. 또 단순 적외선 추적 방식이 아니라 열영상 추적 방식 미사일들은 플레어와 전투기의 형태가 다른 것을 구별하여 플레어에 속지 않는다. 물론 전파를 사용하는 레이더 유도 방식 미사일 역시 ECCM 기능들이 들어가 있다. 앞서 언급한, 전투기와 채프 간의 속도 차이를 이용하여 이 둘을 구분해내는 미사일이 ECCM 기능을 갖춘 대표적인 미사일이다.

그러나 ECCM을 갖춘 미사일에 대응하기 위해 ECM을 연구하는 이들은 다시 한 번 다른 대응책을 개발하기도 한다. 전투기와 채프 간에 생기는 속도 차이로 이 둘을 구분하는 미사일에 대응하기 위해 전투기와 같은 속도로 날아가는 견인형 디코이도 그중 하나고, 또 채프 대신 다트 형태로 만들어 좀 더 전투기 속도와 비슷하게 떨어지는 투하형 디코이도 연구된 바 있다. 적외선 ECCM에 대한 대응책으로 전투기 주변에 플레어가 오래 머물도록 플레어를 아래가 아니라 위로 투하하는 방법도 있으며, 플레어가 단순히 점으로 표시되지 않고 넓게 퍼지도록 하여 사람 눈으로는 쉽게 구분될지라도 최소한 열영상 방식 미사일 눈으로는 전투기와 플레어의 모양을 잘 구별 못 하게 하는 방법도 개발되고 있다. 마치 고대 전사戰史에서도 창이 나오면 방패가 나오고, 방패가 나오면 그 방패를 뚫기 위해 더 강한 창이 나온 것처럼 현대에 와서도 ECM에 대응하기 위한 ECCM, 그리고 그것에 대응하기 위한 또 다른 ECM(혹자는 이를 농담 삼아 ECCCM이라 부르기도 한다)이 계속 등장하고 있다. 아마 이 'C'의 전쟁은 미래의 전장에서 탐지수단과 회피수단이 크게 바뀌지 않는 한, 앞으로도 당분간 계속될 것이다.

CHAPTER 18

미사일 요격 시스템

MISSILE INTERCEPTION SYSTEM

Hard Kill

●●● 영화나 만화 등에서는 간혹 주인공이 적의 총알을 칼로 베어내거나, 혹은 그 날아오는 총알을 자신의 총으로 공중에서 맞혀버리는 모습이 나오곤 한다. 현실에서 아직 총알을 이렇게 하는 것은 무리지만, 날아오는 적의 미사일을 공중에서 파괴하는 방법은 여럿 있다. 미사일을 단순히 피하거나 교란시키는 것이 아니라 직접 파괴해버리는 것을 하드킬(Hard Kill)이라 한다.

적의 미사일을 무력화하는 방법으로는 앞서 16, 17장에서 설명한 소프트킬 수단과 함께 하드킬이 수단이 있다. 하드킬이란 날아오는 적의 미사일을 직접 파괴해서 아군을 보호하는 개념이다. ●●●

함정 최후의 방어수단인 CIWS

미사일을 파괴하는 방법은 여러 가지가 있지만, 그중 가장 먼저 널리 쓰이기 시작한 방법은 대공포를 이용한 적 미사일 격추다. 특히 전투함들이 적 대함미사일을 요격하는 데 대공포를 많이 사용하고 있다. 그 이유는 일단 전투함을 노리는 대함미사일들이 대부분 속도가 느린 아음속(마하 0.8~0.9 수준)인 데다가 덩치가 크기 때문에 작고 빠른 초음속 미사일들에 비해 적 대함미사일을 격추하기가 좀 더 쉽기 때문이다. 또한 전투함이 미사일 요격용 대공포를 많이 사용하는 이유는 전투함의 덩치가 전투기나 전차 같은 것들과 비교하면 훨씬 크기 때문이다. 미사일 요격용 대공포 시스템은 부피도 많이 차지하고 무게도 많이 나가지만 전투함은 내부 공간과 탑재중량에 이를 수용할 여유가 있다.

보통 대공포의 사거리는 길어봐야 수 km 이내로 미사일류에 비하면 짧다. 바꿔 말하면 대공포 사거리에 들어온 적 대함미사일을 요격해내지 못했다면 전투함은 더 이상 이를 요격할 수단이 없다. 그래서 전투함 입장에서는 대공포가 마지막 방어수단이기 때문에 전투함용 미사일 요격용 대공포를 CIWSClose-In Weapon System(근접방어체계)라고 부른다. 단, 뒤에 설명하겠지만 CIWS는 꼭 내공포만 있는 것은 아니며 미사일을 이용한 CIWS도 있다. CIWS용 대공포들은 몇몇 예외를 제외하면 보통 20~30mm 구경 포탄을 쓰는데 이는 일반적인 대공포와 비슷한 수준이며, 포탄을 쏘는 포 자체는 일반적인 대공포의 시스템을 그대로 가져와 쓰기도 한다. 그러나 CIWS 대공포는 적 미사일을 반드시 요격해야 하므로 높은 명중률과 뛰어난 반응성을 갖춰야 한다. 그래서 일반적으로 CIWS 대공포는 함정에 탑재된 레이더와는 별도로 자체 레이더를 탑재하여 주변에 날아오는 미사일이 없는지 감시하다가 적 미사일을 발견

대표적인 CIWS 대공포인 팰렁스(Phalanx). 레이더가 탑재된 원통 부분 때문에 별명이 R2D2(스타워즈의 원통형 로봇)다. 〈Public Domain〉

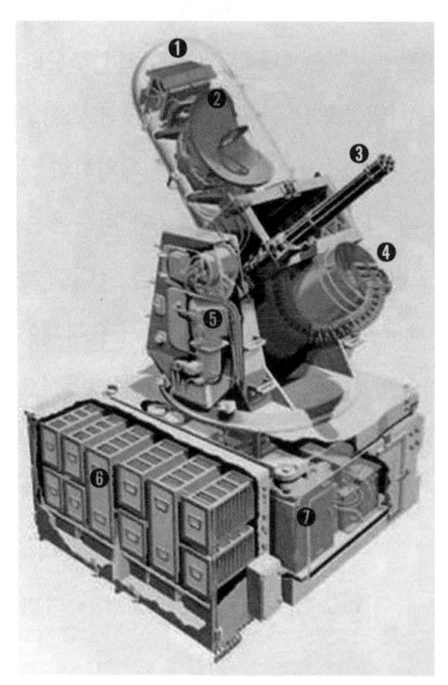

팰렁스의 내부 구성도

❶ 탐색용 레이더
❷ 추적용 레이더
❸ M61 20mm 개틀링 기관포 '발칸(vulcan)'
❹ 나선형 포탄 급탄기
❺ 고각 제어기
❻ 제어 시스템
❼ 유압·공압·전력 생산기 및 냉각수 펌프

〈http://www.navweaps.com〉

하면 반자동이나 완전자동 방식으로 불을 뿜는다. 포탄이 적 대함미사일에 한두 발이라도 맞도록 하기 위해서는 일반적으로 많은 포탄을 최대한 짧은 시간 내에 표적에 퍼부어야 하므로 CIWS 대공포는 여러 개의 총신이 돌아가며 포탄을 발사하는 개틀링Gatling 타입 기관포를 많이 사용한다. 또한 언제 어느 방향에서 적 미사일이 날아올지 모르므로 CIWS 대공포는 즉각 포신을 여러 방향으로 돌릴 수 있도록 포탑의 회전속도가 빠르면서도 높은 명중률을 위해 매우 정확한 각도를 유지해야 한다. 이렇게 까다로운 요구 조건을 만족하려다 보니 CIWS 대공포는 그 무게가 수 톤에 달하기도 한다. 덩치 역시 워낙 커서 레이더 등의 센서부와 대공포 부분만 전투함 갑판 위에 드러나 있고 나머지 부분은 그 아래쪽에 배치된다.

전차용 CIWS, 능동방호체계

최근에는 전차도 전투함의 CIWS와 비슷한 시스템을 탑재하는데, 보통 능동방호장치APS, Active Protection System라고 부른다. 이것의 원리는 CIWS와 동일하여 전차에 탑재된 레이더 센서가 전차 주변을 계속 감시하다가 적 미사일(혹은 RPG-7 같은 비유도 로켓탄)이 날아오는 것을 감지하면 그쪽 방향으로 일종의 포탄을 쏘아 보내는 방식이다. 다만 크기가 작은 전차에는 CIWS 같은 본격적인 대공포를 탑재하기 어려우므로 더 간소화된 시스템을 이용하여 전용 대응탄을 쏜다. 능동방호장치용 대응탄은 보통 특정 방향으로 파편을 쏟아붓는 일종의 공중폭발탄인 경우가 많다. 전차의 능동방호체계는 덩치가 큰 기관포를 사용하기 어려우므로 연발사격으로 적 대전차미사일을 향해 대공포탄을 퍼붓기 어렵다. 대신 일종

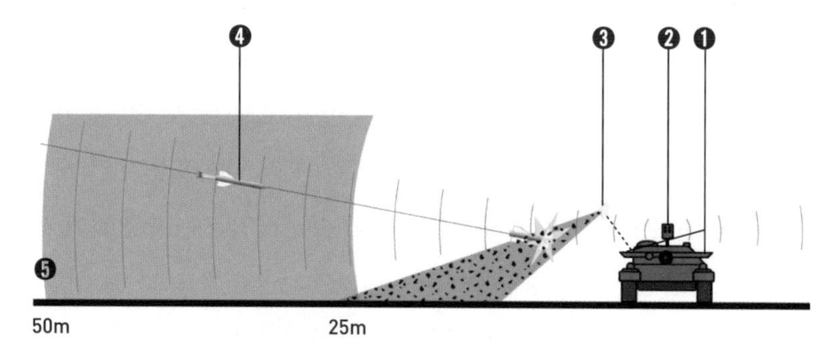

초기형 능동방호체계인 아레나의 작동 개념도

❶ 대응탄 탑재부 ❷ 주변 감시용 센서 ❸ 폭발한 대응탄. 파편이 25m 범위 이상 벗어나지 않음. ❹ 날아오는 적 미사일(혹은 로켓) ❺ 감시용 센서는 50m 이상의 범위까지 탐지 〈CC BY-SA 3.0 / Messer-Woland〉

적탄이 장갑차에 닿기 전에 공중에서 파괴한 아이언 피스트(Iron Fist) 능동방호체계
〈https://defense-update.com〉

의 클레이모어나 산탄총처럼 한 발을 쏘더라도 넓은 지역에 파편(총탄)을 뿌려서 날아오는 표적을 맞힐 확률을 높인다.

다만 능동방호체계는 표적을 맞히기 쉽다는 이유로 무턱대고 넓은 방향에다 파편을 뿌릴 수는 없다. 현대전에서 전차는 혼자서 다니는 것이 아니라 보병과 함께 다니는 경우가 많기 때문이다. 두터운 장갑을 두른 전차와 달리 보병은 전쟁터에서 맨몸이나 다름없다. 그렇기 때문에 아군 전차가 스스로를 보호하겠다고 아무렇게나 대응탄을 쏘면 근처에 있는 아군 보병은 마치 적의 클레이모어나 수류탄이 머리 위에서 터진 것마냥 큰 피해를 입을 수 있다. 그래서 전차의 능동방호용 대응탄은 주변 보병에게 최대한 피해를 적게 주도록 파편을 쏘아 보내되 지상으로는 쏟아지지 않게 한다거나, 혹은 최대한 전차에서 가까운 범위 내에서만 파편이 쏟아지도록 파편이 날아가는 방향이 아래쪽을 향하도록 하여 아군 보병에 대한 불필요한 피해를 막는다. 더불어 대응탄 발사 직전에 사이렌이나 경고등으로 주변 보병들에게 경고를 하기도 한다.

미사일을 요격하는 미사일

현대전에서 공중의 적을 쏘아 맞히는 역할은 대공미사일이 주로 담당하고 있는데, 그 공중의 적에는 적이 발사한 미사일도 포함된다. 특히 전투함을 향해 날아오는 대함미사일의 1차 요격 수단은 전투함에 탑재된 함대공미사일이다. 만약 전투함이 자신을 향해 날아오는 적 대함미사일을 레이더 등을 이용, 수십 km 이상 먼 거리에서 발견했다면 적 대함미사일이 CIWS 대공포 사거리에 들어오길 기다릴 필요가 없다. 이 경우 전투함은 적 대함미사일을 향해 함대공미사일을 날려서 요격을 시도한다. 앞서 설명한 바와 같이 일반적인 대함미사일들은 속도가 느리므로 일단 발견만 한다면 미사일로 요격하는 것이 그렇게까지 까다로운 일은 아니다. 다만 일반적으로 대함미사일은 바다 수면 위 5~10m 이하의 매우 낮은 고도로 날아오므로, 이를 요격할 함대공미사일은 매우 낮은 고도에서도 센서들이 오작동하지 않아야 한다. 이를테면 함대공미사일에 탑재된 레이더 탐색기나 근접신관 센서들이 해수면에 의해 난반사된 전파들

포탑형 CIWS 미사일인 RIM-116 RAM 〈http://www.raytheon.com〉

때문에 혼란을 겪을 수 있으므로 여기에 대한 대비가 있어야 한다.

사거리가 수십 km가 넘는 함대공미사일이 아닌, 사거리가 10여 km 이내인 CIWS용으로 개발된 미사일들도 있다. 이들은 대함미사일치고는 사거리가 짧지만 CIWS 대공포에 비하면 사거리가 훨씬 길 뿐만 아니라 적 미사일을 확실히 파괴할 수 있기 때문에 최근 각광을 받고 있다. CIWS용 미사일들은 중·장거리 함대공미사일들에 비하면 크기가 작아서 함정에 여러 발 탑재할 수 있으며, 작동 방식이 서로 다른 탐색기를 2, 3개씩 동시에 탑재하여 극히 낮은 고도로 날아오는 적 대함미사일도 혼란 없이 요격할 수 있다. CIWS용 미사일은 발사 방식에 따라 크게 두 종류로 나뉘는데, 하나는 포탑형이고, 또 하나는 수직발사형이다.

수직발사형 CIWS인 VL-MICA의 개념도 〈http://www.mbda-systems.com〉

포탑형은 회전식 포탑에 미사일 발사대가 탑재된 것으로 CIWS 미사일이 발사 직전에 머리가 표적을 향할 수 있으므로 이론상으로는 아주 코앞까지 다가온 적 미사일도 요격할 수 있다. 반면 포탑형 CIWS 미사일은 앞서 15장의 발사대에서 설명한 바와 같이 회전한 방향에 함정 자체의 구조물(함교 같은 것)이 가리고 있으면 그쪽 방향으로는 미사일을 발사할 수 없다. 그래서 포탑형 CIWS는 함정을 완벽하게 보호하려면 보통 2, 3개 이상의 CIWS 미사일 발사대가 필요하다. 또한 동시에 여러 방향에서 적 대함미사일이 날아오는 경우 이리저리 포탑을 돌리는 데 시간을 잡아먹을 수 있다.

수직발사형 CIWS는 미사일이 수직으로 발사된 뒤 공중에서 급격히 방향을 틀어 표적을 향하므로 이론상 미사일 발사대 전투함 여러 곳에 배치할 필요가 없다. 함교 등에 미사일 경로가 막힐 위험 없이 일단 공중으로 솟구친 다음 방향을 틀면 되기 때문이다. 다만 미사일이 아무리 발사 직후 급기동을 한다고 해도 배의 바로 옆 수백 m 이내의 영역은 수직발사형 CIWS가 방어하지 못한다. 단, 어차피 이 정도 거리 이내에서는 수직발사형 CIWS 미사일이 적 대함미사일에 명중해도 적 미사일의 파편이 아군 함정에 큰 피해를 줄 수 있으므로 이 수백 m 이내 거리의 적 미사일을 요격하지 못하는 것은 문제될 게 없다고 여기는 경우도 있다.

한편 대공포 방식이건 미사일 방식이건 CIWS는 적 대함미사일뿐만 아니라 접근한 적 항공기도 요격할 수 있다. 심지어 요 근래 CIWS는 적의 소형 고속정(주로 자살폭탄 테러용인)도 공격할 수 있도록 개발되는 추세다.

탄도미사일 요격용 대공미사일

지상에서 운용되는 대공미사일은 대체로 종류를 불문하고 순항미사일류는 어느 정도 요격할 수 있다. 순항미사일은 비행고도가 낮고 크기는 작지만 대체로 일반 항공기와 비슷한 수준으로 날아다니기 때문이다. 그러나 탄도미사일은 비행 중 사거리가 짧은 것은 수십 km 이상, 긴 것은 아예 대기권 밖 100km 이상 높이 올라갔다가 떨어질 뿐만 아니라 그 비행속도가 느린 것도 마하 3, 4 이상이고 빠른 것은 마하 10을 넘어간다. 그렇다 보니 탄도미사일을 맞히는 것은 매우 어려운 일이다.

탄도미사일 요격을 위한 시도는 꽤 오래전부터 있었는데, 1950년대에 이미 지대공미사일에 핵탄두를 탑재하여 적 탄도미사일을 공중에서 요격하는 개념이 등장했다. 그러나 아무리 방어를 위해서라고 해도 아군 머리 위에서 핵을 쏘는 것은 여러모로 문제점이 많다.

이후 지대공미사일 기술의 발전 덕분에 일반 폭약을 탑재한 미사일로도 적 탄도미사일 요격이 어느 정도 가능해졌다. 탄도미사일 요격으로 제일 유명한, 그리고 2016년 현재 실전에서 유일한 사례는 1990년대 벌어진 걸프전 때의 사례다. 당시 이라크는 이스라엘에 단거리 탄도미사일인 스커드Scud를 여러 차례 날렸고, 미국은 패트리어트Patriot 지대공미사일을 미 본토로부터 긴급히 수송해와서 이스라엘 방어에 사용했다. 최근에는 미국이 전 세계 범위로 미국 및 동맹국들을 적의 탄도미사일로부터 방어하는 미사일 방어 체계, 즉 MDMissile Defense체계를 구축하면서 관련 이야기가 뉴스에 종종 오르내리기도 한다.

걸프전 당시의 스커드 미사일 요격에 대해 좀 더 살펴보면, 당시 배치된 패트리어트 미사일은 본래 항공기 요격용으로 개발된 것이고, 탄도미사일 요격은 주 임무가 아니었다. 그래서 운용자인 미국도 패트리어트가 탄도미사일에 대한 명중률이 낮다는 것을 알고 있었기 때문에 하나의 스커드 미사일에 3발 이상의 패트리어트를 무조건 발사하기도 했다. 이 때문에 패트리어트의 스커드 미사일에 대한 명중률 자체는 낮게 집계되었지만, 당시 전쟁에서 중요했던 것은 무슨 수를 써서라도 스커드를 요격하는 것이었기 때문에 그 목적은 어느 정도 달성할 수 있었다. 하지만 미국도 이것이 비효율적이라는 것은 잘 알고 있었기 때문에 실전 사례를 교훈 삼아 신형 탄도미사일 요격 전용 패트리어트인 PACPatriot Advanced Capability-3 MIM-104F 미사일을 개발했다.

그러나 패트리어트 PAC-3 같은 미사일도 한계고도는 20km 정도에 불과하다. 탄도미사일의 속도를 감안하면 탄도미사일이 지상에 떨어지기 불과 15초도 안 되는 짧은 시간 내에 요격해야 하는 셈이다. 그러나

PAC-3 MIM-104F 미사일. 발사 직후 방향 선회를 위해 머리 부분에서 소형 로켓이 작동 중인 상태다.
〈http://www.lockheedmartin.com〉

모든 미사일은 명중률이 100%가 아니므로 더 많은 요격 시도를 해야 한다. 그래서 PAC-3 같은 미사일보다 더 높은 고도에서 요격을 하는 미사일도 등장했으나, 그 정도 높은 고도에서 적 탄도미사일을 요격하려면 특별한 미사일이 필요하다. 더 높은 고도는 공기가 희박하여 일반적인 날개를 이용해서는 미사일을 움직일 수 없기 때문이다.

보통 이렇게 높은 고도에서 적 미사일을 요격하는 미사일들은 대형 로켓 1개, 혹은 2, 3개를 이용하여 마하 7, 8 이상으로 가속한 다음 다 쓴 로켓 엔진은 분리해버린다. 그러고 나면 마지막으로 로켓의 탐색기와 조종장치, 그리고 방향 및 자세 제어용 로켓 부분만 남게 되는데, 이 부분을 직격비행체Kill Vehicle라고 부른다. 직격비행체는 정작 속도를 가속하기 위한 로켓 엔진은 달려 있지 않지만, 직격비행체만 남은 시점은 고도 80~100km 이상이기 때문에 대기가 거의 없어 공기저항 같은 것을 받지 않는다. 그래서 직격비행체는 앞서 분리해버린 로켓들을 이용하여 이미 속도가 마하 7, 8 이상으로 가속된 상태에서 더 이상 속도가 줄어들지 않는다. 대신 이렇게 빠른 속도로 인해 표적을 포착하고 난 다음 명중하는 시간은 한순간이므로 비행 방향과 자세를 매우 빠른 시간 안에 바꾸기 위해서 뒤가 아니라 옆 방향에 배치된 소형 로켓들, 즉 DACSDivert and Attitude Control System(궤도 및 자세 제어 장치)를 사용한다. 이 로켓들은 비교적 크기가 작으면서도 직격비행체가 급격히 움직일 수 있도록 만들어져야 하는 데다가 제어를 위해 각 로켓의 추력이 아주 빠른 반응속도로 세밀하게 조절되어야 하기 때문에 개발이 굉장히 까다롭다.

한편 직격비행체의 탐색기로는 주로 열영상 탐색기를 많이 사용한다. 열영상 탐색기는 레이더에 비하면 크기도 작고 무게도 가벼울 뿐더러 우주 공간에서는 수증기나 지면에서 올라오는 지열의 간섭 등이 거의 없으므로 최상의 탐색 성능을 낼 수 있기 때문이다. 또한 일부 탄도미사

발사 중인 RIM-161 SM3 고고도 탄도미사일 요격용 미사일 〈Public Domain〉

SM3 미사일의 머리 부분에 숨겨져 있는 직격비행체가 튀어나와 DACS를 사용하여 표적에 최종적으로 돌입하는 CG 〈http://www.raytheon.com〉

일들은 지상 레이더를 속이기 위해 채프나 알루미늄 풍선 같은 미끼를 뿌리며 떨어지기도 하는데, 열영상 탐색기는 표적의 온도뿐만 아니라 모양도 파악하므로 이러한 미끼와 실제 탄도미사일을 구분해내는 능력이 더 뛰어나다.

직격비행체는 종류에 따라서 아예 탄두가 없는 것들도 있다. 표적에 명중 시 직격비행체 자체의 속도에다가 적 탄도미사일이 날아오던 속도가 합쳐져 상대속도가 마하 10을 넘어가다 보니 그 충돌에너지가 엄청나기 때문이다. 물론 이렇게 탄두를 쓰지 않는다면 근접신관 같은 것을 쓸 수 없으므로 적 탄도미사일에 정확히 명중해야만 탄도미사일에 피해를 줄 수 있다. 이러한 종류의 직격비행체는 폭약 없이 운동에너지(충돌에너지)만으로 요격한다 하여 운동에너지 탄두Kinetic Warhead라 부르기도 한다.

더 이상 미래의 이야기가 아닌 레이저 무기

최근 각광을 받는 미사일 요격 수단으로는 레이저가 있다. 레이저는 말 그대로 빛의 속도로 표적에 닿기 때문에 일단 표적에 명중만 한다면 확실하게 표적을 파괴할 수 있는 매력적인 미사일 요격 수단이다. 그러나 현실 속의 레이저는 영화에서 나오는 것처럼 미사일에 명중하는 즉시 이를 파괴할 만큼 위력이 강하지는 않다. 때문에 짧은 시간이나마 표적에 레이저 광선을 계속 비추고 있어야 한다. 문제는 대기의 간섭으로 인해 레이저 광선이 미세하게 굴절되기 마련인데, 이 탓에 먼 거리의 표적에 정확히 레이저 광선을 비추는 것이 쉽지 않다. 더군다나 대기 수증기나 먼지 등의 영향으로 거리가 멀어질수록 레이저의 위력이 급격히 감소한다. 미국은 대형 항공기에 레이저 포대를 달아서 적 영토 근처에서

747 여객기를 개조하여 만든 YAL-1 공중발사레이저(ABL) 시험기 〈Public Domain〉

대기하고 있다가 적이 탄도미사일을 발사하면 위로 솟구치는 가속 단계에서 이를 요격하는 공중발사 레이저ABL, AirBorn Laser를 연구하기도 했다. 그러나 여러 기술적인 문제 및 비용상의 문제를 해결하지 못하여 결국 포기한 상태다.

하지만 이러한 레이저 무기에 대한 연구는 미국뿐만 아니라 전 세계적으로 계속 진행 중이며 지상이나 함정에 탑재하여 날아오는 적의 소형 미사일이나 박격포탄, 로켓탄 등을 막는 시스템들이 현재 계속 시험 중에 있다. 현재로서는 항공기에 탑재되는 항공기 자체 방어용 하드킬 수단이 없으나, 장차 레이저 무기가 실용화되면 앞의 16장에서 설명한 DIRCM을 응용, 일종의 항공기용 CIWS로 레이저 무기가 쓰일 전망이다.

지상설치형 레이저 포대인 THEL(Tactical High Energy Laser: 전술급 고출력 레이저)의 시험장비 모습
〈Public Domain〉

CHAPTER 19

세계의 주요 공대공미사일

●●● 이전 장에서는 여러 미사일들의 주요 구성품이나 작동원리별 특징을 살펴보았다. 이번 장에서는 그러한 미사일들이 어떠한 배경으로 개발되었으며, 여러 구성품들을 어떻게 조합하여 완성되었는지를 살펴보고자 한다. 다만 전 세계의 모든 미사일을 다 다루기에는 지면의 한계가 있는 관계로 종류별로 하나씩만 선정하여 그 개발 배경과 주요 특징들을 알아보고자 한다. ●●●

AAM :
Air to Air Missile

단거리 공대공미사일 AIM-9X 사이드와인더

AIM-9X 사이드와인더 〈US Navy〉

개발 배경

사이드와인더Sidewinder는 방울뱀의 일종으로, 먹이의 체온을 감지하여 공격하는 특성이 있어 적외선 유도 미사일에 잘 어울리는 별명이다. 미군은 1950년대 처음 AIM-9 사이드와인더를 개발한 이래 1980년대까지 여러 차례 개량을 거듭해가며 이 미사일 시리즈를 사용해왔다. 그리고 1980년대, 미국을 포함한 나토NATO 연합은 공통으로 사용할 신형 단거리 및 중거리 공대공미사일을 개발하기로 했다. 그 결과, 영국 및 독일은 공동으로 단거리 공대공미사일을 만들고 미국은 중거리 공대공미사일을 만들기로 합의한다. 이렇게 사이드와인더의 명맥은 끊기는 듯했다.

사실 이러한 나토 내에서의 결정이 있기 전부터 영국과 독일은 단거리 공대공미사일을 연구하고 개발하던 중이었기 때문에 계획은 순조로워 보였다. 영국과 독일이 맡은 단거리 공대공미사일 프로젝트가 ASRAAMAdvanced Short Range Air to Air Missile이며, 미국이 맡은 중거리 공대공미사일 프로젝트가 AMRAAMAdvanced Medium Range Air to Air Missile이다.

그러나 영국과 독일은 곧 개발 방향에 있어 의견차가 생겼고 ASRAAM

의 개발 계획은 지지부진해졌다. 영국은 미사일의 속도와 사거리를 높이는 쪽으로, 독일은 발사 직후 급선회가 가능한 기동성을 높이는 쪽으로 개발해야 한다고 보았기 때문이다. 결국 독일은 ASRAAM에서 손을 떼고 독자적인 단거리 공대공미사일을 만들기로 했다(이 독일 미사일은 후에 IRIS-T로 명명). 이렇듯 신형 단거리 공대공미사일의 개발이 늦어지다 보니 미국은 나토 연합 표준형 중거리 공대공미사일뿐만 아니라 자신들이 쓸 단거리 공대공미사일 또한 새로 만들기로 했다. 다만 개발비와 개발 시간이 부족했으므로 미국은 기존의 AIM-9 사이드와인더의 부품과 운용에 필요한 여타의 지원 장비들을 최대한 재사용하는 쪽으로 개발 방향을 잡았고, 그 결과 사이드와인더의 명맥을 잇는 신형 단거리 공대공미사일 AIM-9X를 개발하기에 이른다.

상세 설명

독일이 ASRAAM 개발 과정에서 기동성을 중시한 것은 1980년대 서독·동독의 통일 이후의 일이다. 당시 독일은 통일 후 동독이 운용하던 소련 MiG-29 전투기와 이 미사일의 단거리 공대공미사일인 R-73(나토 코드명 AA-11 아처Archer)을 분석했다. 이 미사일은 발사 직후 급격하게 방향을 전환하도록 로켓의 분사 방향을 바꿀 수 있었기 때문에 발사 직후에도 급격한 방향 전환이 가능했다. 이러한 미사일과 조종사의 헬멧 탑재형 조준장치를 조합한 결과, 조종사는 표적을 향해 급격히 자신의 전투기 방향을 바꾸는 선회 기동을 할 필요도 없이 표적을 바라보고 조준하는 것만으로도 R-73 미사일을 적기를 향해 발사하는 것이 가능했다. 그래서 독일은 전투기 조종사가 적기를 눈으로 볼 정도로 가까운 거리에서 벌어지는(대략 10km 전후) 근접 격투전에서 사용할 단거리 공대공미사일은 속도나 사거리를 늘리는 것보다는 발사 직후 방향을 바꿀 수 있는 뛰어난 기동성이 중요하다고 여긴 것이다. 미군 역시 독일과 같은 생각이었기에 신형 AIM-9X 개발진은 미사일의 급기동 능력을 올리는 데 초점을 맞추었다.

미군은 AIM-9X 개발 프로젝트의 비용과 시간을 줄이고자 가급적 기존 버전 사이드와인더의 부품 등을 재활용해서 신형 사이드와인더를 개발하고자 했다. 그러나 AIM-9X가 갖춰야 하는 성능이 워낙에 기존 AIM-9 시리즈를 뛰어넘는 것이다 보니 결국 로켓 추진기관과 탄두, 근접신관을 제외한 모든 구성품을 바꿔야 했다.

AIM-9X의 탐색기는 적외선 영상 탐색기로 기존의 AIM-9 시리즈가 사용하던 적외선 탐색기에 비해 훨씬 표적에 대한 탐지 능력과 실제 표적 및 기만체(플레어 등)를 구분하는 능력이 뛰어나다. 더불어 기존 사이드와인더는 외부로부터 탐색기에 고압의 냉각가스를 주입해줘야 했으나, AIM-9X는 공기의 압축·팽창을 반복하여 온도를 줄이는 스털링식 냉각장치를 사용하여 냉각가스를 주입할 필요가 없어졌다. 또한 AIM-9X의 탐색기는 피치-롤 형태로 움직여 전방으로부터 상하좌우 90도 방향까지 바라볼 수 있다. 기존 사이드와인더의 탐색기는 짐벌 구조로 움직여 작동 범위가 상하좌우 25도 정도였기에 조종사는 적기가 자신의 전투기 앞에 오도록 급선회를 해야 했다. 그러나 AIM-9X를 사용할 경우 조종사는 상대적으로 이러한 급선회를 해야 하는 경우가 줄어들게 되며, 자신과 옆에서 나란히 날고 있는 적기를 향해서도 미사일을 날릴 수 있다. 심지어 적기와 마주보고 날며 서로 교차하듯 비행하는 순간 조종사가 적기를 바라보고 AIM-9X를 조준하여 발사하면, AIM-9X는 발사된 순간 180도 선회하여 뒤로 스쳐 지나간 적을 쫓아간다.

하지만 기존 사이드와인더는 미사일의 탐색기가 적기를 바라보고 있다고 하더라도 발사 직후 90도로 급선회할 수 없다. 조종날개가 급선회

AIM-9X 사이드와인더의 꼬리날개 및 제트 베인
〈Raytheon〉

하는 데 필요한 힘을 내려면 일단 미사일이 빠른 속도로 가속되어야 하기 때문이다. 그러나 AIM-9X는 로켓 노즐 안에 추력편향장치의 일종인 제트 베인Jet Vane이라 부르는 작은 날개가 있기 때문에 로켓의 분사 방향 자체를 바꾸어 발사 직후 속도가 느린 상태에서도 방향을 급격히 바꿀 수 있다. 다만 AIM-9X의 로켓 작동 시간이 7초 남짓이므로 적기를 향하는 동안 계속 제트 베인만으로 자세를 바꿀 수는 없다. 즉, 조종날개가 필요하다.

기존 AIM-9 시리즈는 카나드가 조종날개 역할을 했으나, AIM-9X의 카나드는 고정형이며 꼬리날개가 조종날개 역할을 한다. 이는 미사일의 중량 및 비용을 줄이는 측면에서 제트 베인을 움직이기 위해 꼬리 부분에 별도의 작동장치를 추가하는 것보다 조종날개와 기계적으로 연동시켜 작동장치를 공용으로 사용하는 편이 유리하기 때문이다. 그래서 AIM-9X는 제트 베인과 가까운 꼬리날개를 조종날개로 사용한다. AIM-9X는 꼬리에 있는 전기식 구동장치와 로켓 추진기관 앞쪽에 있는 유도장치가 서로 전기 신호를 주고받아야 하므로 미사일 옆면에 큰 케이블 덕트가 붙어 있다. 그리고 이 케이블 덕트 뒤쪽 일부 공간에는 전기식 구동장치의 제어용 전자장비 일부가 들어 있는데, 이는 AIM-9X가 기존 AIM-9 시리즈와 같은 추진기관을 사용하다 보니 더 이상 전자장비를 위한 공간을 추가로 확보하기 어려웠기 때문이다. AIM-9X는 표적에 직격하면 충격신관이, 표적을 가까운 거리로 스쳐 지나가면 근접신관이 작동하여 탄두가 터진다. AIM-9X의 신관과 탄두는 앞서 설명한 바와 같이 기존 AIM-9 시리즈와 동일하다.

미국은 2000년대 초반 AIM-9X를 우선 완성시켜 실전배치하는 것과 동시에 성능개량을 준비했다. 성능개량형은 AIM-9X 블록 2block II로 부르는데 여러 전자장치를 신형으로 교체하는 한편 데이터 업링크Data Uplink 기능을 추가했다. 이는 AIM-9X가 발사 전에는 탐색기로 직접 보지 못하는 표적, 이를테면 전방 좌우 90도 범위 밖으로 넘어간 표적이나 탐색기의 탐지 범위 밖에 있는 표적을 공격할 때 유용하다. 데이터 업링크 기능 덕에 AIM-9X 블록 2는 발사 전 자신의 탐색기로 표적을 포착하지 못하더라도 일단 표적 방향으로 날아가면서 표적에 대한 위치 정보를 계속 전투기로부터 업데이트 받는다. 그리고 표적이 탐색기의 탐지 범위 안에 들어오면 그때부터 직접 표적을 바라보며 쫓아간다. 즉, AIM-9X 블록 2는 복합유도 방식이 된 셈이다.

주요 단거리 공대공미사일 제원

명칭	AIM-9X 사이드와인(Sidewinder) 블록 2	R-73 (AA-11 Archer)	ASRAAM (AIM-132)
외견			
제조사	레이시온(미국)	빔펠(러시아)	MBDA(유럽, 영국 주도)
최초 배치	2009년	1987년	2002년
길이	3.02m	2.93m	2.9m
몸체 직경	127mm	165mm	166mm
중량	85kg	105kg	88kg
날개폭	640mm	510mm	450mm
날개 구성	카나드 + 꼬리날개	카나드(2열) + 꼬리날개	꼬리날개
조종 방식	꼬리날개 + 제트 베인	카나드 + 꼬리날개 + 제트탭	꼬리날개
유도 방식	Uplink + IIR	IR	INS + IIR
사거리	15km 이상	15km 이상	25km 이상
최대속도	마하 2.5 이상	마하 2.5 이상	마하 3.5 이상
탄두	9.4kg, 폭풍파편형	7.4kg, 폭풍파편형	10kg, 폭풍파편형
신관	충격 + 근접(레이저)	충격 + 근접(전파)	충격 + 근접(레이저)
기타	블록 1, 블록 2 합쳐서 미국 포함 24개국 이상 사용 중.	꼬리날개 뒤쪽 조종면은 롤 방향 (비행을 축으로 회전)만 제어. 개량형 합쳐서 러시아 포함 30여 개국 사용 중.	현재 나토 연합 중 사용 중인 국가는 영국뿐. 미국이 직접 운용하지 않았으나 미국제 전투기에 탑재되어 수출되어 미국식 이름(AIM-132)도 얻게 됨.

- **Uplink** : 표적 정보 송신
- **IR** : 적외선(Infra-red) 유도
- **IIR** : 적외선 영상(Image Infra-Red) 유도
- **INS** : 관성항법(Inertial Navigation System)
- **제트탭** : 로켓 노즐 일부를 막아 추진 방향을 바꾸는 장치

명칭	IRIS-T	파이선 5 (Python 5)	AAM-5 04식	PL-10
외견				
제조사	딜 BGT 디펜스(독일)	라파엘(이스라엘)	미쓰비시(일본)	루오양(중국)
최초배치	2005년	2003년	2004년	2004년
길이	2.94m	3.1m	3.1m	3.0m
몸체 직경	127mm	160mm	127mm	160mm
중량	89kg	105kg	95kg	89kg
날개폭	447mm	640mm	440mm	?mm
날개 구성	주날개(도살) + 꼬리날개	카나드(2열) + 롤 제어날개 + 꼬리날개	주날개(도살) + 꼬리날개	기수 스트레이크 + 주날개(도살) + 꼬리날개
조종 방식	꼬리날개 + 제트 베인	카나드 + 롤 제어날개	꼬리날개+제트 베인	꼬리날개 + 제트 베인
유도 방식	INS + IIR	INS + IIR	INS + Uplink + IIR	중간유도 + IIR
사거리	25km 이상	20km 이상	20km 이상	20km 이상
최대속도	마하 3 이상	마하 4 이상	마하 3 이상	미확인
탄두	11.4kg, 폭풍파편형	11kg, 폭풍파편형	?kg, 폭풍파편형	?kg, 폭풍파편형
신관	충격 + 근접(레이저)	충격 + 근접(레이저)	충격 + 근접(레이저)	충격 + 근접(레이저)
기타	독일 외에 이탈리아, 스웨덴, 그리스, 노르웨이 공동투자 형태로 개발.	한 쌍의 롤 제어 전용 날개가 카나드 뒤에 존재. 카나드는 상하좌우 방향만 제어. 꼬리날개는 카나드 후류 영향을 덜 받기 위해 자유회전식.	개량형인 AAM-5(04식 改)는 플레어 대응 능력 및 탐색기 냉각장치 작동 방식을 개선할 예정.	수출형인 PL-10E 공개.

• **도살** : 앞뒤로 긴 도살(Dorsal)형 날개

중거리 공대공미사일 AIM-120 AMRAAM

AIM-120 AMRAAM
<http://www.aviationanalysis.net/2015/04/usaf-deploys-aim-120d-us-navy-aim-120d-achieve-ioc.html>

개발 배경

AMRAAM(암람)은 앞서 AIM-9X 설명 중 잠시 언급한 바와 같이 나토 연합이 공통으로 사용하기 위해 개발을 시작한 중거리 공대공미사일로 '선진형 중거리 공대공미사일Advanced Medium Range Air to Air Missile'의 약자다. 기존 미군 및 주요 나토 동맹군은 1950년대 이래 베트남전은 물론 걸프전 당시까지 주력 중거리 공대공미사일로 반능동 레이더 유도 방식으로 작동하는 AIM-7 스패로우sparrow를 사용했다. 반능동 레이더 유도 방식은 이를 발사한 전투기가 미사일이 명중할 때까지 반드시 레이더로 추적을 해야 했기 때문에 적의 다른 공격으로 인해 회피하거나 여러 가지 이유로 전투기가 레이더 추적을 끊어버리면 미사일은 목표를 잃고 말았다. 또한 전투기 레이더의 한계 탓에 일반적으로 AIM-7을 발사한 전투기는 한 번에 하나의 표적만 조준할 수 있었다.

미군은 1970년대 말엽 고성능 전투기가 강력한 레이더와 AIM-7과 같은 중거리 공대공미사일로 무장한 상태에서 단거리 공대공미사일로만 무장한 많은 수로 구성된 적의 저성능 전투기 편대를 만날 경우를 가정하여 모의 공중전을 실시했다. 그 결과, AIM-7과 같은 반능동 레이더 방식의 미사일을 가진 고성능 전투기는 설사 전투 초기에는 사거리의 이점이 있다 하더라도 하나의 표적만 공격할 수 있었고 공격 중간에 회피할 수 없는 특성 탓에 적기와 점점 가까워졌다. 결국 고성능 전투기는 적의 저성능 전투기와 근접전을 할 수밖에 없는 상황에 휘말리게 되었고, 이런 근접전 상황에서 레이더와 미사일 성능의 우세에도 불구하고 수적 열세를 극복하기 어려웠다.

이 결과를 보고 미국은 신형 나토 표준 중거리 공대공미사일이 기존 AIM-7과 비교하여 단순히 사거리만 늘어나는 수준에서 그치지 않고 동시에 다수의 표적을 공격하거나 적기에 대한 레이더 조준을 중단해도 미사일이 스스로 적기를 향해 계속 날아갈 수 있어야 한다고 판단했다. 그 결과 능동 레이더 유도 방식을 비롯한 여려 유도 방식을 사용하는 AIM-120 AMRAAM이 탄생했다.

주요 특징

일반적으로 중거리 공대공미사일은 사거리 40~100km 수준의 공대공미사일을 말한다. AIM-120은 버전에 따라 다르나 약 50~160km 정도 밖의 표적을 공격할 수 있는 중거리 및 장거리 공대공미사일이다. 이 미사일의 가장 큰 특징은 발사 후 망각Fire and Forget이 가능한 중거리 공대공미사일이라는 점이다. AIM-120은 기본적으로 능동형 레이더 탐색기를 이용한 능동 레이더 호밍 방식으로 표적을 향한다. 이 방식은 적외선

유도 방식 등에 비해 탐지거리가 길고 더 다양한 상황에서 확실하게 표적을 추적할 수 있다. 다만 미사일 크기의 한계 때문에 레이더 탐색기의 탐지거리는 10~20km에 불과하므로 전체 사거리 50km 이상을 달성하려면 다른 유도 방식이 더 필요하다. 그래서 AIM-120은 비행 중간 단계(중기 유도 단계)에는 관성항법 유도로 표적의 예상 좌표를 향해 날아가는 한편, 전투기가 보내오는 적기의 최신 정보를 무선으로 계속 업데이트 받는 관성항법+업 링크 방식으로 표적을 향해 날아간다. 그리고 AIM-120의 유도조종장치는 적기가 탐색기 자체의 탐지 범위 내에 들어오기 시작할 타이밍에 맞춰 탐색기를 켜서 능동 레이더 호밍 유도를 시작한다.

이러한 방식은 반능동 유도 방식과 달리 중간 유도 단계에 전투기가 적기에 대한 정보를 미사일에게 연속적으로 계속 보낼 필요 없이 일정 시간 주기로만 전달해주어도 된다. 그렇기에 전투기가 동시에 여러 표적을 순차적으로 레이더로 비추어 그 정보를 각각의 미사일에 전달해주는 식으로 동시에 여러 표적을 향해 미사일을 날리고 유도하는 것이 가능하다. 만약 중간에 어떠한 이유로 전투기가 AIM-120에게 적기에 대한 정보를 더 이상 전달해주지 못하면 AIM-120은 마지막으로 예상한 적의 예상 위치로 관성항법만으로 날아간다. 그리고 적기와의 예상 조우지점 근처에서 자체 레이더를 켠다. 만약 그 사이 적기가 비행경로나 고도 등을 크게 바꾸었다면 AIM-120은 도착한 예상 조우지점에서 적기를 찾지 못할 수도 있다. 그러나 이러한 상황에서 기존 반능동 유도 방식을 사용하는 AIM-7은 아예 적기에 대한 명중이 불가능한 반면, AIM-120은 여전히 적기를 찾아 명중시킬 확률을 가지고 있다. 특히 덩치가 크고 둔하여 비행속도와 고도의 갑작스러운 변경이 어려운 적의 대형 폭격기 등을 상대할 때는 AIM-120의 이러한 특성이 빛을 발휘한다.

AIM-120은 AIM-7과 비교하여 유도 성능이 개선된 점 이외에도 사거리도 더 늘어났다. AIM-120의 초기형인 AIM-120A형은 사거리가 약 50km 수준이며, 가장 최신형인 AIM-120D형은 사거리가 160km가 넘는 장거리 공대공미사일이 되어 선진형 중거리 공대공미사일이라는 이름이 무색한 상황이다. AIM-120은 기존 AIM-7보다 이렇게 여러 면에서 뛰어난 성능을 갖췄음에도 더 작고 더 가볍다. 그래서 기존에는 AIM-9과 같은 단거리 공대공미사일 정도만 달 수 있던 전투기 발사대에 AIM-120도 달 수 있다. 그 결과 전투기들은 더 많은 중거리 공대공미사일을 탑재하거나, 혹은 AIM-120을 AIM-9을 달던 위치에 다는 대신 기존에 AIM-7을 달던 위치에 별도의 더 무거운 추가 무장을 탑재하는 것이 가능해졌다.

AIM-120은 허리 부근에 4장의 삼각형 날개, 그리고 꼬리에 4장의 삼각형 꼬리날개를 가지고 있으며 전기구동장치를 이용하여 꼬리날개를 조종한다. 그 결과 AIM-120의 동체 측면에는 유도장치와 꼬리날개의 전기구동장치 등을 연결하기 위한 전기 케이블 보호용 케이블 덕트가 붙어 있다. AIM-120은 여타의 공대공미사일과 마찬가지로 근접신관과 충격신관을 이용하며, 이 신관들이 작동하면 20kg가량의 폭발-파편형 탄두가 터져 표적에 치명타를 입힌다. 근접신관은 전파를 사용하여 표적과의 근접 여부를 판단한다.

AIM-120은 미국이 스텔스 전투기들의 개발 및 배치를 본격화하면서 이로 인해 타국의 중거리 공대공미사일과 다른 방향으로 발전한다. 스텔스 전투기들은 적 레이더에 탐지될 확률을 줄이기 위해 미사일을 동체 내에 숨겨놓는데, 미사일의 부피가 작을수록 제한된 전투기 내부 공간에 더 많은 미사일을 넣어둘 수 있다. 그 결과 AIM-120C형은 날개 크기가 줄어들었다. 이 덕분에 F-22 스텔스 전투기의 경우 AIM-120A/B형은 동체 안에 4발을 탑재할 수 있었으나 AIM-120C은 6발을 탑재할 수 있

F-35 스텔스 전투기의 내부무장고에 장착된 AIM-120 AMRAAM(사진은 훈련탄)
<https://theaviationist.com/2012/03/28/f35b-aim-120b/>

다. AIM-120C는 전자장비의 개선과 유도조종 소프트웨어의 발전 덕에 날개 크기가 작아졌음에도 사거리나 기동성은 기존과 성능상 대등하거나 오히려 더 좋아졌다.

한편 점차 전투기들의 레이더 탐지거리가 발전함에 따라 중거리 공대공미사일의 사거리도 늘어나게 되었다. 2000년대 이후로는 대부분의 중거리 공대공미사일의 사거리가 100km를 넘게 되었는데, 이를테면 러시아의 R-77은 대형 로켓을 사용하여 80km 이상의 사거리를 달성했고 유럽의 미티어는 일종의 공기흡입식 로켓인 덕티드 로켓Ducted Rocket 기술을 적용하여 100km 수준의 사거리를 달성했다. 그러나 앞서 말한 바와 같이 스텔스기를 주력 전투기로 사용하는 미국으로서는 미사일의 부피를 가급적 줄여야 하기 때문에 AIM-120에 대형 로켓이나 큰 공기흡입구가 붙는 덕티드 로켓 기술을 사용할 수 없었다. 대신 미국은 AIM-120의 전자부품들을 더욱 소형화하여 남는 공간만큼 로켓의 크기를 늘리는 한편, 유도용 소프트웨어의 최적화를 통해 사거리를 늘렸다. 그 결과 AIM-120D는 앞서 설명한 바와 같이 사거리가 160km에 이르게 되었다. 다만 이렇게 사거리가 길어지면 표적에 도달하는 비행시간 역시 길어져 관성항법유도장치만 사용하면 오차가 누적된다. 이 때문에 AIM-120D에는 GPS 기반 위성항법장치를 추가로 사용한다. 한편 AIM-120은 적의 전파 방해가 감지되면 레이더 탐색기가 수동식형으로 작동한다. AIM-120은 이렇게 탐색기가 얻은 방해용 전파 정보를 이용하여 역으로 그 방해용 전파를 역추적하여 쫓아가는 HOJ[Home on Jam] 모드를 갖추고 있다.

주요 중거리 공대공미사일 제원

명칭	AIM-120C AMRAAM	R-77 (AA-12 Adder)	MICA
제조사	레이시온 (미국)	빔펠 NPO (러시아)	MBDA (유럽, 프랑스 주도)
최초 배치	1996년(C형 기준)	1996년	1999년(MICA EM) 2007년(MICA IR)
길이	3.65m	3.6m	3.1m
몸체 직경	178mm	200mm	160mm
중량	157.8kg(C-3) 161.5kg(C-7)	175kg	112kg
날개폭	484mm	700mm	560mm
날개 구성	주날개 + 꼬리날개	주날개(도살) + 꼬리날개	기수 스트레이크 + 주날개(도살) + 꼬리날개
조종 방식	꼬리날개	꼬리날개	꼬리날개 + 제트 베인
유도 방식	INS + Uplink +ARH	INS + Uplink + ARH	INS + Uplink + ARH(MICA EM) 또는 IIR(MICA IR)
사거리	50km(C-3) 105km(C-7)	80km 이상	60km 이상
최대속도	마하 4 이상	마하 4 이상	마하 4 이상
탄두	20kg, 폭풍파편형	22.5kg, 폭풍파편형	12kg, 폭풍파편형
신관	충격 + 근접(전파)	충격 + 근접(레이저)	충격 + 근접(전파)
기타	AIM-120D는 사거리 160km 이상 달성하여 장거리로 분류. AIM-120A부터 포함하여 36개국 이상 운용.	꼬리날개는 격자형 날개 사용. 개발 초기에 AMRAAM과 작동방식이 비슷하다 하여 '암람스키'라는 별명을 얻음.	탐색기를 능동 레이더를 사용하면 MICA EM, 열영상을 사용하면 MICA IR이 됨.

- **Uplink** : 표적정보 송신
- **INS** : 관성항법(Inertial Navigation System)
- **ARH** : 능동 레이더 호밍(Active Radar Homing)
- **도살** : 앞뒤로 긴 도살(Dorsal)형 날개

명칭	더비(Derby)	AAM-4 (99식)	PL-12
제조사	라파엘 (이스라엘)	미쓰비시 (일본)	루오양 (중국)
최초 배치	2000년대 중반	1996년	2004년 이후
길이	3.62m	3.7m	3.85m
몸체 직경	160mm	203mm	203mm
중량	118kg	222kg	180kg
날개폭	640mm	770mm	?mm
날개 구성	카나드 + 롤 제어날개 + 꼬리날개	주날개 + 꼬리날개	주날개 + 꼬리날개
조종 방식	카나드 + 롤 제어날개	꼬리날개	꼬리날개
유도 방식	INS + Uplink + ARH	INS + Uplink + ARH	INS + Uplink + ARH
사거리	60km 이상	100km 이상	70km 이상
최대속도	마하 4 이상	마하 4 이상	마하 4 이상
탄두	23kg, 폭풍파편형	?kg, 폭풍파편형	24kg, 폭풍파편형
신관	충격 + 근접(전파)	충격 + 근접(전파)	충격+근접(레이저)
기타	단거리 미사일인 파이선 4를 기초로 크기를 늘리고 탐색기를 바꾸는 형태로 개발. 이스라엘군은 미운용 중이며 수출용으로만 생산.	AAM-4B(99식 改)는 사거리를 120km로 연장.	수출명은 SD-10으로 파키스탄이 구매함. [SD: Shandian(閃電), 번개]

장거리 공대공미사일 R-37

MiG-31 전투기에 장착된 R-37 장거리 공대공 미사일
〈http://www.airwar.ru/weapon/avv/r37.html〉

개발 배경

소련 및 러시아 공군은 자신들의 가상 적 세력인 나토NATO 연합과의 공중전 시 전투를 유리하게 이끌어가기 위해 나토의 공군 구조에 주목했다. 나토 연합, 특히 그 핵심 구성 전력인 미 공군은 전투기들의 성능도 뛰어나지만 전투기들의 작전 능력을 극대화하기 위해 조기경보통제기, 공중급유기, 전자정찰기 등 각종 대형 지원기를 이용한다. 미국은 대체로 다른 나라의 영토에서 전투를 벌이는 경우가 많았기에 지상의 고정 시설보다는 신속하게 전투 지역에 파견할 수 있도록 대형 항공기를 이용한 전투기들을 지원하는 편이 유리하기 때문이다.

그러나 이러한 미군의 주요 대형 항공기들은 적 전투기를 만나면 살아

남지 못하기에 보통 아군 전투기들의 엄호 아래 후방에서 활동한다. 러시아 공군은 만약 미군의 엄호 전투기들을 따돌리고 이런 대형 항공기들을 격추시킬 수 있다면 훨씬 유리하게 전투를 이끌어나갈 수 있다고 판단했다. 마침 마하 3에 가까운 속도로 비행 가능한 요격기인 MiG-31를 갖추고 있던 러시아는 이 전투기로 전선 근처까지 빠르게 기습하여 적의 엄호 전투기들이 닿지 않는 곳에서 적의 대형 항공기에게 장거리 공대공미사일을 날리는 방법을 계속 연구해왔다. 그 결과물이 바로 사거리 160km급인 R-33의 뒤를 이을 사거리 400km급 장거리 공대공미사일인 R-37이다. 나토 연합은 이 미사일에 AA-13 애로우arrow라는 코드명을 붙였다.

주요 특징

R-37은 공대공미사일 중에서도 매우 큰 덩치를 자랑한다. R-37은 길이 4.2미터에 직경은 38cm, 무게는 600kg에 달한다. 앞서 설명한 AIM-120이 길이 3.6미터에 직경 17.8cm, 무게 152kg이었던 점을 감안하면 R-37은 공대공미사일치고 엄청나게 크고 무겁다. R-37의 이렇게 큰 무게와 덩치는 대부분 큰 로켓 추진기관 탓이다. R-37은 표적을 향해 직선에 가까운 코스로 날아가도 150km 정도 날아갈 수 있으며, 만약 발사 직후 상승한 뒤 로켓이 꺼진 상태에서도 완만한 각도로 하강하며 고속 활공coast flight하듯 표적을 향해 날아가면 최대 400km 밖 표적에도 닿을 수 있다. 다만 R-37을 유도해야 하는 MiG-31 자체의 레이더 탐지거리나 미사일의 실질적인 비행 성능 등을 감안하면 실질적인 유효사거리는 약 250km 정도다.

R-37의 중간 단계 유도 방식은 앞서 살펴본 AIM-120과 유사하게 관성항법유도 + 업 링크 유도 방식이다. 그리고 마지막 표적 돌입 단계에

에어쇼에 전시된 R-37M 모형
〈wikipedia / CC BY-SA 4.0 / Vitaly V. Kuzmin〉

는 20kg에 달하는 대형 레이더 탐색기를 이용하여 능동 레이더 호밍 방식으로 표적을 쫓아간다. 즉, MiG-31은 R-37을 사용할 경우 여러 표적에 대한 동시 공격이 가능하다. 또한 R-37은 필요한 경우 반능동 레이더 호밍 방식도 사용 가능하다. 다만 R-37은 큰 덩치와 무게 탓에 기동성이 뛰어나다고 볼 수 없으며, 최대사거리 수준으로 쏠 경우 표적이 4G 이상 급선회하면 명중률이 크게 떨어진다. 4G란 비행체가 자기 몸무게의 4배에 해당하는 원심력을 이겨가며 선회한다는 의미로, 일반적인 전투기들은 미사일 회피 등을 위해 최대 9G까지도 급선회할 수 있다. 물론 일반적으로 R-37이 노리는 대형 항공기는 4G 정도의 급선회를 하는 것이 어려우므로 이 정도의 선회 능력은 사용 목적에 맞는 수준이다.

한편 R-37이 노리는 표적은 일반적으로 대형 항공기이므로 치명타를 안겨주기 위해 공대공미사일치고는 큰, 60kg에 달하는 대형 탄두를 탑재하고 있다. 이 탄두는 근접신관 혹은 충격신관으로 작동한다. R-37은 동체 중앙 부근에 앞뒤로 긴 도살형 날개를 가지고 있어 고속 장거리 활공에 유리하다. 꼬리에는 전기구동장치로 움직이는 4장의 날개가 있으며, 이 날개는 중간 부분이 접힌다. R-37의 큰 꼬리날개를 접지 않으면

MiG-31의 동체 아래에 탑재하기 어렵기 때문이다. 한편 R-37의 개발사는 미사일의 크기를 좀 더 줄여 다양한 전투기에 탑재 가능한 R-37M도 개발했으나, 러시아 공군에서는 채택하지 않고 있어 주로 해외 고객을 상대로 홍보 중이다.

주요 장거리 공대공미사일 제원

명칭	R-37 (AA-13 Arrow)	AIM-120D AMRAAM
제조사	빔펠(러시아)	레이시온(미국)
최초 배치	2008년	2010년(D형 기준)
길이	4.15m	3.65m
몸체 직경	380mm	178mm
중량	600kg	162.4kg(D형)
날개폭	700mmm	484mm
날개 구성	주날개(도살) + 꼬리날개	주날개 + 꼬리날개
조종 방식	꼬리날개	꼬리날개
유도 방식	INS + Uplink + ARH/SARH	GPS+INS + Uplink + ARH
사거리	250km 이상	160km 이상
최대속도	?	마하 4 이상
탄두	60kg, 폭풍파편형	20kg, 폭풍파편형
신관	충격 + 근접(전파 추정)	충격 + 근접(전파)
기타	타 전투기에서 사용하기 위해 경량 버전인 RVV-BD 개발.	AIM-120D는 사거리 160km 이상 달성하여 장거리로 분류. AIM-120A부터 포함하여 36개국 이상 운용.

- **Uplink** : 표적정보 송신
- **INS** : 관성항법(Inertial Navigation System)
- **ARH** : 능동 레이더 호밍(Active Radar Homing)
- **SARH** : 반능동 레이더 호밍(Semi Active Radar Homing)
- **도살** : 앞뒤로 긴 도살(Dorsal)형 날개

명칭	미티어(Meteor)	AIM-54A 피닉스(Phoenix)

제조사	MBDA(유럽)	레이시온(미국)
최초 배치	2015년	1973년(A형 기준)
길이	3.7m	3.9m
몸체 직경	178mm	381mm
중량	190kg	443kg
날개폭	?mm	910mm
날개 구성	주날개 + 꼬리날개	주날개(도살) + 꼬리날개
조종 방식	꼬리날개	꼬리날개
유도 방식	INS + Uplink + ARH	INS + Uplink + ARH/SARH
사거리	150km 이상 추정	135km 이상(A형 기준)
최대속도	마하 4 이상	마하 5 이상
탄두	?kg, 폭풍파편형	61kg, 폭풍파편형
신관	충격 + 근접(전파)	충격 + 근접(전파)
기타	고체로켓 대신 덕티드 로켓(고체추진 램제트)을 사용하여 비행 중 추력을 효율적으로 조절 가능.	F-14 전투기만 운용. 미국 내 AIM-54는 퇴역. 이란 공군은 소수 운용 중이며 이란 내 국산화 버전인 Fakour 90 양산 중.

CHAPTER 20

세계의 주요 지대공·함대공 미사일

SAM :
Surface to Air Missile

보병용 지대공미사일 9M342 이글라-S

9M342 이글라-S(SA-26) 및 발사기
〈wikipedia / CC BY-SA 4.0 / Vitaly V. Kuzmin〉

개발 배경

보병용 지대공미사일은 일반적으로 MANPADSMan Portable Air Defense System라 부른다. MANPADS는 크게 사수가 어깨에 메고 사용하는 견착식과 삼각대를 이용하는 거치식이 있는데, 소련 및 러시아는 전통적으로 견착식을 사용해왔다. 견착식 미사일은 대체로 발사관이 작아서 보병들 입장에서 휴대가 간편하고 필요한 경우 엄폐물 등에 숨어서도 어느 정도 사격이 가능하기 때문이다. 소련은 1980년대 벌어진 소련-아프간 전쟁에서 미국과 중국 등의 지원을 받은 아프간 민병대의 게릴라식 MANPADS 운용에 상당한 위협을 느끼기도 했다. 그래서 다른 어느 나라보다 여러 종류의 MANPADS 개발에 열을 올렸으며, 이러한 경향은 소련 붕괴 이후 러시아에까지 이어지고 있다. 러시아는 현재 가장 최신형 MANPADS인 9M342 이글라-S(나토 코드명 SA-24 그린치Grinch)를 개

❶ SA-18 그로우스(9M38 이글라 미사일)와 발사관 ❷ SA-16 김렛(9M310 이글라-1 미사일)과 발사관
❸ SA-16 김렛(9K310 이글라-1) MANPADS 〈Public Domain〉

발하여 배치 중이다. 이글라Igla는 러시아어로 '바늘'을 뜻한다.

상세 설명

9M342 이글라-S는 먼저 개발된 이글라(SA-18 그로우스Grouse) 및 이글라-1(SA-16 김렛Gimlet)의 성능개량형이다. 이글라-S가 기존 이글라 시리즈와 비교하여 가장 달라진 점은 근접신관을 추가한 것이다. 기존 이글라 시리즈는 비용 및 중량 등의 문제로 근접신관을 사용하지 않았으나, 이글라-S는 레이저로 작동하는 근접신관이 추가되었다.

이글라-S의 머리 부분에는 적외선 탐색기가 들어 있다. 이 탐색기는 적외선 영상 탐색기와 달리 표적의 모양을 볼 수 없으며 적외선 신호의 강약만 확인할 수 있다. 대신 탐색기 안에는 2개의 주파수 대역으로 작동하는 적외선 센서가 함께 들어 있다. 만약 이글라-S 미사일을 눈치챈 전투기가 적외선 기만용 플레어를 뿌리면, 이글라-S는 이 2개의 적외선 센서를 이용해 진짜 전투기와 플레어를 구분해낸다. 플레어는 전투기와 적외선 파장 특성이 다르기 때문에 두 센서가 감지한 적외선 강도 중 하나만 유독 크거나 하다면 플레어일 가능성이 높다. 즉, 2개의 센서를 동시에 사용하는 것은 일종의 ECCM 기술인 셈이다. 이렇게 두 가지 적외선 대역 센서를 동시에 사용하는 것을 2컬러 적외선 탐색기라고 부른다.

한편 이글라-S는 뒤에 설명할 1축 카나드 제어 방식이기에 미사일 자체가 회전한다. 그래서 일반적인 짐벌 장치를 사용하면 짐벌 장치가 회전속도에 맞춰 표적 방향을 따라가도록 계속 움직이기 어렵다. 그래서 이글라-S의 탐색기는 그 자체도 전기 코일에 의해 마치 모터처럼 고속으로 회전하며 전자석을 이용한 세차운동을 일으켜 방향을 바꾼다. 적외선 탐색기의 앞쪽은 일종의 필터 처리가 된 반투명한 돔으로 덮여 있으며 그 가운데에는 마치 창처럼 뾰족하게 튀어나온 부품이 있다. 이것은 항력감쇄장치라는 것으로, 뭉툭한 미사일 앞부분에 뾰족한 구성품을 더해 초음속으로 비행할 때 앞부분의 항력을 낮춘다. 항력감쇄장치의 지지 구조물은 나선형 홈이 파여 있는 금속 부품이다. 나선형 홈이 있는 이유는 매끈한 금속 표면을 그대로 사용할 경우 빛(적외선)을 난반사시켜 탐색기의 표적 추적을 방해할 위험이 있기 때문이다.

이글라-S의 탐색기 뒤쪽에는 유도조종장치와 카나드를 움직이는 구동장치, 그리고 탄두와 근접신관 등이 들어 있다. 이글라-S의 카나드는 다른 이글라 시리즈와 마찬가지로 2장의 움직이는 카나드와 2장의 고정형 카나드로 구성되며 움직이는 카나드가 좀 더 길다. 움직이는 카나드는 1개의 전기식 구동장치에 의해 움직인다. 일반적이라면 이렇게 1개의 전기식 구동장치만 사용하는 미사일은 한쪽 방향으로밖에 못 움직이겠지만, 이글라-S는 비행 중에 마치 강선에 의해 회전하는 총알처럼 일정 속도로 회전하기 때문에 미사일이 원하는 방향에 맞춰 카나드를 움직였다가 중립에 놓았다가를 반복하여 상하좌우 어느 방향으로든 선회가 가능하다. 이러한 방식을 1축 제어라 하는데, 이 방식은 구동장치 숫자를 줄여 비용과 무게, 크기를 줄이는 데 유용하기 때문에 이글라를 비롯한 대다수의 MANPADS가 채택하고 있다. 이글라-S의 카나드는 평소 미사일 몸체 안에 접혀 있다가 발사 직후 펼쳐진다. 이 카나드 뒤쪽 몸체에는 앞서 설명한, 기존 이글라 시리즈에는 없던 근접신관이 들어 있다. 근접신관 부분에는 6개의 투명한 원형 덮개가 앞뒤로 각각 6개씩 총 12개가 둘러져 있다. 이 중 한쪽 줄은 레이저를 쏘아 보내는 곳들이며, 나머지 한쪽 줄은 표적에 반사되어 돌아오는 레이저를 수신하는 곳들이다.

이글라-S의 탄두는 2.5kg 정도로 1.27kg인 기존 이글라 시리즈보다 2배 가까이 무거워졌다. 기존 이글라 시리즈는 오직 직격으로만 표적을 파괴할 수 있었기 때문에 좀 더 먼 거리까지 파편을 뿌려야 할 만큼 위력이 강할 필요가 없었으나 이글라-S는 근접신관을 사용해야 하므로 더 먼 거리까지 파편을 뿌릴 수 있도록 위력 역시 강해져야 했다. 다만 이글라-S는 이렇게 탄두 중량도 늘어나고 근접신관도 추가되다 보니 기존 이글라 시리즈보다 무게가 1kg 남짓 더 무거워졌다. 다만 탄두 무게 증가량 및 근접신관 추가를 감안하면 전체 무게 증가 폭은 적은 편이다. 이는 기술 발전 덕에 다른 구성품의 무게를 줄일 수 있었기 때문으로 추정할 수 있다.

보병들은 다른 MANPADS의 경우와 마찬가지로 보통 조장leader과 사수gunner가 2인 1조를 이루어 이글라-S를 운용한다. 조장은 육안이나 쌍안경으로 주변을 살펴 적기를 찾거나 무선으로 전달되는 주변 아군 레이더가 포착한 적기 정보를 별도의 장치를 통해 확인한다. 다만 이러한 주변 레이더의 참조 정보가 있어도 이글라-S가 최종적으로 표적을 포착하게 하는 것은 결국 사람의 눈이기 때문에 조장과 사수의 협조가 중요하다. 만약 사수가 조장의 지시에 따라, 혹은 스스로 표적을 눈으로 확인했다면 이글라-S에 전원을 넣고 표적을 조준하기 시작한다. 이때 발사관에 달려 있는 배터리는 미사일에 전원을 공급하고 냉각장치는 밸브가 열려 고압의 냉각가스로 적외선 탐색기를 충분히 냉각시킨다. 이글라-S는 모든 시스템이 정상 작동하여 스스로 표적을 추적하기 시작했다면 사수에게 발사 준비가 되었다는 신호를 보낸다. 보통 발사 준비 상태는 조준경에 도형이나 기호, 불빛 등으로 표시되며 추가로 사수가 귀에 끼는 인터폰으로도 발사 준비 완료 신호가 전송된다. 이윽고 사수가 미사일 발사 버튼을 누르면 미사일 발사기는 표적에 대한 피아식별장치를 작동하여 아군이 아님을 확인하고 2초 이내에 미사일을 발사한다.

이글라-S는 발사관을 빠져나오는 순간 자신의 로켓 추진기관을 이용하는 것이 아니라 발사관 안에 있는 부스터를 이용한다. 이 부스터 뒤편에는 여러 개의 노즐이 있는데, 이들은 모두 나선 형태로 약간의 각도를 가지고 특정 방향으로 비틀려 있다. 이 노즐들 덕분에 이글라-S는 발사관 내에서 빠져나오면서 부스터와 함께 회전한다. 부스터는 아주 짧은 시간 작동하여 미사일을 바깥으로 밀어내지만, 정작 부스터 자신은 안전을 위해 발사관 밖으로 튕겨져 나가지 않고 안에 구속되어 남는다. 이글라-S 미사일은 발사관에서 튕겨져 나와 다음 몇 미터가량 앞으로 날아간 다음에야 자신의 로켓 추진기관을 켠다. 발사 직후 로켓 추진기관을 켜버리면 사수와 주변 병사들이 그 로켓 화염과 강력한 제트가스를 뒤집어

함정탑재용 이글라 미사일 원격 발사기 3M-47
〈http://roe.ru/eng/catalog/naval-systems/shipborne-weapons/3m-47/〉

써 큰 피해를 입을 수 있기 때문이다. 이글라-S는 로켓 추진기관이 작동하면 앞서 설명한 바와 같이 계속 회전하면서 표적을 향해 날아간다.

만약 추적 중인 표적이 좌우로 가로질러 비행한다면, 이글라-S는 가급적 자신이 포착한 강력한 적외선 덩어리보다 좀 더 앞쪽을 향해 날아간다. 가로질러 비행하는 표적의 경우 적기의 몸체 자체보다는 몸체 뒤에서 뿜어져 나오는 배기가스가 더 크고 뜨거워서 이글라-S의 탐색기가 적기 본체가 아닌 배기가스 쪽을 조준해버릴 수 있기 때문이다. 이글라-S가 정상 작동하여 표적에 명중한 경우 탄두는 약간의 시간 지연을 준 다음 탄두를 터뜨린다. 그렇기에 실제 폭약이 들어 있는 탄두는 적 항공기 안으로 뚫고 들어간 다음 그 안에서 폭발할 확률이 커진다. 이글라-S는 설사 명중에 실패하더라도 적기와 어느 정도 가까운 거리로 스쳐 지나간다면 근접신관에 의해 폭발한다. 이글라-S가 직격하거나 혹은 근접신관에 의해 탄두가 폭발 시, 추진기관 내에 로켓 추진제가 어느 정도 남아 있다면 이 역시 폭발하여 폭발 위력을 더 크게 만든다. 이글라-S는 최대 6km 정도 밖의 표적을 공격할 수 있다.

한편 러시아는 이글라-S를 MANPADS로만 운용하지 않고 차량이나 전투함, 공격헬기 등에 탑재하여 다양한 곳에서 쓸 수 있도록 개발 중이다.

주요 보병용 지대공미사일 제원

명칭	9M342 이글라-S (SA-24 Grouse)	FIM-92E 스팅어(Stinger)	미스트랄-2 (Mistral-2)
제조사	KBM(러시아)	레이시온(미국)	MBDA(유럽) (프랑스 주도)
최초 배치	2004년(이글라-S 기준)	1995년(E형 기준)	2000년(-2형 기준)
길이	1.64m	1.47m	1.86m
몸체 직경	72.2mm	70mm	93mm
중량	11.7kg(미사일) 19kg(발사기 포함)	10.4kg(미사일) 15.2kg(발사기 포함)	18.7kg(미사일) 41kg(발사기 포함)
날개 구성	카나드 + 꼬리날개	카나드 + 꼬리날개	카나드 + 꼬리날개
조종 방식	카나드(1축)	카나드(1축)	카나드(1축)
유도 방식	IR(2컬러)	IR + UV	IR(2컬러)
사거리	6km 이상	5km 이상	6.5km 이상
최대속도	?	마하 2.2	마하 2.6
탄두	2.5kg, 폭풍파편	3kg, 폭풍파편 및 소이탄두	3kg, 폭풍파편
신관	충격-지연 및 근접(레이저)	충격-지연	충격-지연 및 근접(레이저)
운용 방식	견착식	견착식	거치식
기타	차량탑재형 및 항공기탑재형, 함정탑재형도 개발됨.	항공기와 플레어 구분을 위해 UV탐색기에 센서 탑재. 차량탑재형 및 항공기탑재형도 운용 중.	삼각대 방식을 사용하여 무거운 유도탄을 발사 준비 상태로 내기 가능. 발사대/유도탄을 분해하여 2인이 운반.

- **IR** : 적외선(Infra-red) 유도
- **IIR** : 적외선 영상(Image Infra-Red) 유도
- **UV** : 자외선(Ultra Violet) 유도

명칭	스타 스트릭-2 (Starstreak-2)	91식	QW-1
제조사	탈레스(영국)	도시바(일본)	CASIC(중국)
최초 배치	2012년(-2형 기준)	1991년	1990년대 중반
길이	1.4m	1.43m	1.4m
몸체 직경	127mm	80mm	71mm
중량	14kg(미사일)	9kg(미사일) 17kg(발사기 포함)	10.7kg(미사일) 16.5kg(발사기 포함)
날개 구성	카나드 + 꼬리날개	카나드 + 꼬리날개	카나드 + 꼬리날개
조종 방식	카나드	카나드(1축)	카나드(1축)
유도 방식	레이저 빔라이딩 (사수가 직접 조준)	IIR(2컬러)	IR
사거리	7km 이상	5km 이상	5km
최대속도	마하 4 이상	마하 1.9	마하 1.8 이상
탄두	폭풍파편(각 다트에 고성능 폭약 소량 탑재)	?kg, 폭풍파편	1.42kg, 폭풍파편
신관	충격-지연	충격-지연	충격-지연 및 근접
운용 방식	견착식/거치식(3연장)	견착식	견착식
기타	미사일 전방에 3개의 다트형 탄두가 있으며 각 탄두는 분리 후 각자의 카나드를 움직여 빔라이딩 방식으로 유도, 표적에 명중하는 방식.	보병용 지대공미사일 중에는 최초로 열영상(IIR) 방식 탐색기 사용.	2000년대에 탐색기를 2컬러 방식으로 교체하고 기타 성능을 개량한 QW-1M 모델을 업체에서 제안.

단거리 지대공·함대공미사일 VL MICA

VL MICA 지상발사형 〈MBDA-System〉

개발 배경

MICA는 프랑스의 주력 중거리 공대공미사일이며 프랑스어로 '요격, 전투 및 자체방어용 미사일Missile d'interception, de combat et d'autodéfense'이라는 의미다. MICA는 1999년부터 실전배치되어 프랑스의 주력 전투기인 미라주2000이나 라팔 등에 탑재되었다. 이후 MICA의 개발사인 MBDA는 이 미사일을 약간 개량하여 단거리 지대공 및 함대공미사일로 만들었다. 이 단거리 대공미사일은 수직으로 발사되므로 이름에 VLVertical Launch이 덧붙어 VL MICA가 되었다. MICA는 공대공미사일로 사용 시에는 사거리 60km 이상이지만, 지대공·함대공미사일로 사용 시에는 사거리 15km 수준으로 단거리 미사일이 된다. 이는 공대공미사일로 운용 시에는 미사일을 발사하는 전투기 스스로가 일정 수준의 속도와 고도를 유지하고 있기 때문에 미사일이 고도와 속도를 높이는 데 써야 할 추진력이 줄어들기 때문이다. 그래서 같은 미사일임에도 공대공미사일로 사용 시와 함대공·지대공미사일로 사용 시 사거리가 달라진다.

주요 특징

VL MICA의 유도탄은 기본적으로 공대공미사일 MICA와 구성이 거의 같다. 공대공 MICA의 대표적인 특징은 필요에 따라 전혀 다른 두 가지 타입의 탐색기를 선택할 수 있다는 점이다. MICA는 본래 적외선 탐색기 기반의 단거리 공대공미사일과 레이더 탐색기 기반의 중거리 공대공미사일을 모두 대체하기 위해 개발된 만큼 생산 단계 혹은 일선 부대에서 전투기에 탑재 전에 이 두 가지 탐색기를 선택할 수 있다. 적외선 탐색기, 더 정확히는 적외선 영상 탐색기 기반의 MICA는 MICA IR로, 레이더 탐색기 기반의 MICA는 MICA EM으로 부르며 두 미사일은 마지막 단계에서 호밍 유도용으로 사용하는 탐색기만 다를 뿐 나머지 부분은 서로 같다. 다만 머리 부분이 뾰족한 레이돔을 사용하는 MICA EM이 공기저항이 줄어 비행속도가 좀 더 빠른 편이다.

MICA IR의 적외선 영상 탐색기는 앞부분이 투명한 둥근 창으로 싸여 있으며, 그 안에는 상하좌우 각 방향으로 60도까지 회전 가능한 적외선 영상 센서가 들어 있다. 적외선 영상 센서는 적 플레어를 더 확실히 구분할 수 있도록 두 가지 적외선 파장 대역을 동시에 탐지하는 2컬러 방식이다. MICA의 적외선 영상 센서는 다른 적외선 영상 센서와 마찬가지로 냉각장치를 사용한다. 이 냉각장치는 앞서 설명한 AIM-9X의 것과 같은 원리의 스털링식 냉각장치로 외부에서 냉각 가스를 공급할 필요가 없다. 탐색기의 짐벌은 최대 1초당 30도 정도의 빠르기로 움직이기 때문에 고속으로 움직이는 표적도 계속 추적할 수 있다.

MICA EM의 레이더 탐색기는 능동형 레이더 탐색기로 앞부분은 뾰족

적외선 영상 탐색기를 사용하는 MICA IR
〈MBDA-System〉

한 세라믹 계열의 레이돔으로 둘러싸여 있다. 그 안에는 짐벌 형태로 상하좌우로 움직이는 레이더 안테나가 들어 있다. 또한 이 레이더 탐색기는 HOJ(Home on Jam) 모드, 즉 적의 방해 전파가 감지되면 그 방해 전파의 발신원을 역으로 추적하는 수동형 호밍 모드도 갖추고 있다.

MICA EM과 IR 모두 공통적으로 탐색기 바깥쪽에는 짧은 날개, 즉 스트레이크(Strake)가 십자 형태로 뒤쪽의 도살형 주날개와 엇갈리는 각도로 4장 붙어 있다.

MIAC의 탐색기 뒤쪽의 구성품들은 EM 버전과 IR 버전이 서로 같다. MICA의 탐색기 뒤에는 유도조종장치와 12kg급 폭풍파편형 탄두가 들어 있다. 탄두는 표적과 충돌 시에는 충격신관에 의해, 혹은 표적에 직격하지 못하여 일정 거리 내로 스쳐 지나갈 때는 전파를 이용하는 근접신관에 의해 터진다. MICA의 동체 중앙에 앞뒤로 길고 폭이 좁은 도살형 날개가 있다. 그리고 그 도살형 날개 뿌리 부분은 약간 두꺼운데 이 부분

능동형 레이더 탐색기를 사용하는 MICA EM
〈MBDA-System〉

은 케이블 덕트 역할을 한다. 즉, 케이블 덕트 안에는 추진기관의 앞쪽에 있는 유도조종장치와 뒤쪽에 있는 전기식 구동장치 간의 신호를 주고받는 전선이 지나간다. 또한 케이블 덕트의 가장 앞쪽에는 앞서 설명한 전파 방식 근접신관의 안테나가 앞뒤로 긴 띠 형태로 붙어 있다.

MICA의 유도조종장치는 미사일을 움직이기 위해 추진기관 뒤쪽에 있는 4개의 전기식 구동장치를 제어한다. 그리고 AIM-9X의 경우와 마찬가지로, MICA 역시 꼬리날개와 제트 베인이 기계적으로 연동되어 같이 움직인다. 이 제트 베인 덕분에 MICA는 발사 직후, 아직 속도가 충분치 않은 상태에서도 최대 중력의 50배에 달하는 원심력을 이겨내며 급기동할 수 있다. MICA의 꼬리날개는 독특하게 뒤쪽 끝부분이 잘려나간 것마냥 생겼는데, 이러한 모양은 꼬리날개를 빠르게 움직일 때 공기 힘에 의한 저항을 줄이는 데 도움을 준다.

MICA는 고체로켓 추진기관을 사용하며 본래 공대공용으로 개발된 미사일이다 보니 적 전투기 조종사에게 발사 사실을 들킬 확률을 줄이고자 연기가 적게 나는 저연 추진제를 사용한다. 그래서 일반적인 지대공미사일들과 달리 MICA는 추진제에 알루미늄 분말을 사용하지 않는다. MICA는 이 로켓 추진기관을 이용하여 순식간에 마하 2.3가량(2,880km/h)의 속도로 가속한다.

VL MICA는 이름 그대로 수직으로 발사되므로 평소에는 수직발사관에 담겨 있다. 발사관은 사각형이며 알루미늄 합금으로 제작되어 비교적 가볍고, 그 안에는 VL MICA 발사 시 로켓 추진기관이 만드는 화염을 따로 빼내는 통로가 있다. 그리고 발사관 한편에는 VL MICA 미사일이 평소 고정되었다가 발사 시 수직으로 빠져나오도록 돕는 레일이 달려 있다. 이 레일의 기본 구조는 공대공용 MICA와 같기 때문에 VL MICA는 공대공용 MICA와 같은 방식으로 발사대 레일에 장착된다. 개발진은 개발 중 설계 변경을 최소화하고 부품을 공통적으로 사용하고자 이러한 방식을 택했다. VL MICA의 발사관은 1개당 무게가 약 370kg 정도이며, 보통 차량이나 함정에 묶음 단위로 고정하여 탑재한다.

발사관 위쪽은 전기구동장치로 움직이는 금속제 보호 덮개가 달려 있으며 발사 준비가 되면 이 부분이 열린다. 이때 VL MICA는 이미 표적의 위치와 속도 등의 정보를 유선으로 입력받은 상태다. VL MICA는 발사 직후 자신의 로켓을 이용하여 수직으로 튀어오르며 이후 제트 베인을 이용하여 급격하게 표적을 향해 다시 방향을 튼다. 그리고 내부의 관성항법장치를 이용하여 표적의 예상 이동좌표로 날아간다. 이때 미사일 뒤쪽에 달려 있는 안테나로 지상, 혹은 전투함이 보내오는 표적의 실시간 정보를 계속 업데이트받는다. VL MICA는 표적 근처에 도달하면 자체 탐색기를 작동시키는데 MICA EM이라면 능동형 레이더 호밍 방식으로, MICA IR이라면 수동형 호밍 방식으로 표적을 향해 날아간다. VL MICA

의 최대 사거리는 앞서 언급한 바와 같이 최대 15km 정도로 알려져 있으나 일부 홍보자료는 20km도 달성 가능하다고 설명하고 있다.

주요 단거리 지대공·함대공미사일 제원

명칭	VL MICA	RIM-116B RAM 블록 1	9M331 TOR-M1 (SA-15 Gauntlet)
제조사	MBDA(유럽, 프랑스 주도)	레이시온(미국)	IEMZ Kupol(러시아)
최초 배치	2005년	2001년	1991년
길이	3.1m	2.82m	2.9m
몸체 직경	160mm	127mm	235mm
중량	112kg	73.5kg	167kg
날개 구성	스트레이크 + 주날개(도살) + 꼬리날개	카나드 + 꼬리날개	카나드 + 꼬리날개
조종 방식	꼬리날개 + 제트 베인	카나드(1축)	카나드 + 측추력기
유도 방식	INS + Uplink + ARH(MICA EM) 또는 IIR(MICA IR)	INS + PRH + IIR	INS + Uplink
사거리	15km	9.6km	12km
최대속도	마하 3	마하 2.5	마하 2.5
탄두	12kg, 폭풍파편형	9.3kg, 폭풍파편형	15kg, 폭풍파편형
신관	충격 + 근접(전파)	충격 + 근접(레이저)	충격 + 근접(전파)
발사대	수직발사대	포탑형 발사대	수직발사대
운용 방식	지대공, 함대공	함대공	지대공, 함대공
기타	지상운용 시 발사대차량, 레이더차량 및 지휘통제차량 별도로 운용.	적 대함미사일의 레이더를 역으로 추적하는 수동 레이더 사용. RAM은 회전형 미사일 (Rolling Airframe Missile)의 약자. FIM-92 스팅어와 AIM-9 사이드와인더 등의 부품을 활용하여 개발.	콜드런칭식 수직발사대 사용. 발사대를 빠져 나온 직후 미사일 측면으로 작동하는 측추력기로 표적 방향으로 회전 후 추진로켓 점화. 이후 카나드로 자세 제어.

- **Uplink** : 표적정보 송신
- **INS** : 관성항법(Inertial Navigation System)
- **ARH** : 능동 레이더 호밍(Active Radar Homing)

명칭	81식 SAM-1	NASAMS	HQ-7
제조사	도시바(일본)	콩스버그(노르웨이)	CNPMIEC(중국)
최초 배치	1981	1998	1980년대 후반
길이	2.7m	3.65m	2.89m
몸체 직경	160mm	178mm	156mm
중량	100kg	156kg	84.5kg
날개 구성	주날개+꼬리날개	주날개+꼬리날개	카나드+꼬리날개
조종 방식	꼬리날개	꼬리날개	카나드
유도 방식	INS + IR	INS+Uplink+ARH	SACLOS (발사차량의 레이더 이용)
사거리	7km	20km	12km
최대속도	마하 2.4	마하 3	마하 2.2
탄두	9.2kg, 폭풍파편형	20kg, 폭풍파편형	?kg, 폭풍파편형
신관	충격 + 근접(전파)	충격 + 근접(전파)	충격 + 근접(전파)
발사대	포탑형 발사대	포탑형 발사대	포탑형 발사대
운용 방식	지대공	지대공	지대공, 함대공
기타	6륜구동 장갑트럭을 개조하여 개발. 가장 최신형인 81식 改2(SAM-1C)는 사거리를 14km까지 늘림.	미국의 AIM-120A 공대공 미사일을 콩스버그가 개발한 견인식 발사대에 탑재. 견인식 레이더 및 지휘통제소와 함께 운용. 미국 내 운용 위해 미국도 일부 수입.	1970년대 말엽, 서방세계와 중국 간 교류가 커지던 시기 중국이 입수한 프랑스의 크로탈 미사일을 기초로 설계함.

- **PRH** : 수동 레이더 호밍(Passive Radar Homing)
- **CLOS** : 시선지령유도(Command to Line of Sight)
- **도살** : 앞뒤로 긴 도살(Dorsal)형 날개

중거리 대공미사일 부크-M1-2

부크-M1-2 중거리 지대공미사일(SA-11 Gadfly)
〈Public Domain〉

개발 배경

1970년대 초반, 소련은 사거리 20km급 중거리 지대공미사일인 2K12 큐브kub(러시아어로 정육면체)를 배치하기 시작했다. 나토는 이 미사일에 SA-6 게인풀Gainful이란 코드명을 붙였다. 1970년대는 냉전으로 인해 군비 경쟁이 한창이던 시절이었기에 소련은 이 미사일을 배치하는 것과 동시에 벌써 개량형 개발을 검토했다. 미사일 개발진은 신형 미사일에 필요한 부분이 무엇인지 확인하기 위해 소련군은 물론이고 SA-6를 도입하여 운용하는 외국 군대까지도 방문해가며 여러모로 연구를 거듭했다. 그 결과 SA-6와 미사일은 전혀 다르지만, 전체적인 운용 방식은 비슷한 신형 중거리 지대공미사일 시스템을 개발했다.

소련은 이 미사일 시스템 전체에 9K37K 부크Buk(러시아어로 너도밤나무)라는 이름을, 나토는 SA-11 개드플라이Gadfly라는 코드명을 붙였다. 9K37K 부크는 다른 중거리 지대공미사일 시스템들과 마찬가지로 미사일 발사차량과 함께 여러 차량이 다닌다. 먼저 기본이 되는 것은 4발의 미사일을 탑재한 발사대와 유도용 전파를 쏘는 레이더가 함께 달려 있는 차량으로 이러한 종류의 차량을 TELARTransporter, Elector, Launcher, and RADAR라 부른다. 부크 중거리 지대공미사일 체계는 미사일 사거리 내에 들어오기 전에 먼저 표적을 탐지해내는 표적 획득용 레이더 차량, 저고도 탐지에 특화된 저고도 표적 획득용 레이더 차량과 레이더의 정보를 토대로 미사일에 조준명령을 내리는 지휘통제 차량이 함께 다닌다. 일반적으로 1개의 부크 시스템 미사일 포대에는 일반 레이더, 저고도 레이더, 그리고 지휘통제 차량이 각 1대씩 배치되며 발사대 차량이 4~6대가량 배치된다. 여기에 추가로 수리·정비를 위한 부속들을 싣고 다니는 차량들과 미사일 재장전 차량, 발전기 차량 등도 함께 다닌다. 이들은 모두 스스로 움직일 수 있는 차량형 시스템이기 때문에 전투 상황에 따라 수시로 이동하여 새로운 진지에 자리를 잡고 아군을 적 항공기로부터 보호하거나 적이 예측하지 못한 곳에서 방공작전을 펼칠 수 있다.

소련 붕괴 직후, 러시아는 부크 시스템의 사거리를 늘리는 한편 적 항공기뿐만 아니라 순항미사일이나 탄도미사일도 요격할 수 있도록 개량했다. 이를 위해 러시아는 부크 시스템의 지휘통제소나 레이더 등을 어느 정도 개량했으며, 특히 미사일은 아예 신형으로 바꾸었다. 이 신형 부크의 이름은 9K317 부크-M1-2이며 나토는 SA-17 그리즐리Grizzly라는 새로운 코드명을 부여했다. 부크-M1-2는 1998년 첫 실전배치가 시작되었으나, 예산 문제로 2000년대 중반 무렵 이후에나 본격적인 양산 및 대량 배치가 가능했다. 2019년 현재 러시아군은 더 신형 시스템인 부크-M2, 부크-M3 등을 개발하고 있거나 개발 완료 후 배치를 준비하고 있다.

상세 설명

부크-M1-2의 지대공미사일은 9M317이다. 부크-M1에서 사용하던 9M38이 사거리가 약 25km 수준이었으나 9M317은 사거리가 42km로 대폭 늘어났다. 9M317은 사거리만 늘어난 것이 아니라 기존 9M38로는 요격이 어려웠던 저속 비행 혹은 공중정지하고 있는 헬리콥터나 저고도로 비행하는 순항미사일, 그리고 매우 빠른 속도로 낙하하는 전술급 탄도미사일도 요격 가능하다. 심지어 이 미사일은 레이더가 제대로 조준만 할 수 있다면, 바다 위의 전투함이나 지상 위의 표적도 공격 가능하다.

부크-M1-2의 기수 부분은 레이돔이 있으며, 그 안에는 반능동 레이더 호밍을 위한 수신 전용 레이더 탐색기가 들어 있다. 탐색기 뒤쪽에는 유도조종장치와 관성항법장치 등이 들어 있으며, 미사일의 몸체 지름은

부크 시스템의 9M317 미사일(사진은 부크-M2 발사대 상에 탑재된 상태)
〈wikipedia / CC BY-SA 2.0 / Yuriy Lapitskiy〉

추진기관으로 갈수록 점점 커진다. 추진기관 바깥쪽에는 앞뒤로 긴 도살 형태의 날개가 4장 붙어 있으며, 그 날개 사이에는 추진기관 바깥쪽을 가로지르는 케이블 덕트가 붙어 있다. 꼬리날개는 몸통의 날개와 마찬가지로 4장이며, 전기식 구동장치와 연결되어 있다.

부크-M1-2는 기존의 부크 시스템을 최대한 재사용해야 했기 때문에 미사일은 다르지만 기본적인 운용 방식은 큰 변함이 없다. 부크-M1-2의 9M317 미사일은 평소 터렛형 발사대에 별도의 보호용 발사관 없이 외부에 노출된 형태로 탑재된다. 부크-M1-2의 지휘통제소에서 조작요원이 적기를 지정하면 발사대는 적기를 향해 미사일의 각도를 맞춘다. 9M317 미사일은 발사대를 떠나기 직전, 표적에 관한 정보를 받는다. 즉, 미사일은 발사대를 통해 표적이 전술급 탄도미사일인지, 항공기인지, 헬리콥터인지 혹은 함상이나 지상표적인지 등의 정보와 표적의 위치, 속도 등에 대한 정보를 받는다.

이윽고 운용요원이 미사일 발사 버튼을 누르면 9M317은 로켓 추진기관을 이용하여 발사대를 빠져나와 순식간에 마하 3 이상의 속도로 날아간다. 미사일은 표적의 종류와 위치 등에 따라 최적의 코스를 계산하고 그 코스를 따라 관성항법장치를 이용하여 날아간다. 이때 표적의 위치 및 속도 등의 정보는 지상에서 실시간으로 계속 업링크 장치를 통해 업데이트해준다. 한편 발사대에 탑재된 레이더는 표적을 계속 조준하며, 9M317 미사일은 표적에 돌입할 단계에 다다르면 이 레이더 전파가 표적에서 반사되어 나오는 전파를 역으로 추적하는 반능동 호밍 방식으로 표적을 향해 돌진한다. 9M317은 표적에 충돌하거나 혹은 스쳐 지나가 근접신관이 작동하면 70kg에 달하는 탄두를 터뜨려 표적을 무력화한다. 9M317의 탄두는 앞 버전의 미사일인 9M38의 것과 마찬가지로 70kg급 폭풍파편형 탄두인데, 이는 중거리 대공미사일치고는 상당히 큰 편이다. 이러한 특징은 소련 및 러시아 미사일이 지향하는 바 중 하나로, 정밀성이 떨어지는 유도장치를 사용하거나 적이 전파방해를 해 표적과 거리가 상당히 빗나가도 강력한 폭발과 많은 파편을 이용해 표적을 파괴할 확률을 높이기 위함이다.

9M317의 사거리는 유도 방식과 표적의 탐지 능력 등의 문제 때문에 항공기 표적을 상대할 때는 42km 수준이지만 저속·저고도 비행하는 헬리콥터를 상대할 때는 36km 수준이 되며, 비행속도 마하 3.5(4,300km/h) 이하의 속도로 떨어지는 전술급 탄도미사일을 상대할 때는 사거리가 20km 수준이 된다. 적의 구축함 정도 크기의 해상 표적을 상대할 때는 사거리가 25km 정도, 소형 고속정 정도의 표적을 상대

할 때는 18km 수준이 된다. 공중에 정지한 헬리콥터 같은 표적은 레이더 입장에서는 주변 지형지물과 구분이 어렵기 때문에 9M317의 사거리가 10km 수준으로 떨어진다. 러시아는 9M317 미사일을 함정에도 탑재하여 함대공미사일로도 사용 중이다. 러시아는 함대공 버전을 3K-90-1으로 명명했다.

주요 중거리 지대공·함대공미사일 제원

명칭	부크(Buk)-M1-2/9M317 (SA-17 Grizzly)	RIM-162 ESSM
제조사	알마즈-안테이(러시아)	레이시온(미국)
최초 배치	1998년	2004년
길이	5.55m	3.83m
몸체 직경	400mm	254mm
중량	715kg	297kg
날개 구성	주날개(도살) + 꼬리날개	주날개(도살) + 꼬리날개
조종 방식	꼬리날개	꼬리날개 + 제트 베인(수직발사대 사용 시만 추가 탑재)
유도 방식	INS + Uplink + SARH	INS + Uplink + SARH
사거리	42km(항공기) 20km(탄도미사일)	55km
최대속도	마하 3.6	마하 4 이상
탄두	70kg, 폭풍파편형	39kg, 폭풍파편형
신관	충격 + 근접(전피)	충격 + 근접(전파)
발사대	포탑형 발사대	포탑형/수직형 발사대
운용 방식	지대공, 함대공	함대공
기타	성능개량형인 9M317M은 형상이 크게 변경되었으며, 탐색기가 ARH 방식으로 개량됨.	ESSM은 Evolved Sea Sparrow Missile의 약자. RIM-7 씨스패로우 미사일을 기반으로 대폭 개량한 모델.

- **Uplink** : 표적정보 송신
- **INS** : 관성항법(Inertial Navigation System)
- **SARH** : 반능동 레이더 호밍(Semi Active Radar Homing)
- **ARH** : 능동 레이더 호밍(Active Radar Homing)
- **도살** : 앞뒤로 긴 도살(Dorsal)형 날개

명칭	아스터 15 (Aster 15)	SPYDER-MR
제조사	MBDA(유럽)(프랑스 주도)	라파엘(이스라엘)
최초 배치	2001년	2000년대 중반
길이	4.2m(부스터 1.6m)	3.62m(부스터 제외)
몸체 직경	180mm(본체), 380mm(부스터)	160mm(부스터 제외)
중량	310kg(부스터 203kg)	118kg(부스터 제외)
날개 구성	주날개(도살) + 꼬리날개	카나드 + 롤 제어날개 + 꼬리날개
조종 방식	가동 노즐(부스터) + 꼬리날개 + 측추력기	카나드 + 롤 제어날개+제트 베인(부스터)
유도 방식	INS + Uplink + ARH	INS + Uplink + ARH
사거리	30km	35km 이상
최대속도	마하 3.5	마하 4 이상
탄두	15kg, 폭풍파편형	23kg, 폭풍파편형
신관	충격 + 근접(전파)	충격 + 근접(전파)
발사대	수직형 발사대	수직형 발사대
운용 방식	함대공	지대공
기타	표적 충돌 직전, 동체 측면 4방향으로 로켓을 분사하여 더욱 급기동이 가능.	공대공미사일인 더비에 로켓 부스터를 추가하여 지대공 버전으로 운용.

장거리 지대공미사일 패트리어트

장거리 지대공미사일 MIM-104 패트리어트 PAC-2
〈Public Domain〉

개빌 배경

미국은 1970년대 무렵 장거리 지대공미사일로는 MIM-14 나이키-허큘리스Nike-Hercules와 중거리 지대공미사일은 MIM-23 호크Hawk로 지상 방공망을 구성했다. 당시 미국은 탄도미사일 요격 임무를 제외하면 방공 임무는 지상 방공망보다는 전투기를 이용하는 것이 더 효율적이라고 생각했다. 그 결과 미국은 이 당시 지대공미사일 개발에 많은 관심을 기울이지 않았다. 그러나 중동전쟁에서 강력한 이스라엘 공군이 아랍연합군의 잘 짜인 지대공 방공망에 고전하는 모습을 지켜보면서 생각을 바꾸었다. 다만 미국은 다른 나라처럼 단거리 지대공미사일부터 장거리 지대공미사일까지 여러 단계의 지대공미사일을 사용하는 대신 한 종류의 장거리 지대공미사일만 운용하고 나머지 부족한 부분은 여전히 강력한 공군력으로 메꾸는 방식을 선택했다. 그 결과 등장한 미사일이 장거리 지대공미사일인 MIM-104 패트리어트Patriot다. 초기형인 MIM-104A는 1970년대에 설계되어 1980년대부터 배치되었기에 지금 기준으로는 구식 기술을 많이 사용했는데, 이를테면 대부분의 회로는 아날로그 방식이었다. 그 다음 버전인 MIM-104B는 PAC-1Patriot Advanced Capability-1(패트리엇 성능 향상-1)이라는 통칭으로 더 잘 알려져 있으며 적 폭격기들이 강력한 ECM 장치를 사용할 때에 대비한 모델이다. PAC-1은 강력한 ECM 장치를 만날 경우 미사일은 고도를 높인 뒤 하강하면서 ECM 장치의 전파를 역으로 추적하는 HOJHome on Jam 모드로 움직인다. 한편 PAC-1은 레이더가 거의 수직 위쪽 방향에 있는 표적도 포착할 수 있도록 업그레이드되어서 적 탄도미사일이 머리 위에서 떨어져도 이를 요격할 수 있다.

MIM-104C는 1980년대 후반에 개발된 미사일로 별칭은 PAC-2다. PAC-2는 비행궤적이나 탄두 등이 적 탄도미사일 요격에 좀 더 최적화된 한편, 지상 레이더와 지휘통제소 등도 탄도미사일 요격을 고려하여 성능이 강화되었다. 이 미사일은 1990년대 걸프전 당시 이라크군의 스커드 탄도미사일, 더 정확히는 이것의 이라크 버전인 알 후세인Al Hussein 미사일을 다수 요격하여 많은 언론의 관심을 받았다. 다만 PAC-2의 탄도미사일 요격 능력은 한정적이었기에 미 육군은 스커드 미사일 요격을 위해 일반적으로 3~4발의 PAC-2 미사일을 동시에 발사했다. 1990년대에는 다시 한 번 개량된 패트리어트 모델인 MIM-104D, 즉 PAC-2/GEMGuidance Enhanced Missile(유도 성능 개선 미사일)이 등장한다. PAC-2/GEM은 탄도미사일 요격 성능 강화를 위해 이전 대비 반응속도가 빠른 근접신관과 탄도미사일 추적 능력이 향상된 탐색기를 탑재했다. PAC-2 시리즈의 경우 항공기 표적이라면 160km 밖에서도 요격이 가능하며, 탄도미사일이라면 15km 이내에서 방어가 가능하다. MIM-104E는 PAC-2/GEM+라고 불리는 모델로, MIM-104D가 아닌 MIM-104C를 기반으로 탄도미사일 요격 성능을 강화한 모델이다.

그 다음 버전인 MIM-104F는 PAC-3로 명명되었으며 미사일의 형상이 대대적으로 바뀌었다. 심지어 제작사도 기존의 레이시온Raytheon에서 록히드 마틴Lockheed Martin으로 바뀌었다. PAC-3는 기존 PAC-2보다 더욱 탄도미사일 요격에 초점을 맞춘 결과 미사일의 반응속도가 매우 빨라졌고, 탄도미사일을 확실히 파괴하기 위해 공격 방식도 근접신관을 이용하는 방식이 아닌 직격 방식으로 바뀌었다. 그 결과 PAC-3는 적 탄도미사일을 20km 밖에서도 요격할 수 있어 PAC-2보다 사거리가 늘었다. 그러나 PAC-3는 항공기 표적을 상대로 할 경우에는 요격 가능 거리가 70km 수준이어서 PAC-2보다 사거리가 짧으며 장거리 지대공미사일과 중거리 지대공미사일의 어중간한 경계 수준이 된다. 한편 PAC-3는 미사일의 크기가 기존 PAC-2보다 작기 때문에 PAC-2가 4발 들어가던 발사대에 PAC-3는 16발이 들어간다. PAC-3도 지속적인 성능개량 모델이 나오고 있으며 2019년 현재는 사거리와 기동 성능이 더 좋아진 PAC-3 MSEMissile Segment Enhancement가 개발되어 배치 준비 중이다.

발사대에 4발 묶음(쿼드 팩) 형태로 총 16발이 탑재된 PAC-3
〈Public Domain〉

상세 설명

패트리어트 시리즈의 미사일은 PAC-2까지의 버전과 PAC-3 이후의 버전이 완전히 다르다. PAC-2 이전까지 버전의 미사일은 발사된 후 표적의 예상 위치로 관성항법유도 방식으로 비행하며 표적 근처까지 지상 레이더로부터 표적의 위치와 움직임에 대한 정보를 계속 업데이트받는다. 이후 표적 근처에 도달하면 패트리어트의 탐색기가 작동하는데, 패트리어트는 이 단계에서 TVM Track via Missile이라는 방식으로 유도된다. 지상의 레이더는 표적을 계속 비추고, 미사일 탐색기의 안테나는 표적에 반사되어 나오는 전파를 수신한다. 여기까지만 보자면 반능동 레이더 호밍 방식과 유사하지만, 패트리어트는 표적에서 반사되어 나온 전파를 이용하여 직접 표적을 쫓는 대신, 그 정보와 자신의 위치 정보를 지상의 지휘통제소로 보낸다. 지휘통제소는 이들 정보를 토대로 실시간으로 계산하여 패트리어트가 날아가야 할 최적 위치를 계속 계산하여 업데이트해준다. 즉, 이 방식은 반능동 레이더 호밍 방식에 비하면 미사일이 스스로 표적 명중을 위한 계산을 할 필요가 없으며, 지령유도 방식에 비하면 표적에 가까워질수록 표적에 대한 정보 역시 확실해지므로 정확도가 올라간다.

PAC-2까지의 패트리어트 미사일은 외형상 다른 날개 없이 4개의 꼬리날개만 가지고 있으며 이 꼬리날개는 고압 압축공기를 이용해 압력을 만드는 유압구동장치에 의해 유도조종장치의 명령에 따라 움직인다. 패트리어트의 로켓 추진기관은 작동 후 11.5초 동안 10톤에 달하는 힘을 계속 만들어 미사일을 최대 마하 5(6,120km/h)에 달하는 속도까지 가속한다. PAC-2는 표적에 명중하면 충격신관, 표적 근처를 스쳐 지나가면 레이더식 근접신관이 작동하여 70kg에 달하는 폭풍파편형 탄두를 터뜨린다.

PAC-3는 기존 PAC-2 미사일과 비교하여 중간 단계까지 관성항법과 업링크를 통한 표적 정보 업데이트를 받아 유도된다는 점은 동일하지만, 마지막 단계에서 TVM 방식 대신 능동형 레이더 호밍 방식으로 스스로 표적을 쫓아간다는 점이 다르다. PAC-3가 능동형 레이더 호밍을 사용한 것은 기술의 발전 덕분에 능동형 레이더 호밍 탐색기의 신뢰성과 성능이 향상되었을 뿐만 아니라, 기존 TVM 방식은 지상의 지휘소까지 표적과 유도 미사일에 대한 정보가 오고가야 하는 데 비해, 능동 레이더 호밍 방식은 정보 전달을 위한 시간 지연 없이 미사일 내의 유도조종장치가 모든 정보를 바로바로 처리하여 미사일의 반응속도를 더 빠르게 할 수 있기 때문이다.

PAC-3의 외형상 특징은 기존 PAC-2보다 크기가 훨씬 더 작아졌으며, 대신 동체 중앙에 앞뒤로 긴 도살 날개가 추가되어 기동성이 좋아졌다. PAC-3의 꼬리날개는 미사일 크기에 맞춰 PAC-2보다 더 작으며, 유압구동장치 대신 반응속도가 더 빠른 전기구동장치를 이용하여 움직

발사 직후 ACM을 작동시킨 PAC-3. 미사일 주변으로 떨어져나가는 것들은 발사관 안에서 미사일을 고정해주는 송탄통(Sabot)들이다. 〈Lockheed Martin〉

인다. PAC-3의 또 다른 특징은 자세제어모듈ACM, Attitude Control Module이라 부르는 180개의 초소형 로켓들이 있다는 것이다. ACM이라는 초소형 로켓들은 탐색기 뒤쪽에 있으며 모두 미사일 옆 방향을 바라보고 있다. 즉, 이 초소형 로켓들은 로켓의 앞이 아닌 옆으로 추력을 만드는 측추력기다. 각 초소형 로켓에는 약 21.3g의 강력한 추진제가 들어 있으며, PAC-3는 급기동을 위해 이 초소형 로켓들을 원하는 방향에 맞춰 개별적으로 터뜨린다. 다만 PAC-3는 한쪽 면의 추진제를 다 써버리면 이후 추가 사용이 어려우므로 가급적 모든 면의 추진제가 골고루 쓰일 수 있도록 비행 중 분당 약 30번의 회전속도로 롤 방향으로 회전한다. 특히 PAC-3는 표적 근처에 이르면 회전속도를 분당 180번으로 늘리는 한편, 꼬리날개를 거의 사용하지 않고 ACM만을 이용하여 방향을 바꿔 반응속도가 한층 빨라진다. 이러한 PAC-3의 독특한 방향전환 방식은 탄도미사일 요격을 해야 하는 고고도에서 빛을 발휘하는데, 고고도에서 공기가 희박하여 꼬리날개가 충분한 조종력을 만들지 못하는 반면, ACM과 같은 로켓은 충분한 힘을 만들 수 있기 때문이다.

PAC-3의 로켓 추진기관 연소관은 필라멘트 와인딩 공법으로 만들어진 가벼운 복합재 관이다. 이 안에는 약 160kg 정도의 추진제가 들어 있으며 전체 추력의 61% 정도는 PAC-3의 가속에, 39% 정도는 PAC-3의 속도 유지에 쓰인다. PAC-3의 최대속도는 PAC-2와 비슷한 마하 5급이지만, 전체 무게가 훨씬 가벼워진 데다 반응속도가 빨라진 ACM 등을 사용함에 따라 PAC-2보다 기동성이 훨씬 좋다. 그래서 탄도미사일을 상대로 할 경우 명중률을 감안 시 PAC-3가 PAC-2보다 사거리가 더 길다. 대신 PAC-3는 PAC-2에 비해 추진기관 크기가 줄어든 탓에 로켓의 작동 시간이 짧아졌고, 그 결과 항공기 표적 상대 시 상대적으로 사거리가 더 짧다.

PAC-3는 근접신관이 따로 없으며 탄도미사일을 공격할 경우 반드시 직격하여 표적을 산산조각 낸다. 이는 걸프전 당시 PAC-2의 근접신관으로 요격한 탄도미사일의 잔해가 충분히 파괴되지 않아 지상에 떨어져 민간지역 등에 얘기치 못한 피해를 주는 경우가 있었던 교훈을 반영한 결과다. 다만 PAC-3가 항공기나 순항미사일처럼 탄도미사일에 비해 상대적으로 크기가 작은 표적을 공격할 경우 탐색기로 표적을 추적하다가 표적 명중에 실패할 가능성이 크다고 판단하면 탄두의 폭약을 터뜨린다. PAC-3의 탄두에는 1개당 400g 정도의 파편치고는 비교적 큰 텅스텐 덩어리들이 들어 있으며 탄두의 폭약은 이 파편을 다른 폭풍파편형 탄두에 비해 상대적으로 느린 속도로 바깥으로 퍼지게 만든다. 기존 근접신관은 표적이 스쳐 지나갈 때 가급적 표적의 옆부분을 때리기 위해 소형 탄두 파편들을 매우 빠른 속도로 쏘아 보냈지만, PAC-3의 탄두는 파편이 퍼져 있는 공간을 만들어 표적이 이 지점을 지나가게 만든다. 물론 파편 자체도 퍼지는 속도만 상대적으로 느릴 뿐, 관성에 의해 지금까지 PAC-3가 날아온 것과 같은 매우 빠른 속도로 날아가서 표적에 부딪친다. 즉, 표적에 직격하지 못할 것 같으면 PAC-3는 자신이 표적에 충돌하는 유효 직경을 크게 하는 셈인데, 이러한 방식의 탄두를 전과확대LE, Lethality Enhance 탄두라고 부른다.

최신형인 PAC-3 MSE의 경우 여러 전자장치들이 개선되었으며 날개가 커진 관계로 발사관에 날개가 접힌 채 들어간다. PAC-3 MSE가 가장 많이 바뀐 부분은 로켓 추진기관으로 추력을 키우기 위해 그 직경과 길이가 커졌으며 내부 구조도 추진제가 2번에 걸쳐 나누어 작동하는 이중펄스 방식으로 바뀌었다. 결과적으로 PAC-3 MSE는 탄도미사일 표적 상대 시 사거리가 30km 이상이므로 PAC-3 대비 10km가량 사거리가 늘었으며 항공기 표적 상대 시에도 기존 PAC-3보다 사거리가 더 길다.

주요 장거리 지대공·함대공미사일 제원

명칭	MIM-104D PAC-2/GEM	MIM-104F PAC-3	RIM-174A SM-6
제조사	레이시온(미국)	록히드 마틴(미국)	레이시온(미국)
최초 배치	1994년	2003년	2013년
길이	5.2m	5.2m	6.55m(부스터 1.7m)
몸체 직경	410mm	255mm	343mm(본체), 530mm(부스터)
중량	900kg	321kg	1,500kg (부스터 700kg)
날개 구성	꼬리날개	주날개(도살) + 꼬리날개	주날개(도살) + 꼬리날개
조종 방식	꼬리날개	측추력기 + 꼬리날개	꼬리날개
유도 방식	INS + Uplink + TVM	INS + Uplink + ARH	INS + Uplink + ARH
사거리	160km(항공기) 15km(탄도미사일)	70km이상(항공기) 20km(탄도미사일)	240km(항공기)
최대속도	마하 5	마하 5	마하 3.5 이상
탄두	90kg, 폭풍파편형	73kg, 전과확대형	64kg, 폭풍파편형
신관	충격 + 근접(전파)	충격 + 근접(탐색기)	충격 + 근접(전파)
발사대	포탑형 발사대	포탑형 발사대	수직형 발사대
운용 방식	지대공	지대공	함대공
기타		사거리 및 비행 성능 개량형인 PAC-3 MSE 개발 중.	이지스함의 주력 함대공미사일인 RIM-156A SM2 블록 4를 기초로 유도 성능 등을 개량한 미사일. 단·중거리 탄도미사일 요격 가능.

명칭	S-400 트라이엄프 (SA-21 Growler), 48N6DM	아스터 30 (Aster 30)	바락 8 (Barak 8)
제조사	알마즈-안테이(러시아)	MBDA(유럽) (프랑스 주도)	IAI(이스라엘)/ DRDO(인도) 합작
최초 배치	2007년	2001년	2017년
길이	7.5m	4.9m(부스터 2.3m)	4.55m
몸체 직경	519mm	180mm(본체), 380mm(부스터)	227mm
중량	2,635kg	445kg (부스터 338kg)	280kg
날개 구성	꼬리날개	주날개(도살) + 꼬리날개	카나드 + 꼬리날개
조종 방식	꼬리날개	가동 노즐(부스터) + 꼬리날개 + 측추력기	카나드 + 제트 베인
유도 방식	INS + Uplink + ARH	INS + Uplink + ARH	INS + Uplink + GPS + ARH
사거리	240km(항공기)	100km(항공기)	100km(항공기)
최대속도	마하 6.5 이상	마하 4.5	?
탄두	180kg, 폭풍파편형	15kg, 폭풍파편형	23kg, 폭풍파편형
신관	충격 + 근접	충격 + 근접(전파)	충격 + 근접
발사대	수직형 발사대/콜드런칭	수직형 발사대	수직형 발사대
운용 방식	지대공	함대공, 지대공	함대공
기타	S-400 지대공 체계는 48N6DM 이외에도 상대적으로 소형 유도 미사일인 사거리 120km의 9M96 등 여러 종류의 유도 미사일을 운용 가능.	아스터15의 사거리 연장형. 단거리~중거리급 탄도미사일 요격 능력도 보유하여 지상에서도 탄도미사일 방어용으로 운용.	바락은 이스라엘어로 번개를 의미. 부스터로 사거리를 150km으로 연장한 바락 8(Barak 8) ER도 개발 중임.

탄도미사일 방어용 미사일 RIM-161 SM-3

Mk.41 수직발사대를 빠져나오는 RIM-161 SM-3 미사일
〈Public Domain〉

개발 배경

미 해군의 함대는 항공모함을 비롯한 다수의 호위함으로 구성된다. 그리고 이 호위함들 중에서도 특히 대공방어에 특화된 전투함이 바로 이지스AEGIS함이다. 다만 이지스함은 특정 종류의 전투함 이름은 아니며, 이지스 전투체계Aegis Combat System라는 레이더-지휘통제장비-미사일 발사시스템 등으로 구성된 구성품들을 탑재한 전투함을 말한다. 미 해군의 이지스함으로 타이콘데로가급Ticonderoga-class 순양함과 알레이버크급Arleigh Burke-class 구축함이 있다. 현재 미 해군의 이지스함은 적 항공기뿐만 아니라 미 해군 함대를 향해 떨어지거나 혹은 미 해군 함대 주변을 지나 아군 지역으로 떨어지는 탄도미사일 방어용으로도 사용 중이다. 낮은 고도로 떨어지는 단거리 혹은 전술급 탄도미사일은 본래 항공기 요격용으로 개발되었으나 후에 탄도미사일 요격 능력이 추가된 SM-2 미사일이 담당하며, 2019년 현재는 이 미사일의 뒤를 이을 SM-6 미사일이 등장했다. 다만 대공미사일이 고도 100km보다 높은 대기권 밖까지 날아가는 준중거리급, 혹은 그 이상 가는 탄도미사일을 요격하기 위해서는 기존 대공미사일과는 전혀 다른 방식으로 적 탄도미사일에 도달해야 했다. 그 결과 미 해군은 SM-3 미사일을 개발했다. SM-3의 가장 큰 특징은 미사일 내부에 소형 인공위성 모양의 '직격비행체Kill Vehicle'가 탑재되어 있다는 점이다. 이 직격비행체는 별도의 폭약 없이 적 탄도미사일에 직접 부딪쳐 그 운동에너지만으로 표적을 파괴한다. SM-3의 SM은 표준형 미사일Standard Missile의 약자로, 제일 초기형인 SM-1 미사일 개발 당시 미 해군이 이 미사일을 기초로 여러 변형 미사일을 만들려 했기 때문에 붙인 이름이다. 앞서 언급한 SM-2는 SM-1의 개량형이며, SM-3는 개발비용 절감을 위해 직격비행체를 제외한 부분은 SM-2의 부품을 많이 재사용했다.

주요 특징

SM-3 미사일의 주 활동무대는 고도 100km 이상인 곳이다. 이곳은 탄도미사일 방어 시 대기권 밖으로 정의하는 곳이기도 하다. SM-3의 몸체 대부분은 기존 SM-2 미사일과 동일한데, 이는 개발에 들어가는 돈과 시간을 줄이고 또 기존 SM-2 미사일을 사용하던 이지스함에 SM-3를 최대한 개조 없이 탑재하기 위해 개발진이 택한 방법이다. 이지스함의 주력 레이더들이 적 탄도미사일을 발견하면 이지스 전투체계는 이 탄도미사일이 아군 지역에 떨어져 실질적인 위협이 될지, 요격을 해야 할지 판단하기 위한 계산을 시작한다. 그리고 발사 결정이 떨어지면 이지스 전투체계는 발사관 안에 있는 SM-3 미사일에게 요격에 필요한 각종 정보를 전달해준다.

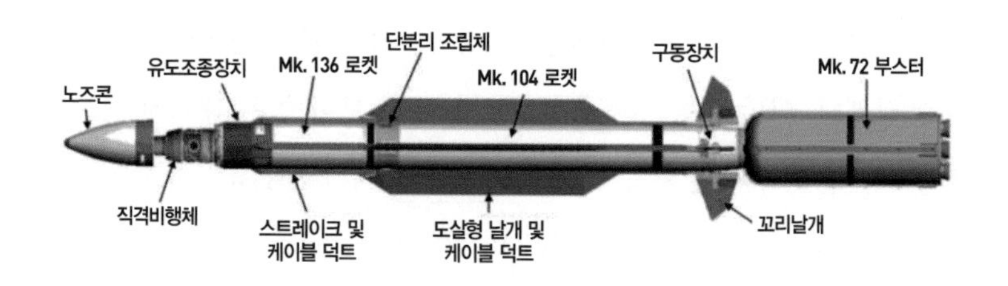

RIM-161 SM-3 미사일의 주요 구성품
〈https://missiledefenseadvocacy.org/wp-content/uploads/2014/10/sm-3-block-ia-and-ib-1024x768.png〉

SM-3는 평소 이지스함의 수직발사대의 사각형 발사관에 담겨 있다. SM-3는 발사명령이 떨어지는 즉시 Mk.72Mark 72로 로켓부스터를 이용하여 수직발사관에서 빠져나온다. 이 부스터는 SM-2의 것과 같으며, 뒤에는 4개의 노즐이 달려 있고 각 노즐은 제어명령에 따라 각각 각도가 변하는 가동 노즐이다. Mk.72의 무게는 700kg으로 대공미사일용 부스터치고는 큰 편이며, 그중 468kg이 고체로켓연료의 무게다. Mk.72 로켓부스터는 작동 직후 6초 후에 꺼지며, SM-3는 이를 분리해내고 두 번째 로켓을 켠다. 이 두 번째 로켓은 SM-3의 2단부에 해당하는데, 이 부분의 전체적인 형상 및 여기에 들어 있는 구성품들 역시 SM-2의 것과 같다. 이 로켓의 중간에는 4장의 긴 도살형 날개가 있으며 꼬리 부근에는 4장의 복잡한 사다리꼴 모양의 꼬리날개가 있다. 이 꼬리날개는 전기 구동장치에 의해 움직인다. 한편 도살형 날개의 뿌리부분은 케이블 덕트 역할을 겸한다. 이러한 구성품들이 붙어 있는 로켓의 명칭은 Mk. 104로, 370kg가량의 로켓 연료를 써서 SM-3의 속도와 고도를 계속 높인다. SM-3 미사일의 전체 몸통 대부분을 차지하는 2단 부분도 그 역할을 다하면 단분리 조립체와 함께 떨어져 나간다.

단분리 조립체는 SM-3에만 있는 부분으로, 말 그대로 2단 부분의 분리를 위한 장치다. 그 안에는 전기신호가 오면 소량의 화약에 의해 분리되는 폭발 볼트explosive volt가 들어 있다. 폭발 볼트가 끊어지고 구속장치가 풀리면 SM-3의 앞뒤 부분은 강한 스프링 힘에 의해 서로 분리된다. 2단 부분을 밀어내는 이유는 덩치 큰 뒷부분 몸체가 확실히 분리되어야 다음 로켓 작동에 지장이 없기 때문이며, 스프링 장치로 밀어내는 이유는 화약의 힘(이를테면 화약 힘으로 작동하는 피스톤)으로 분리해내면 그 충격이 너무 커서 안에 들어 있는 전자장비들에 영향을 줄 수 있기 때문이다. 한편 이 단분리 조립체 안에는 미사일 앞뒤의 전기신호를 연결하기 위한 전기장치와, 추가로 전원을 공급해주는 열전지 등이 함께 들어 있다.

단분리 조립체와 몸통이 분리되고 나면 세 번째 로켓인 Mk.136이 작동한다. SM-2로 치면 이 부분은 탄두가 있는 부분이다. SM-3의 Mk.136 로켓은 무게를 줄이기 위해 섬유복합재로 된 연소관을 사용하며 그 안에는 100kg가량의 고체로켓연료가 들어 있다. 그리고 이 로켓의 연료는 2개의 덩어리가 앞뒤로 분리된 이중 펄스Dual Pulse 방식이다.

3단 로켓이 작동하면 뒤쪽 로켓연료가 먼저 작동하여 10초가량 추력을 만든다. 그리하고도 만약 속도나 고도가 더 필요하면 앞쪽 로켓연료를 또 작동시켜 다시 10초가량 추력을 만든다. 이 시점부터는 적 탄도미사일과 정확히 만나기 위해 세심한 고도나 속도의 조절이 필요한데, 고체로켓은 한 번 작동시키면 추력을 제어하기 어렵기 때문에 SM-3는 두 번에 걸쳐 타이밍을 맞춰가며 로켓을 사용한다. 3단 로켓의 노즐은 1개이며 이 역시 노즐이 직접 움직여 전체 비행 방향을 조절한다. SM-3는 3단 로켓이 다 작동하면 최대속도가 3~3.5km/초에 이른다. 즉, 1초에 3.5km의 속도로 비행하는 셈이며 이는 12,250km/h에 해당하는 엄청난 속도다. 그리고 이 시점에 SM-3는 대기권 밖을 날고 있다.

3단 로켓의 앞쪽에는 미사일의 유도를 담당하는 유도조종장치가 들어 있으며, 이는 SM-2와 같은 위치다. 이 SM-3의 유도조종장치는 처음 발사 직전 입력받은 적 탄도미사일의 예상 경로를 토대로 초기 부스터의 노즐, 2단 몸체의 꼬리날개, 그리고 마지막 3단 로켓의 노즐을 움직여 SM-3를 목표지점으로 유도해주는 역할을 담당한다. 이를 위해 SM-3의 유도조종장치는 기본적으로 관성항법유도를 사용하나, 적 탄도미사일의 궤적이나 속도 등을 계속 확인해야 하므로 해상의 이지스함이 보내주는 적 탄도미사일의 정보를 무선으로 계속 업데이트받는다. 또한 SM-3의 유도조종장치는 비행 중 관성항법장치의 오차 수정을 위해 GPS 항법장치를 사용한다. SM-3의 유도조종장치는 비행고도가 100km 이상이고 적 탄도미사일과 수십 km 이내로 가까워진 시점이면 한순간 기수를 다른 방향으로 돌리고 앞쪽의 원뿔 모양 보호덮개를 벗겨낸다. 이 시점에서 SM-3는 마치 인공위성마냥 대기권 밖에 있기 때문에 몸체의 방향을 돌려도 공기의 영향이 없기에 마치 제자리에서 도는 것처럼 보이며, 원래의 비행 방향은 유지된다. 보호덮개가 SM-3의

3.5km/초로 비행하며 정밀위치 및 자세제어용 로켓을 작동 중인 SM-3의 직격비행체 CG
〈레이시온(Raytheon) / https://www.raytheon.com/capabilities/products/ekv〉

마지막 비행에 방해되지 않도록 벗겨지고 나면 드디어 SM-3의 마지막 구성품인 직격비행체가 드러난다. 그리고 직격비행체는 스프링의 힘 등을 이용하여 3단 로켓 및 유도조종장치로부터 분리되어 스스로 적 탄도미사일로 향한다.

직격비행체는 길이 56cm 정도에 무게는 버전마다 다르지만 대략 20kg 전후로 마치 소형 인공위성처럼 생겼다. 직격비행체의 앞쪽에는 비교적 큰 적외선 영상 탐색기가 달려 있지만 여느 미사일과 달리 강한 공기마찰로부터 이를 보호하는 투명 덮개가 없다. 작동하는 곳이 공기가 없는 대기권 밖이기 때문이다. SM-3의 직격비행체는 영상 방식 탐색기를 사용하며 표적이 실제 적 탄도미사일의 탄두 부분인지, 아니면 부스터 같은 것의 잔해나 혹은 기만체인지 표적의 모양을 보고 구분할 수 있다. 직격비행체의 몸체 대부분의 공간은 고체로켓이 차지하고 있지만, 이 로켓은 직격비행체의 속도를 더 높이기 위한 것이 아니다. 직격비행체는 대기권 밖에 있기 때문에 공기저항이 없으므로 표적을 향하는 동안 3.5km/초라는 속도를 계속 유지한다(단, 비행궤적에 따라 중력의 영향으로 인해 일정 수준 속도가 떨어질 수는 있다). 직격비행체 안의 로켓에는 뒤가 아니라 옆을 향한 4개의 큰 노즐과 6개의 작은 노즐이 달려 있다. 이 로켓은 직격비행체가 최종적으로 적 탄도미사일에 명중할 수 있도록 돕는 정밀위치 및 자세제어용 로켓DACS, Divert and Attitude Control System이다. 정밀제어를 위해 각 로켓 노즐의 안에는 핀틀pintle이라 부르는 작은 밸브 구조가 들어 있으며, 이 밸브가 끊임없이 로켓 노즐을 열었다 닫았다 하여 추력을 제어한다. 이때 로켓 노즐의 온도가 최대 3,000도가 넘어가는 데다가 가스가 고속으로 분사되어 표면이 깎여나갈 위험이 있으므로 핀틀은 특수한 탄소섬유 소재로 제작하고 그 표면에는 레늄Rhenium 같은 희귀금속을 덧씌운다. SM-3의 초기 버전은 각 밸브의 on/off만 제어할 수 있어 아주 짧은 시간 동안 무수히 밸브를 여닫는 식으로 원하는 추력을 만들었으나, 나중 버전은 소형 모터에 의해 작동하는 밸브로 더 정밀제어를 할 수 있게 개량되었다.

한편 직격비행체는 앞서 분리된 3단 로켓의 것과는 다른 독자적인 유도조종장치를 가지고 있다. 이 장치는 적외선 영상 탐색기가 포착한 탄도미사일에 직격비행체가 정확히 충돌할 수 있도록 정밀위치 및 자세제어용 로켓을 조종한다. 직격비행체는 20kg에 불과한 데다가 다른 어떠한 폭발형 탄두도 없다. 하지만 그 비행속도는 3.5km/초에 달하는 데다가 적 탄도미사일 역시 날아오는 속도가 있다 보니 상대속도는 더 커지므로 실제 충돌에너지는 표적을 파괴하고도 남을 정도다. 다만 SM-3는 사용상의 맹점이 있는데, 기본적으로 대기권 밖에서의 사용을 목표로 만든 미사일이기 때문에 대기가 있는 고도 100km 이하에서는 사용이 불가능하다. 즉, SM-3는 오직 중·장거리 탄도미사일을 대기권 밖에서 요격하는 용도로만 개발된 미사일이며, 이지스함이 그보다 낮은 고도에서 적 탄도미사일을 요격하기 위해서는 앞서 언급한 SM-2나 SM-6 등을 비롯한 다른 미사일을 사용해야 한다.

주요 탄도미사일 방어용 미사일 제원

명칭	RIM-161C SM-3 블록 1B	사드(THAAD)
제조사	레이시온(미국)	록히드 마틴(미국)
최초 배치	2014년	2007년
길이	6.58m(부스터 1.7m)	6.17m
몸체 직경	348mm(본체) 530mm(부스터)	370mm
중량	1,500kg (부스터 700kg)	900kg
날개 구성	주날개(도살형) + 꼬리날개	없음
조종 방식	가동 노즐 + 꼬리날개 + DACS(직격비행체)	가동 노즐 + DACS(직격비행체)
유도 방식	INS + GPS +Uplink, IIR(직격비행체)	INS + Uplink, IIR(직격비행체)
사거리	600km 이상	200km 이상
최대속도	3.5km/초	2.6km/초
탄도미사일 요격고도	100~500km	40~160km
탄두	없음(직격비행체)	없음(직격비행체)
신관	없음	없음
발사대	수직발사대	경사발사대(70도 고정)
운용 방식	함대공	지대공
기타	미국은 일본과 공동개발 형식으로 사거리와 고도를 늘린 블록 2A 버전을 개발 중. 2008년 고도 247km에 떠 있는 고장난 미국 위성을 격추.	액체연료를 사용하는 DACS를 사용. 미사일 꼬리 부분은 플레어(Flare)라는 부분이 치마처럼 펼쳐져 꼬리날개 역할을 대신함.

- **Uplink** : 표적정보 송신
- **INS** : 관성항법(Inertial Navigation System)
- **IIR** : 적외선 영상 유도(Image Infra-Red)

명칭	애로우 2 (Arrow 2)	애로우 3 (Arrow 3)	S-300V(SA-12 Glaiator) 9M82
제조사	IAI(이스라엘)	IAI(이스라엘)	알마스 안테이 (러시아)
최초 배치	2000년	2017년	1992년
길이	7m	5.6m	10m
몸체 직경	800mm	550mm	850mm
중량	1,300kg	?kg	4,600kg
날개 구성	꼬리날개(2단)	없음	꼬리날개(고정 4장, 조종 4장)
조종 방식	가동 노즐 + 꼬리날개	가동 노즐	꼬리날개
유도 방식	INS + Uplink, 능동레이더/IIR	INS + Uplink, IIR(직격비행체)	INS + Uplink + SARH
사거리	90km (항공기) ?km(탄도미사일)	250km 이상	100km 이상(항공기) 40km 이상(탄도미사일)
최대속도	2.5km/초	?km/초	2.4km/초
탄도미사일 요격고도	8~50km	100km 이상	~30km
탄두	150kg, 폭풍파편형	없음(직격비행체)	150kg, 폭풍파편형
신관	충격 + 근접신관	없음	충격 + 근접신관
발사대	수직발사대	수직발사대	수직발사대(콜드런칭)
운용 방식	지대공	지대공	지대공
기타	1단부 분리 후, 500kg 정도 되는 2단부가 직격비행체처럼 표적을 향해 비행하나 직격방식 대신 탄두로 공격하며 항공 표적도 공격 가능.	가동 노즐로 자세를 제어하는 인공위성과 유사한 직격비행체를 사용하여 탄도미사일 요격.	탄두는 표적 방향으로 폭발력이 몰리는 지향성 탄두를 사용. 소형화 버전인 9M83(SA-12b Giant)도 함께 운용 중.

- **SARH :** 반능동 레이더 호밍(Semi Active Radar Homing)
- **도살** : 앞뒤로 긴 도살(Dorsal)형 날개
- **DACS :** 정밀위치 및 자세제어용 로켓(Divert and Attitude Control System)

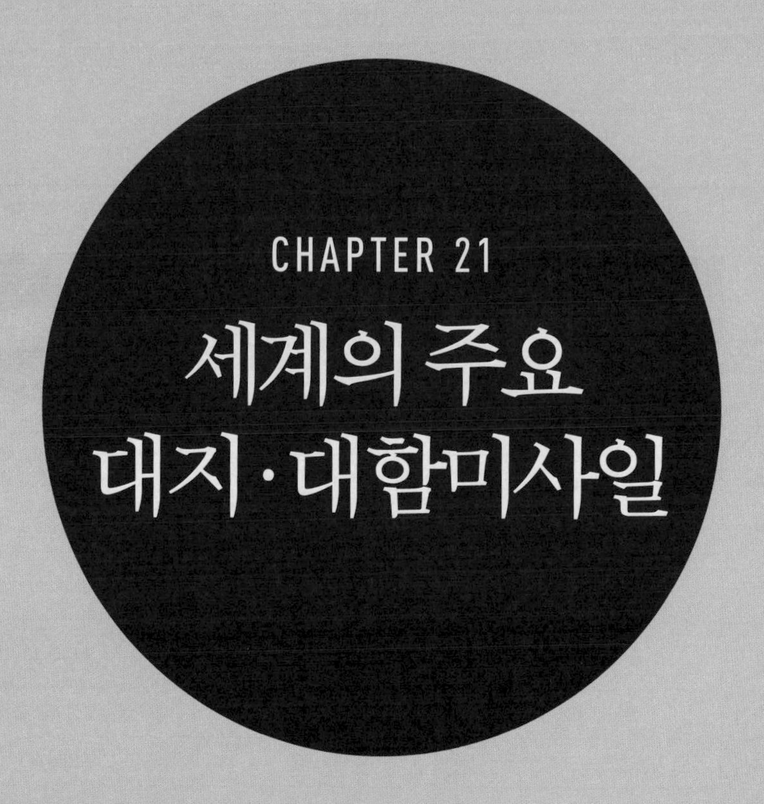

CHAPTER 21

세계의 주요 대지·대함미사일

ATM : Anti Tank Missile

ASM : Anti Ship Missile

CM : Cruise Missile

BM : Ballistic Missile

단·중·장거리 대전차미사일 스파이크 시리즈

스파이크 LR 미사일과 발사기
〈Raytheon / https://commons.wikimedia.org/wiki/File:SPIKE_ATGM.jpg〉

개발 배경

1973년 벌어진 제4차 중동전쟁에서 이스라엘 육군의 전차부대는 중동군과의 전투 중 전차 150대 손실이라는 큰 피해를 입었다. 당시 중동군의 전차 전력은 이스라엘군을 상대로 역부족이었으나 그 부족함을 대전차미사일로 메웠다. 중동군이 사용한 소련제 AT-3 미사일은 사수가 직접 맨눈으로, 혹은 참호에 숨어서 잠망경으로 미사일을 보면서 미사일과 유선으로 연결된 작은 조이스틱으로 이를 조작하는 수동지령유도 방식이었다. 그럼에도 이스라엘군은 이들 대전차미사일 부대에 효과적으로 대응하지 못하여 큰 피해를 입었던 것이다.

이후 이스라엘은 그 교훈을 살려 사거리 10km 수준의 스파이크Spike

미사일을 급하게 개발했다. 한편으로 이 스파이크 미사일의 단거리 버전, 혹은 장거리 버전을 추가로 개발하여 소위 '스파이크 패밀리'라는 미사일 시리즈를 개발했다.

주요 특징

스파이크 미사일은 여러 버전이 있으나 모두 기본적으로 적 전차를 파괴하기 위한 대전차미사일들이다. 전차는 매우 두꺼운 장갑을 두르고 있으므로 이를 파괴하기 위한 대전차미사일의 탄두는 단순히 위력이 강하기보다는 관통력이 뛰어나야 한다. 이 때문에 스파이크 미사일은 기본적으로 성형작약탄두를 사용한다. 특히 스파이크 미사일은 적 전차가 성형작약탄두에 대한 각종 대응책을 마련했을 것에 대비하여 주 탄두 앞에 별도의 작은 성형작약탄두, 즉 선구 탄두가 하나 더 있는 직렬형Tamdem 탄두 방식을 사용한다. 선구 탄두가 적의 성형작약탄두 대응책을 먼저 파괴하면, 뒤에 있는 주 탄두가 전차의 장갑을 뚫는 개념이다.

스파이크 미사일의 유도 방식은 가시광선 카메라 혹은 적외선 영상 카메라를 사용하는 수동형 호밍 유도 방식이다. 사수가 조준장치를 통해 적 전차의 형상을 보고 이를 조준하면 미사일 역시 그 표적의 모양을 인식한다. 가시광선 카메라는 주간에 표적 인식 성능이 더 좋고, 적외선 영상 카메라는 주간에는 표적 인식 능력이 가시광선 카메라에 비해 상대적으로 떨어지지만 악천후나 야간에도 표적을 인식할 수 있다. 스파이크 미사일은 초기 모델은 일종의 옵션처럼 가시광선 카메라와 적외선 영상 카메라, 두 탐색기 중 하나를 선택하여 탑재했다. 그러나 스파이크 개량 모델은 탐색기 안에 두 방식의 센서가 모두 들어 있는 2중 탐색기Dual Seeker 방식을 택했다. 스파이크 미사일이 일단 표적

스파이크 NLOS 미사일
〈wikipedia / CC BY-SA 4.0 / Rhk111〉

을 인식하면 사수는 더 이상 미사일을 조준할 필요가 없으므로 사수는 미사일의 발사와 동시에 혹시 모를 적의 공격을 피하여 자리를 뜰 수 있다.

스파이크는 사거리별로 여러 버전이 있다. 가장 처음에 등장한 버전은 스파이크 NLOS로 사거리 10km 버전이다. 이는 보병/차량이 사용하는 대전차미사일 중에는 장거리에 속한다. NLOS는 Non-line of Sight의 약자로, 우리말로 하면 '시선 밖'을 의미한다. 스파이크의 탐색기는 앞서 말한 바와 같이 표적의 형상을 인식하고 이후 알아서 표적을 쫓아가는 호밍 유도 방식이나 그 탐지거리는 약 2.5~3km 수준에 불과하다. 그러나 스파이크 NLOS의 초기 버전은 사거리 10km, 최신형은 25km에 달하므로 미사일 탐색기가 표적을 포착할 정도로 표적에 접근하기 전인 중간 비행 단계에 다른 유도 방식이 필요하다. 스파이크 NLOS는 호밍 유도 외의 다른 유도 방식으로 관성항법유도과 함께 무선원격 조작을 이용한 지령유도 방식을 택했다. 스파이크 NLOS 미사일은 발사 직후 입력된 표적의 예상 좌표로 관성항법유도를 이용하여 날아간다. 그러면서 무선으로 자신의 탐색기가 촬영하는 영상을 사수에게 직접 실시간으로 전송한다. 사수는 영상을 보면서 미사일을 원격조작하여 경로를 일부 수정할 수 있으며, 또한 영상을 통해 표적을 직접 확인할 수 있다. 사수가 영상 속의 적을 확인하고 이를 조준하면 미사일은 그때부터 표적을 인식하여 수동호밍 모드로 작동한다. 사수는 스파이크 미사일이 수동호밍 모드로 돌입하면 영상을 끝까지 보면서 미사일이 표적에 명중하는지 여부를 확인하거나, 공격 명령을 취소하거나, 더 시급한 표적으로 공격 목표를 바꾸거나, 혹은 영상 보기를 중단하고 다음 공격을 준비하거나 할 수 있다. 물론 자리를 떠서 적의 다른 공격을 피할 수 있다.

스파이크 NLOS는 복잡한 사격통제장치가 필요하고 미사일 자체의 무게도 70kg 정도로 보병이 들고 옮기기 어려우므로 일반적으로 차량, 혹은 장갑차에 탑재된다. 한편 스파이크 NLOS는 비교적 작은 유도탄이므로 많은 양의 로켓 연료를 탑재할 수 없다. 그래서 25km라는 비교적 먼 거리를 날아가기 위해 일단 로켓 추진기관을 이용하여 고도와 속도를 높인 뒤, 활공하듯 내려오며 날아간다. 이 때문에 독특하게 긴 날개를 사용하는 한편, 미사일치고는 느린 편인 마하 0.6(615km/h) 수준으로 비행한다.

스파이크 MR Medium Range는 이름 그대로 사거리 2.5km급의 중거리 대전차미사일이다. 이 미사일은 주로 보병이 사용하기 위한 미사일로, 일부 부품이 스파이크 NLOS와 같지만 기본적으로 NLOS 버전에 비해 진체 크기도 작고 로켓 추진기관과 날개 등도 작다. 이는 스파이크 MR이 보병이 휴대할 정도로 작고 가벼워야 하기 때문이다. MR 버전의 무게는 13.5kg 정도다. 보병은 삼각대에 스파이크 MR을 설치하고 전용 사격조준장치로 표적을 조준한 뒤 발사한다. 스파이크 MR의 사거리는 NLOS

에 비해 짧은 2.5km 수준이지만 대신 이 정도 거리라면 미사일의 탐색기가 발사 전에 표적을 직접 포착하고 락온 할 수 있으므로(LOBL, Lock on Before Launch) 관성항법이나 사수가 추가 유도를 해야 하는 중간 유도 과정이 필요 없다. 이 때문에 스파이크 MR을 발사한 사수는 혹시 있을지 모를 적의 공격을 피해 바로 숨거나 자리를 뜰 수 있다. 한편 스파이크 MR의 사수는 표적의 종류에 따라 미사일이 직선에 가깝게 날아가는 직접direct 공격 모드와 포물선에 가깝게 날아가는 로프트loft 공격 모드를 선택할 수 있다. 직접 공격 모드는 주로 적의 벙커나 경장갑차량, 혹은 제한적이지만 공중에 정지해 있는 적 헬리콥터를 상대로 사용하며 로프트 공격 모드는 멀리 떨어져 있는 표적이나 전차를 상대할 때 사용한다. 전차를 상대로 로프트 공격 모드를 주로 사용하는 이유는 일반적으로 전차들의 위쪽 부분은 장갑이 상대적으로 얇은 편이기 때문이다.

스파이크 LRLong Range는 사거리가 4km로 MR 버전보다는 더 길지만, 미사일 자체의 무게는 MR 버전과 크게 차이가 나지 않는다. 사거리 4km는 미사일 탐색기의 표적 포착 범위를 넘어서므로 중간 유도 과정이 필요한데, 그 방식은 사수가 미사일의 영상을 원격으로 보면서 표적을 조준한다는 점에서 NLOS와 거의 같다. 다만 스파이크 LR은 사격통제장치과 미사일 간의 신호를 주고받기 위해 전파 방식보다 상대적으로 가볍고 비용이 저렴한 광섬유 방식을 사용한다.

스파이크 ERExtend Range는 사거리 8km급으로, 이 버전은 주로 공격헬리콥터들이 사용하기 위해 개발된 버전이다. ER 버전의 기본적인 구성은 LR 버전과 거의 같으며, 중간 유도를 위해 광섬유를 사용한다. ER은 사거리 확보를 위해 더 많은 로켓 연료가 필요하다 보니 LR보다 더 크고 무게도 34kg으로 더 무거운 편이다. 공격헬리콥터들은 스파이크 ER을 사용 시 자신의 몸을 숨기기 위해 언덕 뒤에서 미사일을 발사한다. 미사

사진상으로 왼쪽 바깥쪽의 원통형 발사관에 들어 있는 미사일은 스파이크 ER이고,
사각형 발사관에 들어 있는 미사일은 스파이크 NLOS다.
〈https://www.defence24.com/polish-armament-for-the-helicopters〉

일은 자동으로 고도를 높이며 언덕을 타고 넘어가며, 이후 사수가 광섬유를 통해 전송되는 영상을 보고 미사일을 조종하거나 미사일에게 표적을 지정해줄 수 있다. 그러나 이를 위해서는 스파이크 ER 내부에 8km에 달하는 광섬유가 감겨 있어야 한다. 스파이크 ER이 그럼에도 전파를 이용한 무선유도 방식 대신 광섬유를 이용한 유선유도 방식을 사용하는 이유는, 전파를 이용할 경우 앞에 언덕 등의 장애물이 가리면 공격헬리콥터와 미사일 간 통신을 할 수 없기 때문이다. 즉, 공격헬리콥터가 언덕 뒤에 안전하게 숨어서 표적을 공격하려면 유선유도 방식이 더 유리하다. 단, 광섬유가 풀려 나오는 속도가 한계가 있기 때문에 유선유도 미사일의 비행속도는 대체로 음속 이하로 느린 편이나, 스파이크 시리즈는 어차피 음속 이하의 속도로 비행하던 미사일이므로 느린 속도가 크게 문제가 되지 않았다.

한편 각 스파이크 시리즈는 고객의 요청에 따라 헬기 탑재형이나 차량 탑재형, 또는 전투함 탑재형 등으로 발사대 개조가 가능하다.

주요 대전차미사일 제원

명칭	스파이크 ER	스파이크 MR	FGM-148A 재블린
제조사	라파엘(이스라엘)	라파엘(이스라엘)	레이시온/록히드 마틴(미국)
최초 배치	1997년	1997년	1996년
길이	1.67m	1.2m	1.2m
몸체 직경	170mm	130mm	127mm
중량	34kg	14kg	11.4kg
날개 구성	주날개 + 꼬리날개	주날개 + 꼬리날개	주날개 + 꼬리날개
조종 방식	꼬리날개	꼬리날개	꼬리날개
유도 방식	INS + CCD/IIR + 유선 Man in loop	CCD/IIR	IIR
사거리	8km	2.5km	2.5km
최대속도	마하 0.6	마하 0.6	?
탄두	6.5kg, 직렬 성형작약탄두	?kg, 직렬 성형작약탄두	8.4kg, 직렬 성형작약탄두
신관	충격	충격	충격
운용 방식	헬기/차량	보병	보병
기타			표적 인식 후 발사까지 걸리는 시간은 최대 30초가량. 표적 종류에 따라 직선비행 방식 및 상승 후 급강하 방식 선택 가능.

- **INS** : 관성항법(Inertial Navigation System)
- **CCD** : 가시광선 영상 유도 센서(Charge Coupled Device, 전하결합소자)
- **IIR** : 적외선 영상 유도(Image Infra-Red)

명칭	AGM-114K 헬파이어	9K115-1 메티스-M (AT-13 Saxhorn-2)	9K121 비크르 (AT-16 Scallion)
제조사	록히드 마틴(미국)	KBP(러시아)	KBP(러시아)
최초 배치	1994년(K 버전 기준)	1992년	1985년
길이	1.6m	0.98m(발사관 기준)	2.8m
몸체 직경	178mm	130mm	130mm
중량	45kg	10kg(발사관 기준)	45kg
날개 구성	주날개(도살형) + 꼬리날개	카나드 + 꼬리날개	카나드 + 꼬리날개
조종 방식	꼬리날개	카나드	카나드
유도 방식	SAL	SACLOS	레이저 빔라이딩
사거리	8km	1.5km	10km(주간) 5km(야간)
최대속도	마하 1.4	마하 0.55	마하 1.8
탄두	8kg, 직렬 성형작약탄두	4.6kg, 직렬 성형작약탄두	8kg, 직렬 성형작약탄두
신관	충격	충격	충격
운용 방식	헬기	보병	헬기/공격기
기타	INS + 능동레이더를 사용하는 AGM-114L 롱보우 헬파이어도 운용 중. 항공기, 무인기, 지상 및 함정 발사형 헬파이어도 개발 및 운용 중.	사수가 표적을 조준기로 조준하면, 미사일 뒤의 적외선 신호기를 보고 조준기가 유선으로 미사일을 조작하여 조준기 중심을 향해 비행하도록 유도함.	

- **Man in loop** : 유도 중간에 원격조작으로 사람이 미사일의 비행경로를 수정하거나 표적을 재설정하는 능력
- **SAL** : Semi Active Lader Homing
- **SACLOS** : 반자동 시선지령 유도 (Semi Active Command Line of Sight)

APKWS 유도 로켓

AH-64 아파치 공격 헬리콥터와 APKWS II 유도 로켓
〈BAE systems / https://www.baesystems.com/en-us/product/apkws-laser-guided-rocket〉

개발 배경

미 육군의 주력 공격헬리콥터인 AH-64 아파치Apache는 주력 무장으로 30mm 기관포와 70mm 히드라Hydra 무유도 로켓, 그리고 AGM-114 헬파이어Hellfire 대전차미사일을 사용한다. AGM-144 헬파이어는 반능동 레이저 방식이어서 아파치 헬리콥터가 직접 표적을 조준할 수도 있지만, 필요하다면 아군 헬리콥터나 지상군이 표적을 직접 전용 레이저 조준기로 지정한 뒤 아파치가 미사일을 날려 표적을 향해 날아가도록 할 수도 있다. 이는 지상군 입장에서 아파치 헬리콥터로부터 화력지원을 받을 때 매우 유용한 기능이다. 문제는 AGM-114 헬파이어가 12만 달러, 우리 돈으로 약 1억 3,000만 원이 넘는다는 점이다. 물론 AGM-114 헬파이어는 현재까지 모든 버전을 합치면 수천 발이 넘게 대량생산되어 생산

단가가 많이 낮아진 상황이지만, 그럼에도 기본적으로 고가의 유도장치가 들어 있는 미사일이다 보니 가격이 비쌀 수밖에 없다. 아파치가 헬파이어 미사일 대신 차선책으로 택할 수 있는 공격 수단은 70mm 히드라 무유도 로켓이다. 히드라 로켓은 표적이 전차나 벙커처럼 매우 단단한 표적만 아니라면 충분히 타격을 줄 수 있다. 그러나 히드라 로켓은 기본적으로 무유도 로켓이기 때문에 명중률이 떨어진다. 이론상의 사거리는 헬파이어와 비슷한 8km 정도이지만, 이렇게 먼 거리에서 쏘면 표적을 명중시키기 어렵기 때문에 보통 수십 발의 로켓을 연발로 쏘아야 한다.

문제는 점차 미군의 아파치가 정규전과 어떠한 특정한 전선에서 싸우기보다는 민간인이 있는 지역에서 활동하는 게릴라를 상대로 싸우는 경우가 많아졌다는 점이다. 게릴라들은 전차나 벙커가 없으므로 히드라 로켓으로도 충분히 타격을 줄 수 있지만, 그렇다고 게릴라들을 상대로 함부로 무유도 로켓을 연발로 쏘아댔다가는 불필요한 민간인 피해가 발생할 가능성이 크다. 이러한 고민들 때문에 AH-64 아파치를 운용 중인 미 육군은 1990년대 중반 무렵부터 헬파이어 미사일보다 값이 싸면서도, 히드라 로켓보다는 명중률이 높은 공격 수단을 찾기 시작했다.

이후 몇 년간의 연구 끝에 미 육군은 제너럴 다이내믹스General Dynamics와 계약하여 APKWSAdvanced Precision Kill Weapon System(선진형 정밀 파괴 무기 체계)를 만들었다. APKWS는 전혀 새로운 무기가 아니라 히드라 로켓의 앞부분에 별도의 레이저 유도용 키트를 붙여 무유도 로켓에 유도 기능을 추가한 무기다. 그러나 제너럴 다이내믹스가 만든 APKWS는 저율 생산 단계, 즉 대량생산에 앞서 여러 문제점이 없는지 확인하기 위해 일부러 소량씩 생산해보는 단계에서 가격이 헬파이어보다도 올라가버렸다. 물론 무기건 다른 제품이건 소량씩 생산하면 대량으로 생산할 때보다 물건의 단가는 오르기 마련이지만, 미군은 이러한 가격 상승이 단순히 소량생산의 문제가 아니라 제너럴 다이내믹스의 사업 일정 및 예산 관리 능력 부족 문제로 보았다. 그 결과 미군은 APKWS II라는 명칭으로 다시 사업을 시작했다. 이 사업에 여러 업체가 참가해 경쟁을 벌인 끝에 결국 BAE 시스템스BAE Systems가 APKWS II를 책임지게 되었다. APKWS II는 기존의 APKWS와 설계상의 큰 변화는 없기 때문에 제너럴 다이내믹스가 APKWS II에서 완전히 빠지진 않고, BAE 시스템스와 계약을 맺어 부품 등을 공급하고 기술적 지원을 하기로 했다.

APKWS II처럼 기존의 무유도 로켓에 유도장치를 덧붙이는 무기를 일반적으로 유도 로켓이라 부른다. 앞서 1장에서 다룬 바에 따르면 이렇게 유도 기능이 있고 자체 추진력이 있는 무기는 미사일로 분류한다. 하지만 유도 로켓들은 보통 싼 값을 목표로 개발하고 또 이것을 장점으로 홍보하기 때문에 새로운 미사일을 만들었다는 이미지보다는 기존 로켓을 약간 개량했다는 이미지를 내세우기 위해 일부러 유도 로켓이라 부르는 경우가 많다.

상세 설명

APKWS는 WGU-59/B 유도 키트를 기존의 70mm 히드라 무유도 로켓의 부품들과 합치는 형태로 완성된다. 어떤 의미에서 WGU-59/B가 실질적인 APKWS라 볼 수 있으며 나머지 부분은 기존 70mm 히드라 로켓의 부품을 그대로 사용한다. 그래서 이 무기를 운용할 군은 APKWS를 사용하기 위해 나머지 탄두나 로켓 추진기관부, 그리고 발사장치에 대한 별도의 개조가 필요 없다. 이렇게 완성된 APKWS는 기존 히드라 무유도 로켓의 발사관에 그대로 꽂을 수 있다.

발사관에 들어 있던 APKWS는 발사 직후 카나드를 펼친다. APKWS의 카나드 앞부분은 고정형이고 뒷부분은 전기구동장치에 의해 움직이

APKWS의 실질적인 구성품이라 할 수 있는 WGU-59/B 유도 키트
〈https://i.wpimg.pl/730x0/m.gadzetomania.pl/tyt-fot-bae-systems-40c04867f7a7.jpg〉

는데 APKWS는 카나드를 펼치는 것과 동시에 바로 작동부를 움직여 자신의 회전을 막는다. 본래 히드라 로켓은 별도의 유도장치가 없다 보니 안정적인 비행을 위해 마치 총알처럼 회전한다. 이 때문에 히드라 로켓의 꼬리날개는 몸통을 감싸는 듯한 곡면형이고 로켓 노즐 자체에도 나선형 홈이 파여 있다. 그러나 APKWS는 유도장치를 가지고 스스로 방향과 자세를 제어하므로 이러한 회전이 필요 없다. 하지만 APKWS는 로켓과 날개 등의 구성품으로 히드라 로켓의 것을 그대로 사용하다 보니 발사 직후 회전이 생기기 마련이다. 그래서 APWKS는 카나드 뒤쪽의 조종면을 움직여 이 회전을 멈춘다.

APKWS의 카나드는 4장으로 각 부분에는 작은 원형 돌기가 있는데, 여기에는 레이저 신호를 수신하는 센서가 있다. 즉, 표적을 조준하고 있는 레이저가 반사되면 센서들이 그 신호를 수신한다. 일반적인 레이저 유도 무기는 미사일 앞부분에 하나의 레이저 탐색기를 달고 그 탐색기가 정확한 레이저 반사 지점(즉, 표적)의 위치를 찾지만, APKWS는 앞부분에 히드라 로켓의 탄두를 달아야 해서 미사일 앞부분이 아닌 다른 곳

APKWS II 유도 로켓의 카나드에 달려 있는 레이저 신호 수신용 센서
〈BAE systems / https://www.baesystems.com/en-us/product/apkws-laser-guided-rocket〉

에 레이저 탐색기를 단 셈이다. 또한 APKWS에는 자신의 자세를 정확히 계산하기 위한 일종의 자이로스코프, 즉 관성측정장치IMU, Inertial Measure Unit가 들어 있다. APKWS의 유도조종부는 4개의 레이저 탐색기가 보내오는 신호와 관성측정장치가 계산한 자세 등을 토대로 레이저 반사 지점을 향해 똑바로 날아가도록 전기구동장치를 계속 움직인다. 한편 APKWS에는 이러한 전자장치들에 전원을 공급하기 위해 내부에는 열전지가 들어 있으며 발사되는 순간 작동을 시작하여 전기를 만든다.

APKWS의 사거리는 일반적으로 5km 수준으로 보고 있으나 이는 70mm 히드라 로켓의 구형 추진기관인 Mk.66을 사용할 때의 이야기고, 더 추진력이 늘어난 추진기관을 사용하면 이론상으로 10km 이상의 사거리도 낼 수 있다. 헬리콥터나 차량처럼 느리고 낮은 고도가 아닌, 공격기나 전투기처럼 빠르고 높게 나는 항공기에서 APKWS가 발사되면 초기 위치에너지와 운동에너지를 더 얻어 기존의 Mk.66 로켓 추진기관만으로도 사거리를 8km 수준까지 늘릴 수 있다. 70mm 히드라 로켓은

AH-64 아파치 이외에도 미 육·해·공군의 다양한 전투기와 공격기들이 사용하던 무장이고 APKWS는 기존 70mm 히드라 로켓의 발사관에 그대로 꽂아넣을 수 있기 때문에 결과적으로 APKWS는 원래 히드라 로켓을 사용하던 다양한 공격기나 공격헬기가 별다른 개조 없이 사용 가능하다.

주요 유도 로켓 제원

명칭	APKWS	DAGR(Direct Attack Guide Rocket)	시릿(Cirit)
제조사	BAE 시스템스(미국)	록히드 마틴(미국)	로켓산(터키)
최초 배치	2012년	2019년	2012년
길이	1.9m	1.9m	1.9m
몸체 직경	70mm	70mm	70mm
중량	15.8kg	15.8kg	15kg
날개 구성	카나드 + 꼬리날개	카나드 + 꼬리날개	카나드 + 꼬리날개
조종 방식	카나드	카나드	카나드
유도 방식	INS + SAL	INS + SAL	INS + SAL
사거리	5km(헬기 운용 시) 8km(항공기 운용 시)	5km(헬기 운용 시) 8km(항공기 운용 시)	8km
최대속도	마하 1.2	마하 1.2	마하 1.2(추정)
탄두	폭풍파편	폭풍파편	폭풍파편
신관	충격	충격	충격
운용 방식	헬기/공격기	헬기	헬기
기타	BAE 시스템스(British Aerospace Engineering Systems)는 본래 영국 회사이나 미국 내에도 지사를 두어 미군의 무기 개발 사업에 참여 중.	록히드 마틴은 APKWS에서 탈락한 DAGR을 지속적으로 개발, 미군 대신 요르단군에 수출. 기존 로켓에서 탄두를 분해하지 않고 탄두 앞에 어댑터를 끼워 유도 키트를 장착하는 개념.	기존의 70mm 로켓과 규격은 같으나, 추진기관과 꼬리날개 등도 새로 개발함. 8km 밖의 표적도 3 x 3m 범위 내에 명중 가능.

- **INS** : 관성항법(Inertial Navigation System)
- **SAL** : 반능동 레이더 유도 (Semi Active Lader Homing)

명칭	GMLRS M30/M31	BM-30 9M542	WS-2
제조사	록히드 마틴(미국)	스플라브(러시아)	SCAIC(중국)
최초 배치	2016년	?	2000년대
길이	3.69m	7.6m	7.15m
몸체 직경	227mm	300mm	400mm
중량	300kg	820kg	1,275kg
날개 구성	카나드 + 꼬리날개	꼬리날개	카나드 + 꼬리날개
조종 방식	카나드	측추력기	카나드
유도 방식	INS + GPS	INS + GLONASS	INS + GPS
사거리	70km	120km	200km
최대속도	?	?	마하 5.6
탄두	90kg, 확산탄(M30)/ 관통-폭풍파편(M31)	150kg, 폭풍파편	200kg, 폭풍파편/ 확산탄 등 탄두 종류 선택 가능
신관	충격	충격	충격
운용 방식	차량발사(다연장)	차량발사(다연장)	차량발사(다연장)
기타	M270 다연장로켓에서 사용하던 M26 무유도 로켓에 유도 키트를 탑재한 버전. M270은 M30 또는 M31 유도 로켓 12발을 최대 40초 이내에 연속발사 가능.	9M542는 BM-30 스메르치 다연장로켓에서 발사 가능한 유도 로켓임. 조종날개 없이 기체 측면에 있는 여러 개의 측추력기만으로 비행 경로를 수정.	CEP는 300m 수준. 다연장 형태로 차량당 6발 연속발사.

- **GLONASS** : GPS와 비슷한 러시아식 위성항법체계 (Globalnaya navigatsionnaya sputnikovaya sistema)
- **CEP** : 원형공산오차(Circle Error Probable)

아음속 순항미사일 BGM-109 토마호크

BGM-109D 토마호크
〈http://www.designation-systems.net/dusrm/m-109.html〉

개발 배경

1972년, 미국과 소련은 전략무기제한협정SALT, Strategic Arms Limitation Talks을 맺어 서로의 대륙간탄도미사일ICBM, InterContinental Ballistic Missile과 잠수함 발사 탄도미사일SLBM, Submarine Launched Ballistic Missile 숫자를 줄이기로 합의했다. 하지만 겉으로 보이는 핵감축 움직임과 달리, 두 나라는 이 협정을 피한 새로운 핵무기전력개발을 검토했다. 미 해군은 전략무기제한협정에 걸리지 않는 새로운 핵공격 수단으로 잠수함 발사 순항미사일SLCM, Submarine-Launched Cruise Missile 개발을 시작했다. 전략무기제한협정은 탄도미사일만 제한했을 뿐, 당시 아직 주류가 아니었던 순항미사일 개발을 제한한다는 언급은 없었기 때문이다.

1980년대 초반 미 해군은 토마호크Tomahawk 미사일의 첫 번째 버전인 BGM-109A를 개발했다. BGM-109A는 잠수함에서 발사되었으며 최대 2,500km 정도의 거리를 날아가 150kt 위력의 W80 핵탄두를 표적 위에서 터뜨릴 수 있는 순항미사일Cruise Missile이었다. 150kt은 TNT 15만 톤을 한 번에 터뜨릴 때 나오는 위력으로 제2차 세계대전 중 히로시마廣島에 떨어졌던 원자폭탄의 10배에 해당하는 위력이다. BGM-109A 토마호크의 명중률은 원형공산오차CEP, Circle Error Probable 80m 수준이다. 이는 미사일이 80m 반지름 안에 명중할 확률이 50% 수준이라는 의미로, 일반적인 탄두라면 설사 폭발하더라도 표적에 확실히 피해를 준다고 장담하기 어려운 명중률이다. 그러나 앞서 언급한 바와 같이 BGM-109A의 탄두는 핵탄두였으므로 이 정도 명중률이라면 목표물에 충분히 원하는 만큼 피해를 가할 수준이었다.

이후 토마호크는 잠수함 발사 버전뿐만 아니라 함정 발사 버전도 등장했으며, 또 적 함정 공격용으로 핵탄두를 일반 고폭탄두로 바꾸고 적 함정 추적을 위해 레이더 탐색기를 추가한 BGM-109B 버전이 등장했다. 토마호크가 대중적으로 알려지기 시작한 것은 1991년 벌어진 걸프전 때문으로, 당시 미군은 전쟁 시작과 동시에 여러 전투함에서 BGM-109C를 발사했다. BGM-109C는 일반 고폭탄 탄두를 탑재한 지상공격용 버전으로, 폭발 범위가 좁은 일반 고폭탄 탄두를 사용하는 대신 명중률을 대폭 올려 CEP를 10m 수준으로 낮춘 버전이다. 실질적으로는 훨씬 명중률이 좋았기에 당시 먼 거리에 떨어진 축구골대 안으로도 골인시킬 수 있는 미사일이라거나, 단순히 건물을 명중시키는 게 아니라 건물의 몇 층, 혹은 어느 창문에 명중시킬지 선택할 수 있는 미사일이라고 유명세를 탔다. 이후 일반인 사이에서 순항미사일(크루즈 미사일)은 거의 토마호크를 지칭하는 말이 되어버렸다. 토마호크는 1980년대에 처음 군에 배치된 이래 계속 개량을 거듭하여 현재도 미군의 주력 순항미사일로 자리 잡고 있다.

주요 특징

BGM-109 토마호크는 아음속 순항미사일이다. 아음속Sub-Sonic은 음속 이하의 속도라는 의미로, 마하 1 미만은 마하 0.1이건 마하 0.99건 전부 아음속이라 부른다. 토마호크의 비행속도는 최대 920km/h로 마하 0.7 정도에 해당하며 실제 순항속도는 이보다도 느린 수준으로 추정된다. 이 정도 속도면 거의 여객기 수준의 비행속도로 볼 수 있다. 이처럼 토마호크는 미사일 하면 흔히 떠올리는 엄청 빠른 비행체라는 이미지와는 거리가 먼 느린 미사일이다. 순항미사일은 이 책의 앞부분에서 설명한 바와 같이 고도와 속도 변화 없이 거의 비행기처럼 일직선으로 날아갈 수 있는 미사일을 말한다. 토마호크는 이렇게 고도와 속도를 유지하며 안정적으로 비행하기 위해 안정적으로 양력을 만드는 큰 날개와 지속적으로 추력을 계속 낼 수 있는 F107 터보제트엔진을 가지고 있다. 토마호크는 자세 변화와 방향 전환을 위해 꼬리에 있는 꼬리날개를 이용한다. 꼬리날개는 BGM-109D 버전까지는 4장이었으나, BGM-109E 버전부터 3장으로 바뀌었다.

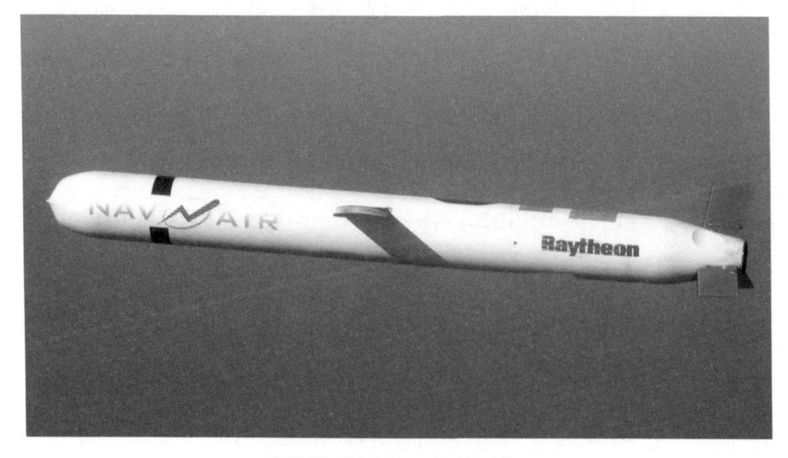

비행시험 중인 BGM-109E 토마호크
〈Public Domain〉

토마호크와 같은 아음속 순항미사일은 느린 속도 탓에 일단 적 방공망에 발각되면 대부분 격추당하기 쉽다. 대신 토마호크는 300m 이하의 매우 낮은 고도로 비행하기 때문에 적의 레이더 입장에서는 지평선이나 언덕 등에 레이더 전파가 가려서 토마호크를 미리 발견하고 요격 준비를 하기 어렵다. 토마호크는 속도가 느린 대신 일반 항공기와 거의 비슷한 구조 덕분에 방향 전환이 자유로운 편이어서 비교적 복잡한 경로로도 비행할 수 있다. 그래서 운용요원은 미리 파악한 적 방공망을 우회하는 형태로 비행경로를 만들어 발사 전에 토마호크에 입력한다.

토마호크는 관성항법장치를 이용하여 표적, 더 정확히는 표적이 있는 곳의 좌표를 찾아간다. 그러나 토마호크는 긴 비행시간 때문에 중간중간 관성항법장치의 오차 수정이 필요하다. 토마호크가 만약 2,500km를 비행한다고 하면 최대속도인 920km/h로 계속 비행해도 목표지점 도달에는 2시간 40분이라는 긴 시간이 필요하다. 토마호크는 기본적으로 지형등고대조TERCOM 방식으로 중간중간 관성항법장치를 보정한다. 하지만 초기형인 BGM-109A는 이 방식을 사용해도 명중률은 CEP 80m보다 좋게 만들기 어려웠다. 걸프전 때 활약한 BGM-109C는 기체 아래쪽 지형을 카메라로 촬영하는 디지털영상대조DSMAC 방식을 추가로 사용하여 명중률을 CEP 10m 이내 수준으로 높일 수 있었다. 다만 당시의 디지털영상대조장치의 카메라는 악천후나 야간에 사용이 어려워서 BGM-109C의 기체 하면에는 야간용 플래쉬가 달려 있다. 토마호크는 지형등고대조 및 디지털영상대조 항법 덕분에 명중률이 크게 올라갔으나, 이 항법장치들은 지형 변화가 크지 않은 사막이나 바다 위에서는 쓸 수 없다. 실제로 걸프전 당시 이 문제 때문에 토마호크는 표적을 향해 평탄한 사막을 가로질러 바로 가지 못하고, 지형 변화가 어느 정도 있는 지점을 거쳐 날아가도록 일부러 돌아가야 하는 경우도 있었다. 이 때문에 걸프전 이후 개발된 토마호크는 GPS를 이용하는 위성항법장치가 추가되었다. 다만 다른 유도무기들이 그렇듯 토마호크도 GPS 위성항법장치는 어디까지나 보조수단이다. GPS는 다른 항법장치들에 비해 상대적으로 적에게 교란당할 위험이 있기 때문이다.

BGM-109B는 앞서 설명한 바와 같이 함선 공격 버전으로, 이동하는 선박을 찾기 위해 미사일 앞부분에 능동형 레이더 탐색기가 달려 있다. 대신 바다에서는 거의 쓸모가 없는 지형등고대조장치 등은 빠졌다. 이 버전은 발사 전에 미리 입력받은 적 함정이 있을 것으로 예상되는 좌표까지 관성항법장치만으로 비행한 후 탐색기를 작동시키는 방식으로 적 함선을 공격한다.

토마호크의 탄두는 여러 버전이 있다. 초기 버전은 앞서 설명한 바와 같이 W80 핵탄두였다. 함정 공격 버전인 BGM-109B 토마호크의 탄두는 450kg급의 관통폭발형 탄두로, 이는 적 함정에 충돌 시 함선 내부로 들어가 터져 함정에 대한 파괴력을 극대화한 탄두다. 이러한 공격 방식은 건물 공격 시에도 유용하므로 이후 지상 공격 버전에서도 사용했다. 한편 일반 지상 공격용인 토마호크 후기 모델들은 넓은 지역에 분포한 표적이나, 작은 폭발에도 피해를 입는 레이더 설비 등을 공격하기 위한 확산탄 버전 탄두를 탑재하기도 했다.

토마호크는 현재 미 해군과 영국 해군만 운용 중이며, 함선 또는 잠수함에서만 운용 가능하다. 일반적으로 토마호크는 함정에서 발사되는 경우 로켓 부스터를 이용하여 수직발사관에서 튀어 오르며, 일정한 고도와 속도를 확보하고 나면 로켓 부스터를 떼어낸 뒤 날개를 펼치고 제트엔진을 작동시켜 순항비행을 시작한다. 잠수함 발사 시에도 이러한 과정은 비슷하지만 토마호크는 일단 물속에서 물 밖으로 나오기 위해 별도의 캡슐에 담긴 채 물 위로 떠오른 다음 로켓 부스터를 작동시킨다. 잠수

함정탑재용 이글라 미사일 원격 발사기 3M-47
〈http://roe.ru/eng/catalog/naval-systems/shipborne-weapons/3m-47/〉

함들은 일반적으로 물속에서 캡슐에 담긴 토마호크를 어뢰발사관을 이용하여 선체 밖으로 발사한다. 한편 지상차량에서 발사하는 지상발사형 토마호크도 개발된 바 있으나, 미국과 소련 간에 맺은 핵전력감축협정에 따라 현재는 모두 폐기한 상태다. 또 폭격기에서 발사하는 공중발사형 토마호크도 개발되었으나, 미 공군은 공중발사형 토마호크 대신 AGM-86 ALCMAir Launch Cruise Missile을 주력 공중발사 순항미사일로 채택했다.

주요 아음속 순항미사일 제원

명칭	BGM-109E 토마호크	AGM-86C ALCM(Air Launching Cruise Missile) 블록 1	RGM-84L 하푼 블록 II
제조사	레이시온(미국)	보잉(미국)	보잉(미국)
최초 배치	2006년(E형 기준)	1988년(C형 기준)	2002년(L형 기준)
길이	5.56m(부스터 제외)	6.3m	4.63m(부스터 제외)
몸체 직경	518mm	622.3mm	343mm
중량	1,246kg(부스터 제외)	1,950kg	527kg
날개 구성	주날개 + 꼬리날개	주날개 + 꼬리날개	주날개 + 꼬리날개
조종 방식	꼬리날개	꼬리날개	꼬리날개
유도 방식	INS + GPS + TERCOM + DSMAC	INS + GPS + TERCOM	INS + GPS + ARH
사거리	1,600km	950km	150km
최대속도	마하 0.75	마하 0.85	마하 0.85
탄두	313kg, 관통폭발	1,360kg, 폭발파편	488kg, 관통폭발
신관	충격-지연	충격-지연	충격-지연
추진기관	터보팬	터보팬	터보제트
운용 방식	함대지(BGM-109E), 잠대지(UGM-109E)	공대지 (B-52H 폭격기에서 운용)	공대함(AGM-84L), 함대함(RGM-84L), 잠대함(UGM-84L)
기타	BGM-109E는 토마호크 블록 4, 또는 핵탄두 탑재 능력을 없앴다 하여 TACTOM (Tactical Tomahawk, 전술 토마호크) 등으로 부름.	AGM-86D는 AGM-86C와 다른 부분은 동일하나 탄두를 545kg 관통폭발탄두를 사용, 전체 중량이 가벼워져서 결과적으로 사거리가 1,100km로 더 길어짐. AGM-86B는 핵탄두 탑재 버전.	공중발사형은 부스터 없이 항공기에서 투하, 함대함 버전은 발사관에서 로켓부스터를 이용해 발사, 함대함 버전은 어뢰발사관을 통해 캡슐 형태로 발사된 뒤 수면 위에서 로켓 부스터로 상승.

• **INS** : 관성항법(Inertial Navigation System) • **TERCOM** : 지형등고대조 항법(Terrain Contour Matching)
• **DSMAC** : 디지털영상대조 항법(Digital Scene-Mapping Area Correlator) • **ATA** : 자동 표적 획득(락온)

명칭	AGM-158A JASSM (Joint Air to Surfase Standard Missile)	KEPD 350 타우러스	3M-54 칼리버 (SS-N-27 Sizzler)
제조사	록히드 마틴(미국)	MBDA 도이칠란드(독일)/ 사브 보포스(스웨덴) 합작	노바토르(러시아)
최초 배치	2009년	2005년	1994년
길이	4.26m	5.0m	8m 이상(부스터 포함)
몸체 직경	550mm	1,015mm	514mm
중량	1,020kg	1,500kg	1,950~2,270kg (추정)
날개 구성	주날개 + 꼬리날개	주날개 + 꼬리날개	주날개 + 꼬리날개
조종 방식	주날개 + 꼬리날개	꼬리날개	꼬리날개
유도 방식	INS + GPS + IIR(ATA) + Man in loop(블록 1 버전)	INS + GPS + TERCOM + DSMAC + IIR(ATA)	INS + ARH
사거리	370km	500km 이상	
최대속도	마하 1 미만	마하 1 미만	마하 0.8(순항)/ 마하 2.9(충돌 직전)
탄두	453kg, 관통폭발	480kg, MEPHISTO	200kg, 관통폭발
신관	충격-지연	충격-지연, 근접(공중폭발시)	충격-지연
추진기관	터보제트	터보팬	터보팬 + 고체로켓
운용 방식	공대지	공대지	함대함(3M54K), 잠대함(3M54T)
기타	본래 미 공군·해군이 공동 운용하기 위해 개발했으나 개발 과정에서 여러 문제가 발생하여 향후 미 공군만 운용 예정. AGM-158B JASSM-ER은 연료 탑재량을 늘리고 엔진을 바꿔 사거리를 926km까지 연장.	MEPHISTO(Multi-Effenc Penetrator Highly Sophisticated and Target Optimised)는 직렬형 관통탄두의 일종임. 앞부분에는 성형탄두가 있어 표적에 먼저 구멍을 내며 그 뒤에는 관통폭발형 탄두가 놓여 있음.	3M-54는 외형상 아음속 순항미사일이나, 표적 근처에서 제트엔진 및 기타 구성품들이 분리되고 추가 로켓으로 가속하여 마하 2.9에 달하는 속도로 표적의 방공망을 돌파함.

- **Man in loop** : 유도 중간에 원격조작으로 사람이 미사일의 비행경로를 수정하거나 표적을 재설정하는 능력
- **ARH** : 능동 레이더 호밍(Active Radar Homing)
- **CCD** : 가시광선 영상 유도 센서(Charge Coupled Device, 전하결합소자)

초음속 순항미사일 P-800 야혼트

에어쇼에 전시된 P-800 야혼트(오닉스)의 모형
〈wikipedia / CC BY-SA 3.0 / Jno〉

개발 배경

냉전 시절 소련 입장에서 미국의 항공모함 전력은 상당한 부담이었다. 미국의 항공모함 함대는 보통 2대의 항공모함이 배치되는데 여기서 발진 가능한 140여 대가 넘는 항공기 전력은 웬만한 소규모 국가의 전체 공군력과 맞먹는 수준이다. 다만 이 항공기들은 바다에 떠 있는 활주로인 항공모함만 제거하면 무용지물이 되므로 소련군은 어떻게든 이 항공모함을 작전불능상태로 만들어 전투를 훨씬 유리하게 이끌어갈 방법을 찾고 있었다. 문제는 미군도 이를 모르는 바가 아니기에 항공모함 주변에는 이지스함을 비롯한 각종 호위함 수십 척이 따라다닌다는 것이다. 게다가 항공모함에서 발진한 전투기들도 항공모함으로부터 수백 km 밖까지 초계비행을 하며 적 항공기 및 함정이 다가오지 않는지 예의주시

한다. 그래서 소련은 미국 항공기들과 항공모함의 철통방어를 뚫고 항공모함을 파괴하기 위한 초음속 순항미사일을 개발했다.

소련의 대표적인 초음속 순항미사일로는 P-700 그라니트Granit가 있다(나토 코드명 SS-N-19 쉽렉Shipwreck). 이 미사일은 최대 550km의 거리를 최대 마하 2.5의 속도로 날아가서 최대 700kg 이상의 탄두를 표적에 명중시킬 수 있다. 서방의 표준형 대함미사일인 RGM-84 하푼Harpoon이 최대속도 마하 0.8, 최대비행거리 160km 수준인 것과 비교하면 P-700은 엄청난 비행 능력을 갖춘 대함미사일인 셈이다. 특히 이 미사일은 일반적인 함선 공격용인 관통-폭발형 탄두는 물론 핵탄두 까지 탑재할 수 있어서 항공모함뿐만 아니라 그 주변 호위함대에도 궤멸적인 피해를 줄 수 있다. 하지만 그라니트는 길이가 10m가 넘어갈 뿐만 아니라 무게는 6톤에 달해서 웬만한 함선들은 이 미사일을 탑재하는 것조차 버거웠다.

이 때문에 소련은 그라니트보다 상대적으로 사거리가 짧고 탄두 중량이 작더라도 더 가볍고 더 작은 신형 초음속 대함용 순항미사일을 만들었다 이 미사일이 P-800 야혼트Yakhont다. 야혼트는 최대속도가 마하 2.5급인 그라니트와 비슷한 수준이지만 사거리는 300km, 탄두중량은 200kg으로 그라니트에 훨씬 못 미친다. 대신 야혼트는 그라니트보다 길이가 3m가량 짧고, 무게는 그라니트의 절반 수준인 3톤이다. 야혼트의 등장 덕분에 더 다양한 체급의 함선들도 초음속 대함미사일을 탑재할 수 있게 된 것이다. 본래 소련은 P-800 미사일에 오닉스Onyx라는 이름을 붙였으나 해외수출용으로 야혼트Yakont(루비)라는 이름을 붙여서 결과적으로 P-800은 오닉스보다 야혼트라는 이름으로 더 유명해졌다. 나토는 P-800에 SS-N-26 스트로빌Strobile이란 코드명을 붙였다.

주요 특징

일반적으로 대함미사일들은 적 레이더에 일찍 발견되는 것을 막고자 수평선 뒤에 숨기 위해 최대한 낮은 고도를 유지하며 표적에 접근한다. 야혼트 역시 같은 이유로 저고도 비행을 하며, 바다 위에서 고도 15m 수준을 유지하며 비행할 수 있다. 이때의 비행속도는 최대 2,450km/h로 마하 2.0 수준이다. 그러나 이 고도를 유지하면 공기저항이 커지기 때문에 야혼트의 최대사거리는 120km 정도가 된다. 만약 야혼트가 순항고도를 14km로 높이면 공기저항이 줄어들기 때문에 최대속도는 2,700km/h(고도 14km 기준 마하 2.5)로 늘어나며 최대사거리는 300km로 늘어난다. 야혼트는 적의 근접방어체계CIWS와 같은 최후 방공망을 회피하기 위해 적 함정 근처에서 다시 고도를 15m 수준으로 낮추거나, 혹은 높은 고도를 유지하다가 표적 상공에서 급강하하듯 내리꽂힐 수 있다. 정확하지는 않으나, 야혼트는 급강하 시 최대속도를 마하 3.0까지도 낼 수 있다는 분석도 있다.

야혼트는 초음속 순항미사일이므로 마하 2.0 이상의 속도를 유지하면서도 고도를 유지해야 한다. 로켓엔진으로는 이렇게 장시간 속도/고도를 유지할 수 없으며. 일반 터보제트엔진으로는 이렇게 장시간 초음속 비행을 하려면 엄청난 연료가 필요하다. 이 때문에 야혼트를 비롯한 대부분의 초음속 순항미사일은 램제트Ram Jet라는 추진기관을 사용한다. 제트엔진은 흡입구를 통해 들어오는 공기를 압축해서 여기에 연료를 분사 후 연소시켜 이를 뒤의 분사구로 내뿜어 추진력을 얻는다. 항공기나 아음속 순항미사일 등이 사용하는 터보제트엔진은 공기를 빨아들이고 압축하기 위해 별도의 압축기를 사용한다. 압축기를 사용하는 터보제트엔진은 아음속에서 초음속까지 다양한 속도에서 작동하지만 압축기와 이를 위한 시스템의 무게가 상당할뿐더러 초음속에서는 상대적으로 효

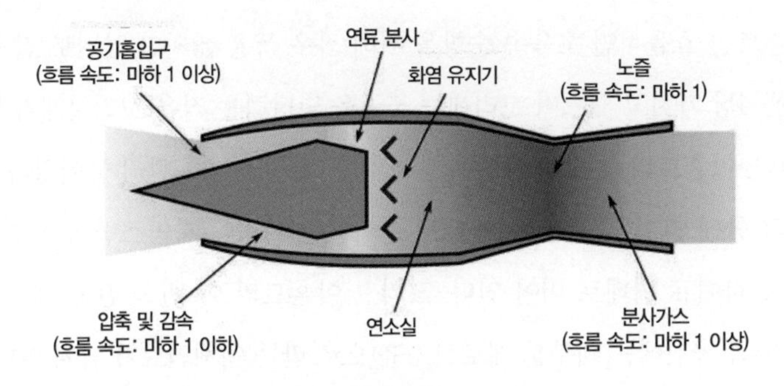

초음속 램제트의 기본 구조
〈wikipedia / CC BY-SA 3.0 / Emoscopes〉

율이 떨어지는 문제가 있다.

반면 램제트는 별도의 압축기 없이 고속으로 비행하면서 생기는 맞바람이 그대로 흡입구로 들어오게 하여 초음속에서 생기는 충격파 등을 이용해 공기를 압축하는 방식이다(램ram: '들이받다'라는 뜻). 램제트엔진은 초음속에서 터보제트엔진보다 효율이 훨씬 좋기 때문에 대부분의 초음속 순항미사일이 램제트엔진을 사용한다. 다만 램제트엔진은 잘못하면 연료와 섞여 폭발한 화염이 뒤쪽의 배기구로 빠지지 않고 앞쪽의 흡입구로 역류해버릴 수 있다. 이 때문에 초음속 비행처럼 상당한 속도로 앞에서 공기가 밀려 들어와야 화염이 역류할 위험이 없다. 바꿔 말하면 속도가 느린 아음속 환경에서는 램제트가 제대로 작동할 수 없으며, 보통 램제트는 마하 1.5~2.0 이상부터 정상작동한다. 즉, 램제트엔진을 사용하려면 발사 직후부터 이 정도 속도에 도달하기까지 다른 수단으로 속도를 높여야 한다. 야혼트는 동체 내부에 숨겨져 있는 로켓 부스터를 이용해 마하 2.0까지 가속한다. 로켓 부스터의 노즐 뒤쪽은 가속 단계에서 방향을 제어하기 위해 일정 각도로 움직여 추진 방향을 바꿀 수 있다. 로켓은 작동을 마치고 분리되어 동체 뒤쪽으로 빠져나가며, 로켓이 들어있던 빈 공간은 바로 램제트 역할을 한다.

야혼트는 효율적인 초음속 순항을 위해 좌우 폭은 짧지만 앞뒤로 긴 주날개를 4장 가지고 있으며 꼬리에는 조종을 담당하는 작은 꼬리날개가 달려 있다. 야혼트의 동체 중심부 대부분의 공간은 공기가 빨려 들어왔다가 연료와 함께 연소 및 폭발한 후 뒤로 분사되는 과정이 자연스럽게 이루어지도록 파이프 형태로 비어 있다. 그리고 야혼트의 이 빈 공간을 제외한 동체 안쪽 공간에는 대부분 케로신(등유)으로 만든 액체연료가 담겨 있다.

공기흡입구 앞쪽의 뾰족한 원뿔 부분은 초음속 비행 시 공기저항을 줄이고 초음속에서 생기는 충격파가 적절한 모양이 되어 공기흡입구의 효율을 유지하도록 하는 역할을 한다. 그리고 이 원뿔 안에는 레이더 탐색기를 비롯한 각종 전자장비가 들어 있다.

야혼트는 최대 300km 밖의 표적을 공격하기 위해 관성항법장치와 레이더 탐색기를 사용한다. 일반적으로 선박에 탑재된 레이더는 수평선에 가려서 몇 백 km 밖의 표적을 탐지할 수 없다. 그래서 야혼트를 쏘는 선박은 적이 멀리 있을 경우 다른 아군 함선, 항공기 등이 알아낸 좌표를 기초로 야혼트를 그쪽 방향으로 발사한다. 야혼트는 관성항법장치를 이용해 해당 좌표로 날아간 뒤 탐지거리 50km인 능동형 레이더 탐색기를 작동시킨다. 필요시에는 레이더를 수동형으로 변경하여 적 함선이 레이더나 전파방해장치ECM가 내보내는 전파를 역추적하는 HOJHome on Jam 모드로 적 함정을 찾아낸다. 특히 야혼트의 탐색기가 수동형으로 작동하면 적 입장에서는 야혼트의 레이더가 내보내는 전파를 수신하여 미리 야혼트의 접근을 알아차리기 어려워진다. 야혼트는 최종 돌입 단계에서 적 대공포나 미사일을 피하기 위해 고도를 5m 수준으로 극단적으로 낮출 수도 있다. 야혼트의 탄두는 버전에 따라 200~300kg급이며 적 함정에 명중 시 바로 폭발하지 않고 더 큰 피해를 주기 위해 적 함정 안쪽까지 뚫고 들어간 뒤 터지는 관통폭발식 탄두다.

P-800 야혼트(오닉스) 미사일
〈wikipedia / CC BY-SA 4.0 / Boevaya mashina〉

야혼트는 기존 그라니트보다 크기가 줄어든 미사일이라고는 해도 대함미사일 중에서는 상당한 덩치를 자랑한다. 이 때문에 발사장치 또한 상당한 규모인데, 야혼트의 전용 발사대는 미사일을 뺀 그 자체의 중량만 900kg에 달한다. 야혼트는 화약 카트리지로 작동하는 발사대 내부 장치에 의해 발사대 밖으로 먼저 튕겨져 나온 뒤 로켓 부스터를 켜는 콜드런칭 방식으로 발사된다. 야혼트는 함선 또는 잠수함의 공용 수직발사대에서도 발사 가능하다. 야혼트의 공기흡입구는 발사 시에는 이물질 흡입 방지와 공기저항 감소를 위해 별도의 덮개로 막혀 있으며, 이 덮개는 로켓 부스터 작동이 끝나면 분리된다.

주요 초음속 순항미사일 제원

명칭	P-800 야혼트	P-700 3M45 그라닛 (SS-N-19 Shipwreck)
제조사	마쉬노스로예니야(러시아)	마쉬노스로예니야(러시아)
최초 배치	2002년	1983년
길이	8.9m	10m
몸체 직경	700mm	850mm
중량	3,000kg	7,000kg
날개 구성	주날개 + 꼬리날개	주날개 + 꼬리날개
조종 방식	꼬리날개	꼬리날개
유도 방식	INS + ARH	INS + ARH
사거리	300km	550km
최대속도	마하 2.5(고고도)/ 마하 2.0(저고도)	마하 2.5(고고도)/ 마하 1.6(저고도
탄두	200kg, 관통폭발	750kg 관통폭발 또는 500kt TNT 핵탄두
신관	충격-지연	충격-지연
추진기관	램제트	램제트
운용 방식	함대함	함대함
기타	인도/러시아 합작 형태로 PJ-10 브라모스라는 성능개량형도 개발. 함대함, 지대함, 공대함 버전을 개발하여 인도군 및 러시아군 운용. 사거리 연장형도 개발 중.	비행 중 표적 변경 기능, ECM 장비를 역으로 추적하는 HOJ 기능이 있을 것으로 추정.

- **INS** : 관성항법(Inertial Navigation System)
- **ARH** : 능동 레이더 호밍(Active Radar Homing)
- **PRH** : 수동 레이더 호밍(Passive Radar Homing)
- **BNS** : GPS와 비슷한 중국식 위성항법체계. 베이도우(북두) 항법체계(Beidou Navigation System)

명칭	Kh-31 (AS-17 Krypton)	슝펑(雄風)-3	YJ-12
제조사	즈베즈다(러시아)	CSIST(대만)	CASIC(중국)
최초 배치	1982년	2007년	2015년
길이	4.7m	6.1m	7m
몸체 직경	360mm	457mm	600mm
중량	610kg	1,400~1,500kg	2,500kg
날개 구성	주날개 + 꼬리날개	꼬리날개	주날개 + 꼬리날개
조종 방식	꼬리날개	꼬리날개	꼬리날개
유도 방식	INS + ARH(Kh-31A)/ PRH(Kh-31P)	INS + ARH	INS + BNS + ARH
사거리	110km	400km(추정)	500km(추정)
최대속도	마하 3.5(고고도)/ 마하 2.5(저고도)	마하 2 이상	마하 4(추정)
탄두	84kg, 성형작약	120kg, 관통폭발	250kg, 관통폭발
신관	충격-지연	충격-지연	충격-지연
추진기관	램제트	램제트	램제트
운용 방식	공대함	함대함	공대함
기타	소련 붕괴 이후인 1990년대 초반, 경제난으로 인해 러시아의 즈베즈다가 해당 미사일을 미국에 판매, 미국이 MA-31이란 이름으로 운용하며 초음속 순항미사일 요격 실험용으로 사용함.	대만이 중국의 항공모함에 대응하기 위해 개발. 탄두는 폭발 시 아래 방향으로 폭발력이 집중되어 적 함정에 침수가 발생할 가능성을 높임.	중국군은 YJ-12를 H-6 폭격기에서 운용 중. 지상발사형인 YJ-12B도 개발 중. YJ는 Ying Ji(鷹擊)라는 의미.

단거리 탄도미사일 9K720 이스칸데르-M

이스칸데르-M의 재장전 및 지원용 크레인차량(좌)와 이동식 발사차량(우)
〈https://nationalinterest.org/blog/the-buzz/report-russias-dangerous-iskander-m-ballistic-missiles-are-18991〉

개발 배경

냉전이 한창이던 1987년, 미국과 소련은 중거리핵전력조약INF, Intermediate-Range Nuclear Force을 체결한다. 이 조약은 미국과 소련 양국 간에 혹시나 우발적인 전투 혹은 국지전이 생겨도 이것이 쉽게 핵전쟁으로 발전하는 것을 막고자 사거리 500~5,500km 이내의 핵탄두를 탑재하거나 탑재 가능한 지상발사형 탄도미사일 및 순항미사일을 폐기하기로 한 조약이다.

그러나 소련군은 이 조약으로 인해 일반 탄두 탑재가 가능한 탄도미사일마저 폐기되자, 조약을 피할 수 있으면서도 기존 단거리 탄도미사일보다 더 성능이 뛰어난 새로운 탄도미사일 개발을 검토한다. 그리고 새 단거리 탄도미사일 개발 계획에 이스칸데르Iskander라는 명칭을 붙인다. 이스칸데르Iskander는 이스칸달Iskandar의 터키식 발음이며, 이스칸달은 알렉산더 대왕으로도 유명한 남자 이름 알렉산더Alexander의 아랍식 명칭이다.

소련은 1988년 본격적으로 이스칸데르의 개발에 들어갔으나 1991년 소련이 해체되면서 러시아가 이를 이어갔다. 러시아군은 1996년 이스칸데르 개발 성공을 발표했으며, 이 이스칸데르의 명칭은 9K715였다. 그러나 소련 해체 후 러시아군은 재정적 어려움 탓에 이스칸데르 프로젝트를 원할하게 끌고 가는 데 한계가 있었다. 그래서 러시아는 이스칸데르의 대량생산보다는 추가적인 성능개량을 진행하며 프로젝트를 이어갔다. 이윽고 러시아는 2004년에 성능이 개량된 버전에 9K270 이스칸데르-M이라는 이름을 붙여 2006년부터 실전배치했다. 9K270 이스칸데르-M은 정확히 말하자면 미사일뿐만 아니라 발사차량과 사격통제소 및 각종 지원장비 전체를 아우르는 말이다. 이스칸데르-M 시스템 중 실제 발사되는 사거리 500km급 단거리 탄도미사일의 명칭은 9M723-1이다. 이스칸데르-M은 9M723-1 단거리 탄도미사일 이외에도 사거리 500km급 순항미사일인 9M728을 발사할 수 있다. 한편 러시아는 미사일기술통제체제MTCR, Missile Technology Control Regime(사거리 300km급, 탄두 중량 500kg급 이상 되는 미사일 및 관련 기술의 해외수출을 금지하는 국제적 협약)를 지키기 위해 사거리를 280km로 조정한 이스칸데르-E를 수출했다. 이스칸데르의 나토 코드명은 SS-26 스톤Stone이다.

주요 특징

냉전이 한창이던 시절, 미국은 소련의 각종 탄도미사일을 요격하기 위해 여러 가지 탄도미사일 요격 시스템을 개발했다. 소련과 러시아는 이러한 요격 시스템들을 뚫고 표적에 명중하는 탄도미사일을 만들기 위해 여러 고민을 거듭했다. 9M723-1은 적 요격 시스템을 피하기 위해 준탄도

이스칸데르-M 훈련탄으로 재장전 훈련 중인 러시아 병사
〈https://www.thedrive.com/the-war-zone/18943/putins-air-launched-hypersonic-weapon-appears-to-be-a-modified-iskander-ballistic-missile〉

quasi-ballistic라는 독특한 비행 방식을 사용한다. 일반적인 탄도미사일은 이름 그대로 포탄이 그리는 궤적(탄도)처럼 포물선을 그리며 올라갔다가 다시 떨어져 표적에 명중한다. 그러나 9M723-1은 일단 급상승한 뒤 다시 급강하를 하다가 완만한 곡선을 그리며 비행한다. 그리고 표적 근처에서 다시 급격히 하강하는 형태로 비행한다. 이러한 복잡한 비행궤적은 9M723-1을 막는 입장에서 이 미사일이 어디에 떨어질지 정확히 예측하기 어렵다 보니 여러 요격 미사일 포대 중 어느 포대가 요격을 준비하고 미사일을 쏘아야 할지 결정할 시간이 부족해진다. 또한 9M723-1은 비행 중 가급적 50km 이하 고도를 유지한다. 일반적으로 탄도미사일이 사거리 500km 이상으로 날아간다면 포물선의 정점은 대기권 밖인 100km을 넘어가기 마련이다. 그러나 9M723-1은 의도적으로 더 낮은 고도로 비행한다. 이러한 비행 특성은 적 레이더가 수평선에 가려

서 9M723-1을 미리 발견하기 어렵게 만든다. 또한 미국의 가지고 있는 대부분의 장거리 탄도미사일 요격용 미사일들이(예를 들자면 SM-3, 사드THAAD 등) 여러 가지 이유로 고도 40km 이하에서는 요격을 할 수 없고, 반대로 PAC-3와 같은 저고도 탄도미사일 요격용 미사일들은 고도 20km 이상까지 도달하기 어렵다. 즉, 9M723-1의 독특한 비행 형태는 이렇게 탄도미사일 요격용 미사일들의 사각지대에서 가능한 오래 비행하는 데 도움이 된다.

이스칸데르-M은 로켓 연료를 다 써버린, 발사 직후 25초 정도 시점이 최고속도가 되는데 이때의 속도는 7,560km/h로 약 마하 6~7 정도에 해당한다. 반면, 이스칸데르-M이 표적을 향해 급강하하는 종말 단계 시점의 비행속도는 2,500~2,800km/h 수준으로 대략 마하 2 정도 수준이다. 더 앞서 개발된 탄도미사일들이 이 마지막 단계에서 최소 마하 3 이상으로 낙하한다는 점을 생각하면 9M723-1은 신형 탄도미사일치고는 낙하 속도가 느린 편이다. 이는 이 탄도미사일이 상대적으로 공기저항이 큰 50km 이하 고도로 주로 비행하는 데다가 몇 차례의 급기동을 하면서 운동에너지를 잃기 때문인 것으로 추정된다. 더불어 이스칸데르의 공식적인 사거리는 415km이나, 전문가들은 이를 조약을 의식하여 일부러 줄여서 발표한 것으로 추정하며 실제 사거리는 500~600km 이상일 것으로 보고 있다.

9M723-1은 앞쪽 끝부분이 뾰족한 모양이며, 점차 뒤로 갈수록 지름이 커져서 로켓이 있는 부분에 이르러서는 지름이 920mm 정도가 된다. 뾰족한 앞쪽 끝부분에는 버전에 따라 유도 정밀도를 높이기 위한 레이더 또는 광학 기반 탐색기가 탑재된다. 다만 이 탐색기는 표적을 직접 쫓아가는 호밍용은 아니며, 주변 지형지물을 확인하여 항법 정밀도를 높이는 지형대조항법 시스템의 일부다.

미사일의 직경이 점차 커지는 원뿔형 동체 안의 공간 대부분은 탄두가 차지한다. 9M723-1은 이 안에 기본적으로 480kg 정도의 탑재물을 넣을 수 있다. 9M723-1의 기본적인 탑재물 중량은 500kg을 넘지 않는데, 이는 앞서 언급한 중거리핵전력조약을 위배하지 않기 위해서다. 다만 전문가들은 9M723-1의 공개된 형상을 토대로 그 내부 공간이 기존의 중거리핵전력조약을 위해 폐기한 유도 미사일들보다 더 넓을 것으로 추정하며 최대 800kg까지도 탑재물을 넣을 수 있을 것으로 보고 있다. 즉, 정치·외교적인 상황이 바뀌어 조약을 지킬 필요가 없으면 핵탄두도 탑재가 가능할 것으로 보고 있다.

9M723-1의 공개된 탄두는 두 가지로 9K722K5와 9N722K1이다. 9K722K5는 경장갑차량 또는 대인살상용의 개당 7kg 수준인 자탄 54개를 탑재한다. 반면, 9N722K1은 자탄을 45개만 탑재하나 자탄 하나하나가 9N722K1의 것보다 더 크고 무겁다. 전문가들은 9M723-1 미사일이 이러한 자탄을 살포하는 확산탄 탄두 이외에도 건물이나 지하시설에 명중하여 관통 후 그 내부에서 폭발하는 관통형 고폭탄두나, 벙커나 동굴 등에 숨어 있는 적을 노리는 연료기화탄두도 탑재 가능할 것이라 보고 있다.

9M723-1의 탄두 뒤쪽, 추진기관이 시작되는 부분 바로 앞쪽에는 유도조종장치가 들어 있다. 이 미사일은 기본적으로 관성항법장치를 이용하여 정해진 좌표를 향해 날아간다. 9M723-1은 관성항법장치를 보조할 위성항법장치도 사용하는 것으로 알려져 있으나, 유도 미사일들의 유도조종장치가 직접 위성항법장치를 사용하는지, 아니면 발사대 차량에 위성항법장치가 달려 있어 미사일 발사 직전에 미사일의 관성항법장치의 오차를 보정하는 용도로만 사용하는지는 명확하지 않다. CEP(원형공산오차, 반경 안에서 유도 미사일의 명중률이 50% 이상임을 의미)는 관성항법장치만 사용할 경우 200m, 위성항법장치의 도움을 받을 경우 50m이며, 앞서

언급한 종말 단계에서 항법보정용 장치를 사용할 경우 10m 이내로 줄어든다.

9M723-1의 방향전환 수단은 일반적인 단거리 탄도미사일과 마찬가지로 4장의 꼬리날개와 로켓 분사 방향을 바꾸는 제트 베인이다. 9M723-1의 꼬리날개는 공기밀도가 비교적 큰 낮은 고도로 비행 중일 때 제 역할을 할 수 있으며, 만약 고도가 너무 높아 공기가 희박한 지점에 이르면 제트 베인이 조종에 더 큰 비중을 차지한다. 다만 제트 베인은 발사 직후 로켓이 작동하는 25초 동안만 미사일의 방향을 바꿀 수 있다. 이스칸데르-M의 최대기동한계는 밝혀진 바가 없으나 일부에서는 20~30G로 기동할 수 있다고 분석하고 있다. 이는 자기 무게의 20~30배에 달하는 원심력을 이기며 급기동을 한다는 의미이며, 일반적인 대공미사일에 필적하는 수준이다. 한편으로는 이스칸다르-M이 그런 급기동을 하기에는 기본적으로 미사일이 너무 무겁고 날개도 작은 편이므로 이러한 기동력은 루머 수준에 불과하다는 의견도 있다.

9M723-1은 평소에는 3명의 승무원이 탑승하는 TEL Transporter-Elector-Launcher(이동형 발사차량)의 뒤쪽에 최대 2발씩 숨겨져 있다. 발사 준비 과정에 돌입하면 발사차량은 유압장치로 다리를 내려 지면에 단단히 자리를 잡고, 위쪽 뚜껑을 열어 미사일을 수직으로 세운다. 이 모든 과정이 최대 80초 이내에 진행된다. 발사차량은 한 번의 급유로 최소 1,000km 이상 이동할 수 있기 때문에 적의 위성이나 항공기를 이용한 정찰을 피해 수시로 이동할 수 있다.

주요 전술급 및 단거리 탄도미사일 제원

명칭	9K720 이스칸데르-M (9M723-1)(SS-26 Stone)	R-17 엘브러스 (SS-1C Scud-B)
제조사	보친스크(러시아)	보친스크(러시아)
최초 배치	2006년	1964년
길이	7.28m	11m
몸체 직경	920mm	880mm
중량	3,800kg	5,860kg
날개 구성	꼬리날개	꼬리날개(고정)
조종 방식	꼬리날개 + 제트 베인	제트 베인
유도 방식	INS + GLONASS + TRN	INS
사거리	415km(공식) 500~600km(추정)	300km
최대속도	마하 6 이상(상승/가속) 마하 2 이상(낙하단계)	마하 4.4(상승/가속) 마하 2 이상(낙하단계)
탄두	400~450kg, 확산탄	690kg, 폭풍파편
신관	충격	충격
운용 방식	이동식 발사차량, 수직발사	이동식 발사차량, 수직발사
기타	이스칸데르-E: 수출형, 사거리 280km급. 이스칸데르-K: 9M723-1 탄도미사일 대신 9M728 아음속 순항미사일 사용.	액체연료 로켓을 사용. 사거리 조절을 위해 연료 밸브를 차단하는 방식을 사용. 로켓연료 소모 후에는 별도 조종 기능 없음. 러시아는 미운용 중이나 수출 버전은 타국에서 운용 중.

- **INS** : 관성항법(Inertial Navigation System)
- **TRN** : 지형 참조 항법(Terrain Reference Navigation, 지형등고대조, 디지털영상대조 등을 포함하는 분류)
- **GLONASS** : GPS와 비슷한 러시아식 위성항법체계(Globalnaya navigatsionnaya sputnikovaya sistema)

명칭	MGM-140B ATACMS 블록 1A	DF-15
제조사	록히드 마틴(미국)	ARMT(중국)
최초 배치	2003년(B형)	1990년
길이	3.9m	9.1m
몸체 직경	610mm	1,000mm
중량	1,650kg	6,200kg
날개 구성	꼬리날개	카나드 + 꼬리날개
조종 방식	꼬리날개	꼬리날개
유도 방식	INS + GPS	INS + GLONASS + TRN
사거리	300km	800km
최대속도	마하 3(상승/가속)	마하 6이상(상승/가속)
탄두	160kg, 확산탄	600kg, 폭풍파편 또는 핵탄두
신관	충격	충격 또는 공중폭발
운용 방식	이동식 발사차량, 경사발사	이동식 발사차량, 수직발사
기타	M270 MLRS 다연장로켓에 탑재해 운용. 발사관은 기존의 다연장로켓 버전과 외형상 구분되지 않음.	로켓 부분은 다 연소된 뒤 분리되며, 탄두와 유도조종장치가 있는 상단부만 재진입하는 방식.

대륙간탄도미사일 RT-2PM2 토폴-M

토폴-M의 이동식 발사차량
〈wikipedia / CC BY-SA 4.0 / Vitaly V. Kuzmin〉

개발 배경

미국과 소련 간의 냉전이 한참이던 1980년대 초반, 미국은 소련의 다양한 탄도미사일을 방어하는 계획인 SDIStategic Defense Initiative(전략방위구상)을 발표한다. 이 계획은 지상에서 쏘아올리는 요격 미사일을 강화하는 것은 물론, 심지어 우주궤도에도 요격용 인공위성을 띄워 소련이 동시에 2,000발가량의 대륙간탄도미사일을 발사해도 모두 막아내겠다는 거대한 계획이었다. 소련은 이러한 SDI 체계를 뚫기 위해, 기존에 사용하던 RT-2PM 토폴Topol(나토 코드명 SS-25 시클Sickle)을 대체할 신형 대륙간탄도미사일을 개발하기 시작했다. 그러나 정작 미국의 SDI 계획이 기술적 어려움과 예산 문제 등으로 인해 지지부진해지자 소련으로서는 신형 미사일 개발 계획을 서두를 필요가 없게 되었고, 더불어 소련 역시 경제 여건이 좋지 않아 신형 미사일 개발 계획이 지지부진했다. 이후 1990년 초반, 소련이 해체되면서 소련의 가장 큰 지분을 차지하던 러시아가 이 신형 대륙간탄도미사일 개발 계획을 이어갔다. 국제 정세가 바뀜에 따라 러시아는 소련이 아니라 자신들 단독으로 미사일 개발 계획을 진행해야 했으므로 1992년경에 신형 대륙간탄도미사일의 설계 일부를 바꾸었다. 결과적으로 러시아는 기존 RT-2PM 토폴을 기초로 하여 신형 대륙간탄도미사일인 RT-2PM2 토폴-M을 개발했다. '토폴'은 러시아어로 '사시나무'를 뜻한다.

주요 특징

토폴-M 미사일은 기본적으로 이동식 발사차량을 사용하는 차량형과 지하 사일로silo에 들어가 있는 사일로형, 두 가지 버전이 있다. 대중적으로 널리 알려진 것은 차량형 토폴-M으로, 이 버전은 발사차량이 수시로 이동하기 때문에 적 입장에서는 미사일의 위치를 미리 파악하여 대응하기 어렵다. 다만 차량형은 주로 일반인 및 적의 눈에 잘 띄지 않는 험지 쪽을 돌아다니므로 이동 중 진동과 충격을 받아 상대적으로 미사일의 장기적인 관리나 항법 시스템의 정확도 유지 등에서 불리한 방식이다. 사일로 방식은 안전한 지하시설에 미사일이 움직이지 않고 대기하므로 관리나 항법 시스템의 정확도 유지 측면에서 유리하지만, 대부분 지하 사일로는 상당한 규모의 시설이다 보니 그 위치를 적에게 완벽하게 숨기기 어렵다.

토폴-M 미사일은 최대사거리가 11,000km로, 러시아에서 발사하여 미국을 비롯한 지구 대부분의 위치를 공격할 수 있다. 대륙간탄도미사일이라는 분류 그대로 대륙을 넘나드는 수준인 셈이다. 미사일의 전체

발사 중인 토폴-M 미사일
〈러시아 국방부〉

길이는 22.7m, 직경은 가장 두꺼운 부분이 1.95m이며, 무게는 47.2톤에 달한다. 다만 대부분의 무게는 로켓연료의 무게이며, 실제 탄두에 해당하는 탑재물의 최대무게는 1.2톤 수준이다. 토폴-M의 탑재물 탑재 공간에는 재진입 비행체Reentry Vehicle가 들어 있으며, 이 비행체 안에는 약 550~800kt 수준의 핵탄두가 탑재되는 것으로 알려져 있다. 폭발력 550kt은 제2차 세계대전 중 히로시마에 떨어졌던 리틀 보이Little Boy 원자폭탄의 30배가 넘는 위력이다.

토폴-M은 러시아의 기술력 등을 감안했을 때 탑재 공간에 10개가량의 핵탄두 재진입 비행체를 탑재하는 다탄두 형태의 재진입 비행체Multiple Independently Tagetable Vehicle를 운용할 수 있다. 다만 러시아와 미국 간에 맺은 전략핵무기감축협정START, Strategic Arms Reduction Treaties에 따라 토폴-M은 핵탄두를 탑재한 재진입 비행체를 단 1기만 탑재한다. 그리고 남는 다른 재진입 비행체 탑재 공간에는 적의 방공망을 속이는 기만용 재진입 비행체나, 기만체(주로 재진입 비행체와 유사하게 생긴 풍선 형태의 기만체)를 싣는다. 토폴-M의 재진입 비행체는 소형 로켓 등을 이용해 어느 정도 궤도를 바꿀 수 있는 기동형 재진입 비행체MaRV, Maneuverable Reentry Vehicle로, 적 방공망 입장에서는 재진입 비행체의 낙하지점을 예측하여 요격을 준비하기가 까다롭다. 토폴-M은 11,000km에 달하는 거리를 비행하기 위해 3단형 고체로켓을 사용한다. 1단 로켓은 10.5m, 2단 로켓은 5.2m, 3단 로켓은 3.1m이며, 각각의 로켓에는 방향 제어를 위한 4개의 소형 로켓이 달려 있다. 토폴-M의 1단부터 3단까지 모든 로켓이 다 타는 데는 3분가량이 걸리며, 이렇게 로켓이 다 타는 동인 토폴-M의 재진입 비행체가 들어 있는 머리 부분은 우주 밖으로 날아가 공기저항 없이 관성에 의해 비행을 하게 된다. 이 과정에서 최대속도는 26,350km/h에 달한다. 토폴-M의 재진입 비행체는 우주궤도에서 1초에 7.3km 이상의 속도로 날아가는 셈이다.

이후 재진입 비행체는 다시 중력에 의해 대기권 내로 재진입하게 된다. 이 과정에서 재진입 비행체는 공기저항에 의해 그 속도가 급격히 줄어들지만, 이렇게 급격한 속도 감소는 다른 대륙간탄도미사일과 마찬가지로 방어자 입장에서 요격을 더 어렵게 하는 요소다. 탄도미사일 요격 시스템이 발사 및 요격 타이밍을 잡기 어렵게 만들기 때문이다. 토폴-M의 유도 방식은 기본적으로 높은 정밀도의 관성항법장치를 사용하며, 이를 보조하기 위해 러시아판 GPS라 할 수 있는 GLONASS 위성항법장치를 사용한다. 다만 토폴-M은 11,000km라는 엄청나게 먼 거리를 날아야 하고, 7.3km/초가 넘는 엄청난 속도로 비행하다가 낙하 단계에서 공기저항에 의해 급격히 속도가 줄어드는 등, 항법장치에 오차를 만드는 요소들이 많다 보니 미사일치고는 명중 위치 오차가 크다. 토폴-M 미사

로켓을 점화한 토폴-M 대륙간탄도미사일
〈https://foxtrotalpha.jalopnik.com/russias-fast-and-illusive-topol-m-ballistic-missile-is-1618672889〉

일은 그 미사일이 명중할 확률이 50%인 지점으로 정의되는 원을 표현하는 원형공산오차 반경CEP, Circular Error Probability이 350m 이상이다. 다만 토폴-M은 사용하는 탄두가 핵탄두이므로 이 정도의 오차로도 충분히 표적을 파괴할 수 있다. 앞서 설명한 바와 같이 토폴-M은 차량형과 사일로형 버전이 있다. 차량형은 8축형 이동식 발사차량TEL, Transporter, Erelctor, Launcher을 사용한다. 토폴-M은 발사 명령이 떨어지면 먼저 수직으로 세워진 발사관 내부에서 별도 화약으로 작동하는 피스톤 힘에 의해 발사관을 빠져나온 뒤, 자체 로켓이 점화되는 콜드런칭 방식을 사용한다. 이 방식은 지상에 반사되어 퍼지는 엄청난 양의 흙먼지와 화염을 줄여서 적의 인공위성이나 정찰기에 미사일 발사 사실이 발각될 가능성을 줄이는 데 유리하다.

주요 잠수함 발사 탄도미사일 및 대륙간탄도미사일 제원

명칭	RT-2PM2 토폴-M (SS-27 Sickle B)	RSM-56 불라바 (SS-N-32)	LGM-30G 미니트맨 III
제조사	보친스크 (러시아)	보친스크 (러시아)	보잉(미국)
최초 배치	1997년	2011년	1970년
길이	22.7m	11.5m	18.2m
몸체 직경	1,950mm	2,000mm	1,850mm
중량	47,200kg	36,800kg	34,467kg
날개 구성	없음	없음	없음
조종 방식	가동 노즐	가동 노즐	가동 노즐
유도 방식	INS + GLONASS	INS + GLONASS	INS
사거리	11,000km	8,000km	13,000km
최대속도	7.3km/초	?	7.9km/초
탄두	재진입 비행체, 핵탄두 탑재	재진입 비행체, 핵탄두 탑재	재진입 비행체, 핵탄두 탑재
로켓 구성	3단 로켓	3단 로켓	3단 로켓
운용 방식	이동식 발사차량/지하 사일로	잠수함 발사	지하 사일로
기타		재진입 비행체는 500kt급 위력 핵탄두 1기 또는 150kt급 핵탄두 6기를 다탄두 형태로 탑재할 것으로 예상. 불라바는 러시아어로 철퇴라는 뜻.	미국은 MGM-30을 배치 후 수명연장을 위한 정비작업만 이어가며 추가 성능개량은 하지 않고 있음. 재진입 비행체는 소련과의 조약에 의해 3개에서 1개로 변경.

- **INS** : 관성항법(Inertial Navigation System)
- **GLONASS** : GPS와 비슷한 러시아식 위성항법체계(Globalnaya navigatsionnaya sputnikovaya sistema)
- **Galileo** : GPS와 비슷한 유럽식 위성항법체계
- **CNS** : 천체관측항법 시스템(Celestial navigation System)
- **BNS** : GPS와 비슷한 중국식 위성항법체계. 베이도우(북두) 항법체계(Beidou Navigation System)

명칭	UGM-133A 트라이던트 II	M51	DF-31A
제조사	록히드 마틴(미국)	아리안(프랑스)	ARMT(중국)
최초 배치	1990년	2010년	2007년(A형 기준)
길이	13.5m	12m	18.7m
몸체 직경	2,110mm	2,300mm	2,000mm
중량	59,000kg	52,000kg	63,000kg
날개 구성	없음	없음	없음
조종 방식	가동 노즐	가동 노즐	가동 노즐
유도 방식	INS + CNS	INS + Galileo	INS + CNS + BNS
사거리	12,000km(추정)	8,000~12,000km(추정)	11,200km
최대속도	8km/초	8.3km/초	?
탄두	재진입 비행체, 핵탄두 탑재	재진입 비행체, 핵탄두 탑재	재진입 비행체, 핵탄두 탑재
로켓 구성	3단 로켓	3단 로켓	3단 로켓
운용 방식	잠수함	잠수함	이동식 발사차량/지하 사일로
기타	최초 버전은 재진입 비행체 12개를 탑재했으나 조약에 의해 8개로 제한.	재진입 비행체 6개 탑재.	재진입 비행체는 대형 핵탄두 탑재 버전 1기 또는 소형 핵탄두 탑재 버전 3~5기 탑재 예상.

MISSILE BIBLE

한국국방안보포럼(KODEF)은 21세기 국방정론을 발전시키고 국가안보에 대한 미래 전략적 대안을 제시하기 위해 뜻있는 군·정치·언론·법조·경제·문화 마니아 집단이 만든 사단법인입니다. 온·오프라인을 통해 국방정책을 논의하고, 국방정책에 관한 조사·연구·자문·지원 활동을 하고 있으며, 국방 관련 단체 및 기관과 공조하여 국방 교육 자료를 개발하고 안보의식을 고양하는 사업을 하고 있습니다. http://www.kodef.net

우리가 알고 싶어하는 미사일에 관한 모든 것

개정증보2판 1쇄 인쇄 2024년 8월 1일
개정증보2판 1쇄 발행 2024년 8월 8일

지은이 이승진
펴낸이 김세영

펴낸곳 도서출판 플래닛미디어
주소 04044 서울시 마포구 양화로6길 9-14 102호
전화 02-3143-3366
팩스 02-3143-3360
블로그 http://blog.naver.com/planetmedia7
이메일 webmaster@planetmedia.co.kr
출판등록 2005년 9월 12일 제313-2005-000197호

ISBN 979-11-87822-86-8 03390